国之重器出版工程

网络强国建设

5G 丛书

"十三五"

国家重点出版物出版规划项目

# 多接入边缘计算（MEC）及关键技术

## Multi-access Edge Computing (MEC) and Key Technologies

张建敏　杨峰义　武洲云　张郑锟　王煜炜　编　著

U0247050

人民邮电出版社

北　京

**图书在版编目（CIP）数据**

多接入边缘计算（MEC）及关键技术 / 张建敏等编著
. -- 北京 ： 人民邮电出版社，2019.1（2023.1重印）
（5G丛书）
国之重器出版工程
ISBN 978-7-115-50235-3

Ⅰ. ①多… Ⅱ. ①张… Ⅲ. ①无线电通信－移动通信
－计算 Ⅳ. ①TN929.5

中国版本图书馆CIP数据核字(2018)第265567号

## 内 容 提 要

本书结合未来 5G 网络演进趋势全面讨论了 5G 多接入边缘计算（MEC）及关键技术，
内容涵盖 5G 网络需求及架构、MEC 概念应用场景及需求分析、MEC 系统架构及部署组网
策略以及 MEC 系列关键技术，包括本地分流技术、缓存加速、网络能力开放、移动性管理、
固移融合、计算卸载等不同层面。

本书可供具有一定移动通信技术基础的专业技术人员或管理人员阅读，也可作为高等院
校相关专业师生的参考读物。

◆ 编 著 张建敏 杨峰义 武洲云 张郑锟 王煜炜
责任编辑 吴娜达
责任印制 杨林杰

◆ 人民邮电出版社出版发行 北京市丰台区成寿寺路 11 号
邮编 100164 电子邮件 315@ptpress.com.cn
网址 http://www.ptpress.com.cn
固安县铭成印刷有限公司印刷

◆ 开本：710×1000 1/16
印张：19 2019 年 1 月第 1 版
字数：351 千字 2023 年 1 月河北第 10 次印刷

定价：128.00 元

读者服务热线：(010)81055493 印装质量热线：(010)81055316
反盗版热线：(010)81055315

**专家委员会委员**（按姓氏笔画排列）：

于　全　中国工程院院士

王　越　中国科学院院士、中国工程院院士

王小谟　中国工程院院士

王少萍　"长江学者奖励计划"特聘教授

王建民　清华大学软件学院院长

王哲荣　中国工程院院士

尤肖虎　"长江学者奖励计划"特聘教授

邓玉林　国际宇航科学院院士

邓宗全　中国工程院院士

甘晓华　中国工程院院士

叶培建　人民科学家、中国科学院院士

朱英富　中国工程院院士

朵英贤　中国工程院院士

邬贺铨　中国工程院院士

刘大响　中国工程院院士

刘辛军　"长江学者奖励计划"特聘教授

刘怡昕　中国工程院院士

刘韵洁　中国工程院院士

孙逢春　中国工程院院士

苏东林　中国工程院院士

苏彦庆　"长江学者奖励计划"特聘教授

苏哲子　中国工程院院士

李寿平　国际宇航科学院院士

| | |
|---|---|
| 李伯虎 | 中国工程院院士 |
| 李应红 | 中国科学院院士 |
| 李春明 | 中国兵器工业集团首席专家 |
| 李莹辉 | 国际宇航科学院院士 |
| 李得天 | 国际宇航科学院院士 |
| 李新亚 | 国家制造强国建设战略咨询委员会委员、中国机械工业联合会副会长 |
| 杨绍卿 | 中国工程院院士 |
| 杨德森 | 中国工程院院士 |
| 吴伟仁 | 中国工程院院士 |
| 宋爱国 | 国家杰出青年科学基金获得者 |
| 张 彦 | 电气电子工程师学会会士、英国工程技术学会会士 |
| 张宏科 | 北京交通大学下一代互联网互联设备国家工程实验室主任 |
| 陆 军 | 中国工程院院士 |
| 陆建勋 | 中国工程院院士 |
| 陆燕荪 | 国家制造强国建设战略咨询委员会委员、原机械工业部副部长 |
| 陈 谋 | 国家杰出青年科学基金获得者 |
| 陈一坚 | 中国工程院院士 |
| 陈懋章 | 中国工程院院士 |
| 金东寒 | 中国工程院院士 |
| 周立伟 | 中国工程院院士 |

| | |
|---|---|
| 郑纬民 | 中国工程院院士 |
| 郑建华 | 中国科学院院士 |
| 屈贤明 | 国家制造强国建设战略咨询委员会委员、工业和信息化部智能制造专家咨询委员会副主任 |
| 项昌乐 | 中国工程院院士 |
| 赵沁平 | 中国工程院院士 |
| 郝 跃 | 中国科学院院士 |
| 柳百成 | 中国工程院院士 |
| 段海滨 | "长江学者奖励计划"特聘教授 |
| 侯增广 | 国家杰出青年科学基金获得者 |
| 闻雪友 | 中国工程院院士 |
| 姜会林 | 中国工程院院士 |
| 徐德民 | 中国工程院院士 |
| 唐长红 | 中国工程院院士 |
| 黄 维 | 中国科学院院士 |
| 黄卫东 | "长江学者奖励计划"特聘教授 |
| 黄先祥 | 中国工程院院士 |
| 康 锐 | "长江学者奖励计划"特聘教授 |
| 董景辰 | 工业和信息化部智能制造专家咨询委员会委员 |
| 焦宗夏 | "长江学者奖励计划"特聘教授 |
| 谭春林 | 航天系统开发总师 |

前　言

　　从 2012 年欧盟第一个面向第五代移动通信技术（以下简称 5G）研究的 5GNOW（5th Generation Non-Orthogonal Waveforms for Asynchronous Signalling，异步信令的第五代非正交波形）课题开始，经过近几年全球业界的共同努力，5G 新空口非独立组网标准以及独立组网标准已分别在 2017 年 12 月以及 2018 年 6 月冻结，为未来 5G 网络的商用部署做好了准备。

　　根据 2015 年 6 月召开的 ITU-R WP5D 第 22 次会议，ITU 正式命名 5G 为 IMT-2020，并确定了其典型应用场景，主要包括增强移动宽带（eMBB）、高可靠低时延通信（uRLLC）、大规模机器类通信（mMTC），其场景特征与性能介绍如下。

　　• 增强移动宽带

　　移动宽带强调的是以人为中心接入多媒体内容、业务和数据的应用场景。增强移动宽带应用场景将在现有移动宽带的基础上带来新的应用领域，同时也会进一步改进性能，提高无缝的用户体验。该应用场景主要包括有着不同要求的广域覆盖和热点覆盖。对热点地区，需要支持高用户密度、高业务容量，用户的移动速度较低，且用户的数据速率要求高于广域覆盖。对于广域覆盖，期望无缝覆盖和较高的移动性，同时与现有数据速率相比，希望用户数据速率明显提高。

　　• 高可靠低时延通信

　　该应用场景对吞吐量、时延和可用性等性能的要求十分严格，其应用领域主要包括工业制造或生产流程的无线控制、远程手术、智能电网配电自动化以及运输安全等。

- 大规模机器类通信

该应用场景的特点是连接设备数量庞大，且此类设备通常传输相对少量的非延迟敏感数据；同时需要降低设备成本，延长电池续航时间。ITU 定义的 5G 关键特性见表 1。

表 1　ITU 定义的 5G 关键特性

| 名称 | 定义 | ITU 指标 |
| --- | --- | --- |
| 峰值速率 | 理想条件下，用户能够达到的最大速率 | 20 Gbit/s |
| 用户体验速率 | 覆盖范围内泛在可达的最低速率 | 100 Mbit/s |
| 连接密度 | 单位面积上处于连接状态或者可接入的设备数量 | $10^6$ 设备/km² |
| 流量密度 | 单位地理面积上的总数据吞吐量 | 10 Mbit/(s·m²) |
| 能效 | 网络单位能耗所能传输或接收的信息比特数<br>手持终端设备/无线传感器单位能耗的信息比特数 | 100 倍 |
| 频谱效率 | 单位频谱资源上的数据吞吐量 | 3 倍 |
| 时延 | 数据源开始传送数据分组到目的地接收到数据分组的时间 | 1 ms |
| 移动性 | 满足给定 QoS 和无缝切换要求下的最大移动速度 | 500 km/h |

为了应对上述 5G 网络业务发展的需求，需要从无线频谱、无线接入技术以及网络架构等多个层面综合考虑，其中 5G 网络架构需要具备如下特征：

- 控制面/用户面分离、控制面集中化；
- 网络功能软件化、模块化、功能重构；
- 用户面灵活高效、分布式、按需部署；
- 业务应用本地化、近距离部署；
- 网络能力开放等。

为了实现用户面灵活高效的分布式按需部署、业务应用的本地化近距离部署以及无线接入网能力开放等，5G 网络需要将计算存储能力与业务服务能力向网络边缘迁移。通过移动/多接入边缘计算（Mobile/Multi-access Edge Computing，MEC）技术使应用、服务和内容可以实现本地化、近距离、分布式部署，从而一定程度地解决了 5G 网络热点高容量、低功耗大连接以及低时延高可靠等技术场景的业务需求；同时 MEC 技术可以通过充分挖掘移动网络数据和信息，实现移动网络上下文信息的感知和分析并开放给第三方业务应用，有效提升了移动网络的智能化水平，促进网络和业务的深度融合。

对于 eMBB 场景，可以基于 MEC 的业务应用本地化、缓存加速和本地分流、灵活路由等实现 5G 网络业务应用近距离部署/访问、用户面灵活高效分布式按需部署，为用户提供低时延高带宽的传输能力，打造虚拟的 RAN。对于 uRLLC 场景，可基于 MEC 的业务应用本地化、缓存加速等功能有效降低或者消除回传带来的时延影响，一定程度上满足 5G 网络对于网络时延的要求。除此之外，基于 MEC 的边缘计算、存储能力，通过将高能耗计算任务迁移以及信令与数据的汇聚处理，可有效降低 MTC 终端设备要求、能耗以及网络负荷。

因此，MEC 成为 5G 网络关键技术之一，受到了国内外学术界和产业界的广泛关注，其中 IMT-2020（5G）推进组、3GPP、CCSA 等国内外研究及标准推进组织也开展了 MEC 的研究推进工作。其中，3GPP 已经完成的下一代网络架构研究项目（TR23.799）以及正在进行制订的 5G 系统架构标准（TS23.501）均将 MEC 作为 5G 网络架构的主要目标予以支持，同时 CCSA 也于 2017 年 8 月开始了《5G 边缘计算核心网关键技术研究》以及《5G 边缘计算平台能力开放技术研究》课题的立项研究。

本书主要关注 5G 多接入边缘计算及与其相关的关键技术。

全书共分 9 章，基本涵盖了 5G 多接入边缘计算部分的主要内容。第 1 章 5G 网络需求及架构，主要介绍了 5G 网络研究现状、业务需求、网络架构特征以及标准化进展。第 2 章 MEC 概念、应用场景及需求分析，详细分析讨论 MEC 概念、MEC 对 5G 网络的价值、MEC 典型应用场景，并给出了 MEC 的技术需求以及 MEC 在 ETSI 以及 3GPP 的国际标准进展情况。第 3 章 MEC 系统架构及部署组网策略，描述了 MEC 系统架构以及 3GPP 5G 网络架构对于 MEC 的支持，重点讨论了 5G MEC 融合架构及总体部署策略，并给出了 MEC 实际应用中面临的问题与挑战。第 4 章基于 MEC 的本地分流技术，介绍了本地分流技术的需求与概念、5G MEC 的本地分流技术方案，讨论分析了其在 4G 网络中应用的可行性，并给出了基于 MEC 本地分流技术的初步验证结果。第 5 章基于 MEC 的缓存加速，给出了基于 MEC 的缓存加速方案以及基于 MEC 缓存加速的传输链路优化方案，并分析讨论了实验室测试验证结果。第 6 章基于 MEC 的无线网络能力开放，介绍了基于 MEC 的网络能力开放架构，并结合无线网络信息服务、位置信息服务、带宽管理服务等详细介绍了相关开放接口。第 7 章 MEC 场景下的移动性管理，梳理总结了 MEC 场景下典型的移动性问题，并针对其涉及的基站间切换、边缘 UPF 切换、集中 UPF 重选以及 MEC 应用迁移等问题以及可能面临的挑战进行了详细分析讨论。第 8 章基于 MEC 的固移融合，介绍了固移融合国际标准进展，并分别针对基于 MEC 的多网络融合以及基于 MEC 的内容智能分发方案进行了详细讨论。第 9 章基于 MEC 的计算卸载，详细介绍了计算卸载的概念以及卸载决策、资源分配等关键技术，并梳理了其未来可能的研究方向，供读者参考。

本书由张建敏、杨峰义、武洲云、张郑锟、王煜炜等组织编写并统稿。第 1 章由杨峰义、张建敏执笔，第 2~4 章由张建敏执笔，第 5 章由王煜炜、张郑锟、武洲云执笔，第 6 章由张郑锟、吴鹏程执笔，第 7 章由张建敏执笔，第 8、9 章由武洲云执笔。

本书的主要内容是中国电信股份有限公司技术创新中心在参加"新一代宽带无线移动通信网"国家重大专项以及中国电信 5G MEC 重点研究课题等科研项目中的部分研究成果。由于 5G 还未真正商用部署，国内外 MEC 的研究尚处于标准化阶段，技术观点处于发散阶段，限于作者认知水平，相关的观点和技术方向不一定准确，错误和遗漏在所难免，欢迎读者不吝赐教。

作 者

2018 年 9 月于北京未来科技城

# 目　录

第 1 章
# 5G 网络需求及架构

移动互联网和物联网的发展为 5G 网络提供了广阔的应用前景，其中移动数据流量的高速增长、海量的设备连接以及差异化新型业务的不断涌现给 5G 网络架构的设计带来了极大的挑战。本章将从 5G 愿景、5G 典型业务应用场景及需求出发，分析讨论 5G 网络的架构特征与关键技术，并简要介绍了 3GPP 5G 总体网络架构，为后续章节内容提供参考。

本章首先介绍 5G 研究进展，并总结归纳未来 5G 网络的愿景。其次，基于 5G 网络业务发展、运营维护需求等分析总结了 5G 网络架构的主要特征以及关键技术。除此之外，基于上述 5G 网络架构特征分析给出了"三朵云"的网络架构，并归纳总结了 3GPP 的 5G 网络架构研究进展。

## | 1.1　5G 研究进展及愿景 |

从 2009 年 12 月全球第一张 LTE 商用网络的建成开始，LTE 经历了高速发展。截止到 2017 年 2 月底，全球共有 581 张 LTE（包括 LTE、LTE-Advanced（以下简称 LTE-A）、LTE-A Pro）商用网络，共计 16.83 亿用户，分布在 186 个国家和地区，其中终端类型有多达 7 037 款 [1]。

LTE 网络全球范围的大规模部署以及 LTE 终端的日趋成熟，极大促进了移动互联网和物联网的快速发展，涌现出多种多样的新型业务和琳琅满目的终端，持续刺激并培养人们数据消费的习惯。据统计，2013 年全球移动数据增长率为 70% [2]，预计到 2020 年，移动互联网和物联网各类新型业务和应用的持续涌现将带来 1 000 倍的数据流量增长以及超过百亿量级的终端设备连接 [3-5]。

为了能够更有效地应对移动互联网和物联网高速发展带来的移动数据流量高速增长、海量设备连接以及各种各样差异化新型业务应用不断涌现的局面，需要更加高速、更加高效以及更加智能的新一代无线移动通信网络来支撑这些庞大的业务和连接数。

因此，在全世界范围内第四代（4G）移动通信网络的部署方兴未艾之时，未来第五代（5G）移动通信技术的研发已拉开帷幕，成为信息产业界热门的课题之一，掀起了全球移动通信领域新一轮的技术竞争。

## 1.1.1　国内外研究进展

（1）欧盟

2012 年 9 月，欧盟在第七框架计划（FP7）下启动了面向 5G 研究的 5GNOW（5th Generation Non-Orthogonal Waveforms for Asynchronous Signalling）研究课题，该课题主要由来自德国、法国、波兰和匈牙利等国的 6 家研究机构共同承担。5GNOW 课题主要面向 5G 物理层技术进行研究，该计划已于 2015 年 2 月完成[6]。

同年 11 月，同样在第七框架计划（FP7），欧盟正式启动了名为 METIS（Mobile and Wireless Communications Enablers for the Twenty-Twenty Information Society）的 5G 研究项目，针对如何满足未来移动通信需求进行广泛研究[7]。METIS 共有约 29 个参与单位共同承担，参与单位除了包括阿尔卡特朗讯、诺基亚、爱立信、中兴和华为等顶级通信设备厂商外，还包括德国电信、日本 NTT、法国电信、意大利电信、西班牙电信等电信运营商，此外还包括汽车制造商和学术研究机构。

除此之外，欧盟在 2014 年 1 月正式推出了 5G PPP （5G Public-Private Partnership）项目，计划在 2020 年前开发 5G 技术，到 2022 年正式投入商业运营。该计划的成员主要包括通信设备制造商、网络运营商、电信运营商以及科研院所。

（2）中国

我国政府在 2013 年 2 月，由科学技术部、工业和信息化部、国家发展和改革委员会三部委联合组织成立了 IMT-2020（5G）推进组，其组织架构基于原 IMT-Advanced 推进组，成员包括中国主要的运营商、制造商、高校以及研究机构[8]。IMT-2020（5G）推进组的成立旨在打造聚合中国产学研用力量、推动中国 5G 技术研究和开展国际交流与合作的主要平台。

IMT-2020（5G）推进组的工作可以分为两个大的阶段：第一阶段是 2013—2015 年的 5G 需求与技术预研阶段，这一阶段以技术预研为主，进行 5G 技术储备；第二阶段是 2015—2018 年的 5G 系统试验阶段，这一阶段以样机测试为主，进行技术验证。

除此之外，国家"863"计划也分别于 2013 年 6 月和 2014 年 3 月启动了 5G 重大项目一期和二期研发课题，前瞻性地部署 5G 需求、技术、标准、频谱、知识产权等研究，建立 5G 国际合作推进平台。在 2020 年之前，上述"863"计划课题将系统地研究 5G 领域的关键技术，主要包括：体系架构、无线传输与组网、新型天线与射频、新频谱开发与利用等。

（3）日韩

2013 年 6 月，韩国政府组织国内主要的电信设备制造商、电信运营商、研究机构和高校等成立了 5G 技术论坛（5G Forum）。该论坛提出了韩国 5G 国家战略和中长期发展计划，推动 5G 关键技术研究。根据韩国 2013 年下半年制定的"5G 移动通信促进战略"，希望达到 2020 年正式实现 5G 商用的目标。

2013 年 10 月日本无线工业及商贸联合会（Association of Radio Industries and Businesses，ARIB）正式成立 5G 研究组 "2020 and Beyond Ad Hoc"，旨在对 5G 服务、系统构成以及无线接入技术等进行研究。该研究组主要包括服务与系统概念工作组和系统架构与无线接入技术组，分别研究 2020 年及以后移动通信系统中的服务与系统概念以及 2020 年及之后的技术（如无线接入技术、网络技术等）。日本计划在 2020 年东京奥运会前实现 5G 网络的商用。

除此之外，目前全球范围内还有很多组织论坛等已经针对 5G 发展愿景、应用需求、候选频段、关键技术指标以及使能技术等进行了广泛深刻的研究[9-11]。

## 1.1.2　5G 愿景

作为未来移动通信发展的两大主要驱动力，移动互联网和物联网将为 5G 提供广阔的应用前景。根据目前学术和产业界对未来网络的展望，5G 网络将构建以用户为中心的全方位信息生态系统，最终实现任何人和物在任何时间任何地点可以与任何人和物实现信息共享的目标。

图 1-1 给出了中国 IMT-2020（5G）推进组于 2014 年 5 月发布的《5G 愿景与需求》白皮书中描述的未来 5G 总体愿景。可以看出，未来移动互联网主要面向以人为主体的通信，注重提供更好的用户体验，进一步改变人类社会信息交互方式，为用户提供增强现实、虚拟现实、超高清视频、云端办公、休闲娱乐等更加身临其境

的极致业务体验。为了保证未来人们在各种应用场景（如体育场、露天集会、演唱会等超密集场景以及高铁、快速路、地铁等高速移动环境）下获得一致的业务体验，5G 在对上下行传输速率和时延方面有更高要求的同时，还面临着超高用户密度和超高移动速度带来的巨大挑战。

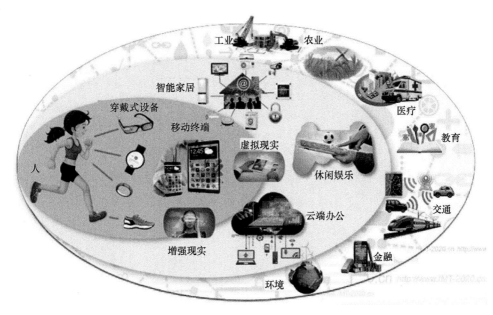

**图 1-1　5G 总体愿景[8]**

不同于主要面向以人为主的移动互联网通信，物联网进一步扩大了移动通信的服务范围，从人与人之间的通信延伸到物与物、人与物之间的智能互联，促使移动通信渗透到工业、农业、医疗、教育、交通、金融、能源、智能家居、环境监测等领域。未来，物联网在各类不同行业领域的进一步推广应用将会促使各种具备差异化特征的物联网业务应用爆发式增长，将有数百亿的物联网设备接入网络，真正实现"万物互联"。为了更好地支持物联网业务推广，5G 需要解决海量终端连接以及各类业务的差异化需求（低时延、低能耗、低成本、高可靠等）。

可以预想到，未来 5G 网络将为用户提供光纤般的接入速率，"零"时延的使用体验，百亿设备的连接能力，超高流量密度、超高连接数密度和超高移动性等多个场景的一致服务，业务及用户感知的智能优化，同时将为网络带来超百倍的能效提升和超百倍的比特成本降低，最终实现"信息随心至，万物触手及"的总体愿景[8]。

综上所述，5G 将是以人为中心的通信和机器类通信共存的时代，各种各样具备差异化特征的业务应用将同时存在，这些都对未来 5G 网络带来极大挑战（如图 1-2 所示）。这些挑战主要包括如下几个方面[8-15]：

- 超高的速率体验；
- 超高的用户密度；
- 海量终端连接；
- 超低时延；
- 超高移动速度。

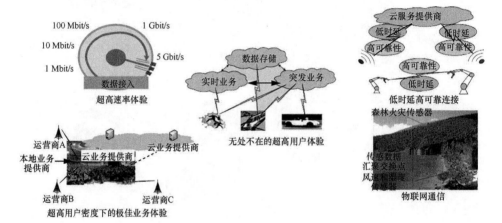

图 1-2　5G 网络的主要挑战[12]

# 1.2　5G 应用场景及性能要求

针对 5G 面临的主要挑战，本节将分别介绍 5G 的两大重要标准组织 ITU 以及 3GPP 中关于 5G 应用场景、性能指标以及时间推进计划的内容。

## 1.2.1　ITU

经过近几年业界的共同努力，在 2015 年 6 月召开的 ITU-R WP5D 第 22 次会议上，ITU 完成了 5G 移动通信发展史上的一个重要里程碑，ITU 正式命名 5G 为 IMT-2020，并确定了 5G 的愿景和时间表等关键内容。

## 1.2.1.1　应用场景

图 1-3 给出了 ITU 最终确定的 5G 三大典型应用场景，包括增强移动宽带（eMBB）、高可靠低时延通信（uRLLC）、大规模机器类通信（mMTC），其中各个应用场景的定义如下所述。

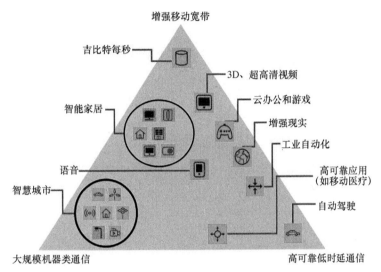

**图 1-3　5G 典型应用场景（ITU）**[16]

（1）增强移动宽带

移动宽带强调的是以人为中心接入多媒体内容、业务和数据的应用场景。增强移动宽带应用场景将在现有移动宽带的基础上带来新的应用领域，同时也会进一步改进性能，提高无缝的用户体验。该应用场景主要包括有着不同要求的广域覆盖和热点。对热点地区，需要有高用户密度、高业务容量，用户的移动速度较低，而且用户的数据速率高于广域覆盖。对于广域覆盖，期望无缝覆盖和较高的移动性，同时与现有数据速率相比，希望用户数据速率明显提高。相比于热点区域，广域覆盖场景下数据速率的需要可以适度放松。

（2）高可靠低时延通信

该应用场景对吞吐量、时延和可用性等性能的要求十分严格，其应用领域主要包括工业制造或生产流程的无线控制、远程手术、智能电网配电自动化以及运输安全等。

（3）大规模机器类通信

该应用场景的特点是连接设备数量庞大，且此类设备通常传输相对少量的非延迟敏感数据。同时需要降低设备成本，延长电池续航时间。

除此之外，未来可能还会有更多今天所没有预见到的应用场景出现，未来的 IMT 系统需要具备足够的灵活性以适配指标宽泛的新应用。

### 1.2.1.2　性能指标

图 1-4 给出了 IMT-Advanced（以下简称 IMT-A）和 IMT-2020 的关键特性对比，可以看出 IMT-2020 关键特性主要包含八大参数，其参数定义以及性能指标见表 1-1。

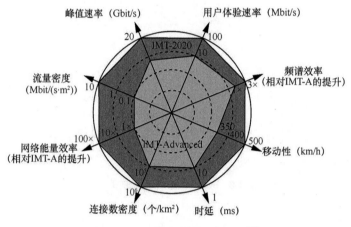

图 1-4　5G 系统性能指标（ITU）[16]

表 1-1　ITU 定义的 5G 关键特性[16]

| 名称 | 定义 | ITU 指标 |
| --- | --- | --- |
| 峰值速率 | 理想条件下，用户能够达到的最大速率 | 20 Gbit/s |
| 用户体验速率 | 覆盖范围内泛在可达的最低速率 | 100 Mbit/s |
| 连接密度 | 单位面积上处于连接状态或者可接入的设备数量 | $10^6$ 设备/km² |
| 流量密度 | 单位地理面积上的总数据吞吐量 | 10 Mbit/(s·m²) |
| 能效 | 网络单位能耗所能传输或接收的信息比特数<br>手持终端设备/无线传感器单位能耗的信息比特数 | 100 倍 |
| 频谱效率 | 单位频谱资源上的数据吞吐量 | 3 倍 |
| 时延 | 数据源开始传送数据分组到目的地接收到数据分组的时间 | 1 ms |
| 移动性 | 满足给定 QoS 和无缝切换要求下的最大移动速度 | 500 km/h |

可以看出，在某些条件和场景下，IMT-2020 将支持多达 20 Gbit/s 的峰值数据速率，并将在各类增强移动宽带场景内支持不同的用户体验数据速率。例如，在广域覆盖的场景下，城区和城郊用户有望获得 100 Mbit/s 的用户体验数据速率。然而，在热点高容量场景下，用户体验数据速率值有望提升至 1 Gbit/s。

为实现增强移动宽带，IMT-2020 的频谱效率将是 IMT-A 频谱的 3 倍，部分场景频谱效率增长得更快（部分场景的频谱效率会增长 5 倍）[16]。以热点高容量场景为例，IMT-2020 需要支持 10 Mbit/(s·m²) 的流量密度。

除此之外，相比于 IMT-A 网络，IMT-2020 无线接入网需要在不增加能耗的前提下，提供各类增强性能。因此，IMT-2020 的网络能效的提升幅度至少应等同于从 IMT-A 到 IMT-2020 的通信能力增幅。

更进一步，IMT-2020 能够实现 1 ms 的空口时延，从而支持极低时延要求的服务。同时对于高速移动场景（高速铁路等），IMT-2020 还需在满足特定 QoS 和无缝移动性要求的前提下，实现速率高达 500 km/h 的高移动性。

最后，IMT-2020 将支持高达 $10^6$ 设备/km² 的连接密度，以适用于大规模机器类通信场景。

值得注意的是，虽然上述关键特性在某种程度上对大部分应用场景而言均十分重要，但在不同的应用场景中，各个关键特性的重要性具有显著差异，如图 1-5 所示，其中各关键特性的重要程度通过使用"高""中""低"三步指示刻度进行说明。

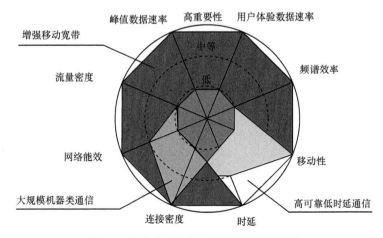

图 1-5　5G 各关键特性在不同场景下的重要性

其中，在增强移动宽带场景中，用户体验数据速率、流量密度、峰值数据速率、移动性、能效和频谱效率都具有很高的重要性，但是移动性和用户体验数据速率并非同时在所有使用场景中同等重要。例如，与广域覆盖场景相比，热点高容量场景需要的则是更高的用户体验数据速率和更低的移动性。

然而，在一些高可靠低时延场景中，为满足安全（工业生产安全、交通运输安全）要求，低时延成为最为重要的特性。此时，高数据速率等特性的重要性则相对较低。

除此之外，对于大规模机器类通信场景，高连接密度是支持网络（此类网络可能仅仅偶尔传输，传输比特率低、移动性低或没有移动性）中大量设备所不可或缺的。与此同时，对于此类低成本设备终端，具有较长运行寿命（低能耗）则变得至关重要。

### 1.2.1.3　时间计划

从 2012 年 7 月开始，ITU 开始筹备启动 5G 愿景研究工作，并在 2014 年 2 月会议上提出了"IMT-2020 工作计划"讨论稿，10 月形成最终方案。该方案明确了全球 5G 发展总体规划、国际标准化机制流程等重大问题，从而为后续的 5G 技术、标准和产业发展奠定了基础。根据 ITU 的愿景，5G 的商用共分 5 个阶段、10 个步骤。在 2015 年 6 月，ITU 也制定公布了其 5G 的时间计划表，如图 1-6 所示。

**图 1-6　ITU 的 5G 时间表**

其中重要的两个时间节点包括：2019 年 6 月 ITU 无线通信部门第 32 次会议前完成技术方案的提交以及 2020 年 10 月 ITU 无线通信部门第 36 次会议前完成详尽技术规范文档的提交。

## 1.2.2　3GPP

### 1.2.2.1　应用场景

在 2016 年 3 月 3GPP 业务需求组( SA1 )发布的 5G 业务需求研究报告 TR22.891 中，5G 应用场景除了 ITU 定义的增强移动宽带、高可靠低时延通信以及大规模机器类通信 3 类外，3GPP SA1 增加了网络运营方面和 V2X 增强。其中网络运营主要包括网络切片、灵活路由以及互操作和节能等方面，而 V2X 增强则延后至 R15 中进行研究，具体如图 1-7 所示。

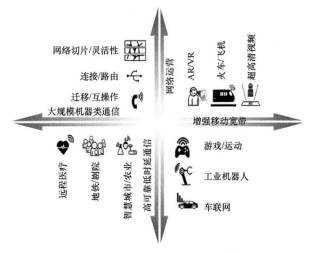

**图 1-7　5G 应用场景（3GPP）**[17]

### 1.2.2.2　性能指标

与 ITU 类似，3GPP 同样根据应用场景定义了相关特性参数，并给出其性能要求。基于已经发布的下一代接入技术应用场景和性能要求的研究报告（TR38.913），5G 网络的主要特性参数的指标要求见表 1-2。

### 1.2.2.3　时间计划

自 2015 年 2 月 SA1 第 69 次会议正式通过下一代网络业务需求研究立项开始，3GPP 正式拉开了 5G 标准的序幕，其时间计划如图 1-8 所示。

表 1-2　5G 性能指标要求（3GPP）[18]

| 性能参数 | 指标 |
|---|---|
| 峰值速率 | 下行：20 Gbit/s，上行：10 Gbit/s |
| 最大频谱效率 | 下行：30 bit/(s·Hz)，上行：15 bit/(s·Hz) |
| 带宽 | 待定 |
| 控制面时延 | 10 ms |
| 用户面时延 | uRLLC：下行 0.5 ms，上行 0.5 ms |
| | eMBB：下行 4 ms，上行 4 ms |
| 小数据非频繁传输时延 | 上行<10 ms |
| 移动切换中断时延 | 0 |
| 跨系统移动性切换 | 待定 |
| 可靠性 | uRLLC：$1\times10^{-5}$（时延要求 1 ms 条件下） |
| | eV2X：$1\times10^{-5}$（时延要求 3~10 ms 条件下） |
| 覆盖（最大覆盖） | mMTC：MCL=164 dB（上/下行 160 kbit/s） |
| | eMBB：MCL=140 dB（下行 2 Mbit/s，上行 60 kbit/s） |
| | eMBB：MCL=143 dB（下行 1 Mbit/s，上行 30 kbit/s） |
| 终端电池寿命 | mMTC：不低于 10 年，期望值为 15 年 |
| 终端能效 | 待定 |
| 小区频谱效率 | 3×IMT-A（Full-Buffer） |
| 流量密度 | 待定 |
| 用户体验速率 | 待定 |
| 边缘频谱效率（5%） | 3×IMT-A（Full-Buffer） |
| 连接密度 | mMTC：$10^6$ 设备/km² |
| 移动性 | 500 km/h |
| 网络能效 | 待定 |

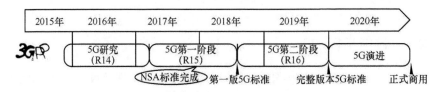

图 1-8　3GPP 的 5G 时间表

　　根据 3GPP 计划，5G 的研究包含 3 个版本：R14~R16。其中，R14 主要进行 5G 业务需求、系统架构以及关键技术等研究。R15 作为第一个版本的 5G 标准，已于 2018 年 6 月完成。作为 5G 标准的基础版本，R15 将引入新的无线接入技术（5G-NR）以及网络架构支持 eMBB 以及部分 uRLLC 业务，该版本必须具有前向兼容性，以便向 5G 第二阶段（R16）演进。为了满足 5G 建网初期部分国家和地区的需求，R15 需满足 4G 系统的前向兼容要求，同时支持 5G 新空口独立部署（Standalone）以及非独立部署（Non-Standalone）两种组网方式。值得注意的是，在 2017 年 3 月召开的 RAN 第 75 次全会上，通过了要求 3GPP 加速制定 5G 新空口标准的提案，即 2017 年 12 月底完成非独立部署的新空口标准，有利于推动部分运营商在 2019 年实现 5G 新空口的大规模试验和部署。

除此之外，5G 的第二阶段 R16 计划将在 2019 年底完成，届时将支持 5G 全部场景，并作为 5G 候选方案向 ITU 正式提交申请。

基于上述 ITU 以及 3GPP 关于 5G 网络应用场景以及性能指标的定义，相比于 4G 网络，5G 网络的性能指标要求（如图 1-9 所示）如：

- 数据流量密度：1 000 倍；
- 设备连接数目：10~100 倍；
- 用户体验速率：10~100 倍；
- MTC 终端待机时长：10 倍；
- 端到端时延：5 倍。

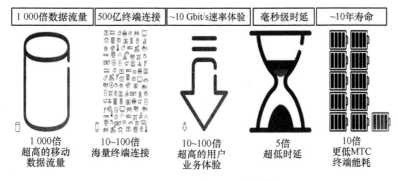

**图 1-9　5G 业务性能指标**[11-12]

除此之外，从网络运营维护的角度出发，一方面需要降低运营商网络的建设部署以及运营维护成本，主要包括网络设备、建设维护、新业务引入带来的复杂度和成本增加以及网络能耗增大导致的成本增加。另一方面，运营商需更进一步提升运营服务水平和竞争力，适应不同虚拟运营商/用户/业务的差异化需求，并能够实现对用户行为和业务内容进行智能感知和优化。因此，运营商建设维护成本的降低以及服务能力和竞争力的提升对未来 5G 网络的网络能力开放性、可编程性、灵活性、

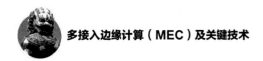

可扩展性、智能化以及低成本、高能效提出了更高要求。

因此，为了应对未来 5G 网络业务发展以及维护运营的需求，需要从无线频谱、无线接入技术以及网络架构等多个层面综合考虑。其中高频段甚至超高频段的深度开发利用、非授权频段的使用、离散频段的聚合以及低频段的重耕等为满足未来频谱资源的需求提供了可能的解决方案。大规模天线技术、毫米波技术、全双工技术、新型多址技术、终端直通（D2D）技术以及超密集组网（UDN）等都对提升频谱利用率、增强 5G 网络性能带来了一定的贡献[19-27]。同时，不仅未来 5G 网络需要具备的可编程性、灵活性以及可扩展性对网络架构提出了新的挑战，上述新型技术的引入同样需要未来网络架构做出相应改善从而最大程度地挖掘新技术的性能增益。因此，为了满足未来 5G 网络的发展需求，网络架构的设计变得至关重要。

# |1.3  5G 网络架构技术特征 |

基于前述讨论，本节将根据 5G 网络主要性能以及运维需求，分析讨论未来 5G 网络架构的主要技术特征。

## 1.3.1  网络架构特征分析[28]

### 1.3.1.1  更高的数据流量和用户体验速率

未来移动网络数据流量增大 1 000 倍以及用户体验速率提升 10~100 倍的需求给 5G 网络的无线接入网和核心网带来了极大的挑战。对于无线接入网，5G 网络则需要从如何利用先进的无线传输技术、更多的无线频谱以及更密集的小区部署等技术进行设计规划[13-14]。

首先，5G 网络需要借助一系列先进的无线传输技术进一步提高无线频谱资源的利用率，主要包括大规模天线技术、高阶编码调制技术、新型多载波技术、新型多址接入技术、全双工技术等，从而提升系统容量。其次，除了提升频谱利用率外，5G 网络需要通过高频段甚至超高频段（例如毫米波频段）的深度开发、非授权频段的使用、离散频段的聚合以及低频段的重耕等方案满足未来网络对频谱资源的需求。

值得注意的是，除了增加频谱带宽和提高频谱利用率外，提升无线系统容量最为有效的办法依然是通过加密小区部署提升空间复用度。据统计，1957—2000 年，通过采用更宽的无线频谱资源使得无线系统容量提升了约 25 倍，而大带宽无线频谱细分成多载波同样带来了无线系统容量约 5 倍的性能增益，并且先进的调制编码技术也将无线系统性能提升了 5 倍。然而，通过小区半径减小增加频谱资源空分复用的方式则将系统容量提升了约 1 600 倍[29]。传统的无线通信系统通常采用小区分裂的方式减小小区半径，然而随着小区覆盖范围的进一步缩小，小区分裂将很难进行，需要通过在室内外热点区域密集部署低功率小基站，形成超密集组网（Ultra Dense Network，UDN）。在超密集组网的环境下，整个系统容量将随着小区密度的增加近乎线性增长[30]。

可以看出，超密集组网是解决未来 5G 网络数据流量爆炸式增长的有效解决方案。据预测，在未来无线网络中，在宏基站覆盖的区域中，各种无线接入技术（RAT）的小功率基站的部署密度将达到现有站点密度的 10 倍以上，形成超密集的异构网络[13]。

然而，超密集组网通过降低基站与终端用户间路径损耗提升了网络吞吐量，在增大有效接收信号的同时也提升了干扰信号。即超密集组网降低了热噪声对无线网络系统容量的影响，使其成为一个干扰受限系统。如何有效进行干扰消除、干扰协调成为超密集组网提升链路容量需要重点考虑的问题。更进一步，小区密度的急剧增加也使得干扰变得异常复杂。此时，5G 网络除了需要在接收端采用更先进的干扰消除技术外，还需要具备更加有效的小区间干扰协调机制。考虑到现有 LTE 网络采用的分布式干扰协调（ICIC）技术，其小区间交互控制信令负荷会随着小区密度的增加以二次方趋势增长，极大地增加了网络控制信令负荷。因此，在未来 5G 网络超密集网络的环境下，通过局部区域内的分簇化集中控制，解决小区间干扰协调问题，成为未来 5G 网络架构的一个重要技术特征。

可以看出，基于分簇化的集中控制，不仅能够解决未来 5G 网络超密集部署的干扰问题，而且能够更加容易地实现相同 RAT 下不同小区间的资源联合优化配置、负载均衡等以及不同 RAT 系统间的数据分流、负载均衡等，从而提升系统整体容量和资源整体利用率。

考虑到低功率基站较小的覆盖范围，会导致具有较高移动速度的终端用户遭受频繁切换，从而降低用户体验速率。为了能够同时考虑"覆盖"和"容量"这两个无线网络重点关注的问题，未来 5G 接入网络可以通过控制面与数据面的分离，即分别采用不同的小区进行控制面和数据面操作，从而实现未来网络对于覆盖和容量的单独优化设计[31]。此时，未来 5G 接入网可以灵活地根据数据流量的需求在热点区域扩容数据面传输资源，例如小区加密、频带扩容、增加不同 RAT 系统分流等，并不需要同时进行控制面增强。因此，无线接入网控制面与数据面的分离将是未来 5G 网络的另一个主要技术特征。以超密集异构网络为例，通过控制面与数据面分离，宏基站主要负责提供覆盖（控制面和数据面），小小区低功率基站则专门负责提升局部地区系统容量（数据面）。不难想象，通过控制面与数据面分离实现覆盖和容量的单独优化设计，终端用户需要具备双连接甚至多连接的能力。

除此之外，D2D 技术作为除小区密集部署之外缩短发送端和接收端距离的另一种有效方法，既实现了接入网的数据流量分流，同时也可有效提升用户体验速率和网络整体的频谱利用率。在 D2D 场景下，不同收发终端用户对间以及不同收发用户对与小区收发用户间的干扰，同样需要无线接入网具备局部范围内的分簇化集中控制，实现无线资源的协调管理，从而降低相互间干扰，提升网络整体性能。

未来 5G 网络数据流量密度和用户体验速率的急剧增长使得核心网同样经受着巨大的数据流量冲击。因此未来 5G 网络需要在无线接入网增强的基础上，对核心网的架构进行重新思考。

图 1-10 给出了传统的 LTE 网络架构，其中服务网关（SGW）和 PDN 网关（PGW）主要负责处理用户面数据转发。同时，PGW 还负责内容过滤、数据监控与计费、接入控制以及合法监听等网络功能。数据从终端用户到达 PGW 并不是通过直接的三层路由方式，而是通过 GTP（GPRS Tunneling Protocol）的方式逐段从基站送到 PGW。LTE 网络移动性管理功能由网元 MME 负责，但是 SGW 和 PGW 上依然保留了 GTP 隧道的建立、删除、更新等 GTP 控制功能。

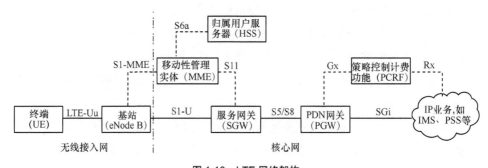

图 1-10　LTE 网络架构

可以看出，传统 LTE 核心网控制面与数据面分割不是很彻底，且数据面功能过于集中，存在如下局限性[32]。

- 数据面功能过度集中在 LTE 网络与互联网边界的 PGW 上，要求所有数据流必须经过 PGW，即使是同一小区用户间的数据流也必须经过 PGW，给网络内部新内容应用服务的部署带来困难。同时数据面功能的过度集中也对 PGW 的性能提出更高要求，且易导致 PGW 成为网络吞吐量的瓶颈。
- 网关设备控制面与数据面耦合度高，导致控制面与数据面需要同步扩容。由于数据面的扩容需求频度通常高于控制面，二者同步扩容一定程度缩短了设备的更新周期，同时带来设备总体成本的增加。
- 用户数据从 PGW 到 eNB 的传输仅能根据上层传递的 QoS 参数转发，难以识别用户的业务特征，导致很难对数据流进行更加灵活精细的路由控制。
- 控制面功能过度集中在 SGW、PGW（尤其是 PGW）上，包括监控、接入控制、QoS 控制等，导致 PGW 设备变得异常复杂，可扩展性变差。
- 网络设备基本是各设备商基于专用设备开发定制而成，运营商很难将由不同设备商定制的网络设备进行功能合并，导致灵活性变差。

因此，为了让未来 5G 网络能够更好地适应网络数据流量的激增，核心网必须采取如下措施缓解压力。

- 核心网需要将用户面下沉分布式部署、业务本地化近距离部署，并通过本地分流的方式有效避免未来 5G 核心网数据传输瓶颈的出现，同时提升了数据转发效率。
- 通过核心网网关控制面与数据面的分离，使得网络能够根据业务发展需求实现控制面与数据面的单独扩容、升级优化，从而加快网络升级更新和新业务上线速度，从而可有效降低网络升级和新业务部署成本。
- 通过控制面集中化使得 5G 网络能够根据网络状态和业务特征等信息，实现灵活细致的数据流路由控制。
- 基于通用硬件平台实现软件与硬件解耦，可有效提升 5G 核心网的灵活性和可扩展性，从而避免基于专用设备带来的问题，且更易于实现控制面与数据面分离以及控制面集中化。

不同于上述通过提升 5G 核心网数据处理能力应对数据流量激增的方法，缓存技术可以根据用户需求和业务特征等信息，有效降低网络传输所需数据流量[33]。据统计，缓存技术在 3G 网络和 4G LTE 网络的应用可以降低 1/3~2/3 的移动数据量[34-35]。

为了能够更好地发挥缓存技术可能带来的性能提升作用，未来 5G 网络需要基于网络大数据实现智能化的分析处理。

### 1.3.1.2 更低时延

为了能够应对未来基于机器到机器的物联网新型业务在工业控制、智能交通、环境监测等领域应用带来的毫秒级时延要求，5G 网络需要从空口、硬件、协议栈、骨干传输、回传链路以及网络架构等多个角度联合考虑。据估算，以未来 5G 无线网络满足 1 ms 的时延要求为目标，物理层的时间最多只有 100 μs[36]，此时 LTE 网络 1 ms 的传输时间间隔以及 67 μs 的 OFDM 符号长度已经无法满足要求。广义频分复用（Generalized Frequency Division Multiplexing，GFDM）技术作为一种潜在的物理层技术成为有效解决 5G 网络毫秒级时延要求的技术[37]。

通过内容缓存以及 D2D 技术同样可以有效降低数据业务端到端时延。以内容缓存为例，通过将受欢迎内容（热门视频等）缓存在核心网，可以有效避免重复内容的传输，更重要的是降低了用户访问内容的时延，很大程度地提升了用户体验。除此之外，通过合理有效的受欢迎内容排序算法和缓存机制，将相关内容缓存在基站或者通过 D2D 方式直接获取所需内容，可以更进一步地提高缓存命中率，提升缓存性能。

考虑到基站的存储空间限制以及在 UDN 场景下每小区服务用户数目较少使得缓存命中率降低，从而无法降低传输时延，未来 5G 网络除了要支持核心网缓存外，还需要能够支持基站间合作缓存机制，并通过分簇化集中控制的方式判断内容的受欢迎度以及内容存储策略。类似地，不同 RAT 系统间的内容缓存策略，同样需要 5G 网络能够进行统一的资源协调管理。

另外，更高的网络传输速率、本地分流、路由选择优化以及协议栈优化等都对降低网络端到端时延有一定程度的帮助。

### 1.3.1.3 大规模 MTC 终端连接

为了能够应对 2020 年终端连接数目 10~100 倍的迅猛增长，一方面可以通过无线接入技术、频谱、小区加密等方式提升 5G 网络容量满足海量终端连接，其中超密集组网使得每个小区的服务终端数目降低，缓解了基站负载。另一方面，用户分簇化管理以及中继等技术可以将多个终端设备的控制信令以及数据进行汇聚传输，降低网络的信令和流量负荷。同时，对于具有小数据突发传输的 MTC 终端，可以通过接入层和非接入层协议的优化合并以及基于竞争的非连接接入方式等，降低网络的信令负荷。

值得注意的是，大规模终端连接除了带来网络信令和数据量的负荷外，最棘手的是海量终端连接意味着网络中将同时存在各种各样需求迥异、业务特征差异巨大的业务应用，即未来 5G 网络需要能够同时支持各种各样差异化业务。以满足某类具有低时延、低功耗的 MTC 终端需求为例，协议栈简化处理是一种潜在的技术方案。然而，同一小区内如何同时支持简化版本与非简化版本的协议栈则成为 5G 网络需要面临的棘手问题。因此，未来 5G 网络首先需要具备网络能力开放性、可编程性，即可以根据业务、网络等要求实现协议栈的差异化定制。其次，5G 网络需能够支持网络虚拟化，使得网络在提供差异化服务的同时保证不同业务相互间的隔离度要求。

## 1.3.1.4　更低成本

未来 5G 网络超密集的小区部署以及种类繁多的移动互联网业务和物联网业务的推广运营，将极大程度地增加运营商建设部署、运营维护成本。根据 Yankee Group 统计，网络成本占据整个运营商成本的 30%[38]。

首先，为了能够降低超密集组网带来的网络建设、运营和维护复杂度以及成本的增加，一种可能的办法是通过减少基站的功能，从而降低基站设备的成本。例如基站可以仅完成层一和层二的处理功能，其余高层功能则利用云计算技术实现多个小区的集中处理[38]。对于这类轻量级基站，除了功能减少带来的成本降低外，第三方或个人用户部署的方式会更进一步降低运营商的部署成本。同时轻量化基站的远程控制、自优化管理等同样可以降低网络的运营维护成本。

其次，传统的网络设备由各设备商基于专用设备开发定制而成，新的网络功能以及业务引入通常意味着新的专用网络设备的研发部署。新的专用网络设备将带来更多的能耗、设备投资以及针对新的设备而需要的技术储备、设备整合以及运营管理成本的增加。更进一步，网络技术以及业务的持续创新使得基于专用硬件的网络设备生命周期急剧缩短，降低了新业务推广可能带来的利润增长。因此，对于运营商，为了能够降低网络部署和业务推广运营成本，未来 5G 网络有必要基于通用硬件平台实现软件与硬件解耦，从而通过软件更新升级方式延长设备的生命周期，降低设备总体成本。另外，通过软硬件解耦加速了新业务部署，为新业务快速推广赢得市场提供有力保证，从而带来运营商利润的增加。

考虑到传统的电信运营商为保持核心的市场竞争力、低成本以及高效率的运营状态，未来可能将重点集中于其最为擅长的核心网络的建设与维护，对于大量的增值业务和功能化业务，则将其转售给更加专业的企业，合作开展业务运营。同时由于用户对于业务的质量和服务的要求也越来越高，从而促使了国家移动通信转售业务运营试点资格（虚拟运营商牌照）的颁发。从商业的运作上看，虚拟运营商并不具有网络，而是通过网络的租赁使用为用户提供服务，将更多的精力投入新业务的开发、运营、推广、销售等领域，从而为用户提供更为专业的服务。为了能够降低虚拟运营商的投资成本，适应虚拟运营商差异化要求，传统的电信运营商需要在同一个网络基础设施上为多个虚拟运营商提供差异化服务，同时保证各虚拟运营商间相互隔离、互不影响。

因此，未来 5G 网络首先需要具备网络能力开放性、可编程性，即可以根据虚拟运营商业务要求实现网络的差异化定制。其次，5G 网络需支持网络虚拟化，使得网络在提供差异化服务的同时保证不同业务相互间的隔离度要求。

### 1.3.1.5　更高能效

不同于传统的无线网络仅仅以系统覆盖和容量为主要目标进行设计，未来 5G 网络在满足覆盖和容量这两个基本需求外，将进一步提高 5G 网络的能效。5G 网络能效的提升一方面意味着网络能耗的降低，缩减了运营商的能耗成本；另一方面，5G 网络能效的提升将延长终端的待电时长，尤其是 MTC 类终端的待电时长将增大。

首先，无线链路能效的提升可以同时有效降低网络和终端的能耗。例如，超密集组网通过缩短基站与终端用户的距离，极大程度地提升无线链路质量，可有效提升链路的能效。大规模天线通过无线信号处理的方法可以针对不同用户实现窄波束辐射，增强了无线链路质量的同时减少了能耗以及对应的干扰，从而有效提升了无线链路能效。

其次，在通过控制面与数据面分离实现覆盖与容量分离的场景下，低功率基站较小的覆盖范围以及终端的快速移动，使得小小区负载以及无线资源使用情况骤变。此时，低功率基站可在统一协调的机制下根据网络负荷情况动态地实现打开或者关闭，在不影响用户体验的情况下降低了网络能耗。因此，未来 5G 网络需要通过分簇化集中控制的方式并基于网络大数据的智能化分析处理，实现小区动态关闭/打开以及终端合理的小区选择，提升网络能效。

对于无线终端，除通过上述办法提升能效、延长电池使用寿命，采用低功耗高能效配件（如处理器、屏幕、音视频设备等）也可以有效延长终端电池寿命。更进一步，通过将高能耗应用程序或其他处理任务从终端迁移至基站或者数据处理中心等，利用基站或数据处理中心强大的数据处理能力以及高速的无线网络，实现终端应用程序的处理以及反馈，缩减终端的处理任务，延长终端电池寿命。

## 1.3.2　网络架构特征总结

综上所述，为了满足未来 5G 网络性能要求，即数据流量密度提升 1 000 倍、设备连接数目提升 10~100 倍、用户体验速率提升 10~100 倍、MTC 终端待机时长延长 10 倍、时延降低 5 倍的业务需求以及未来网络更低成本、更高能效等持续发展的要求，需要从无线频谱、接入技术以及网络架构等多个角度综合考虑。图 1-11 给出了 5G 网络需求、关键技术以及 5G 网络架构的主要特征。

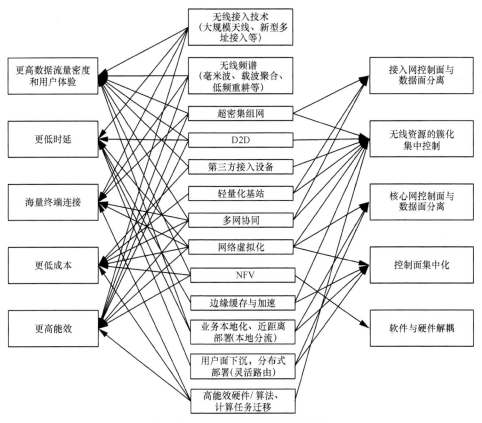

**图 1-11　5G 网络关键技术与架构特征**

可以看出，未来 5G 网络架构的主要技术特征包括：接入网通过控制面与数据面分离实现覆盖与容量的分离或者部分控制功能的抽取，通过分簇化集中控制实现无线资源的集中式协调管理。核心网则主要通过控制面与数据面分离以及控制面集

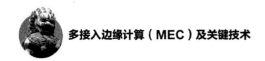

中化的方式实现本地分流、灵活路由等功能。除此之外，通过软件与硬件解耦和前述四大技术特征的有机结合，使得未来 5G 网络具备网络能力开放性、可编程性、灵活性和可扩展性。

# |1.4　5G 网络总体架构 |

IT 新技术的发展给满足未来 5G 网络架构技术特征带来了希望。其中以控制面与数据面分离、控制面集中化为主要特征的 SDN（Software-Defined Networking）技术[39]以及以软件与硬件解耦为特点的 NFV（Network Function Virtualization）技术的结合[40]，有效地满足未来 5G 网络架构的主要技术特征，使 5G 网络具备网络能力开放性、可编程性、灵活性和可扩展性。更进一步，基于云计算技术以及网络与用户感知体验的大数据分析，实现业务和网络的深度融合，使 5G 网络具备用户行为和业务感知能力，更加智能化[41]。因此，下面将分别介绍 5G 网络架构概念视图以及 3GPP 关于 5G 网络架构的最新进展。

## 1.4.1　5G 网络概念架构

基于上述讨论，图 1-12 给出了基于 SDN 和 NFV 技术的"三朵云"的 5G 网络架构 [28,42]，其主要思想已被 IMT-2020（5G）推进组所采纳，并纳入在 2015 年 2 月发布的《5G 概念白皮书》中[43-44]。

可以看出，5G 网络将是集多种接入技术（3G/4G/5G、Wi-Fi 等）、多种部署场景（宏基站覆盖、微基站超密集组网、宏微联合覆盖）以及多种连接方式（D2D、多跳连接、mesh 连接等），并根据业务应用（车联网、M2M 等）灵活部署的融合网络。

其中，接入方面借鉴控制面与数据面分离的思想，一方面通过覆盖与容量的分离，实现未来网络对于覆盖和容量的单独优化设计，实现根据业务需求灵活扩展控制面和数据面资源。另一方面通过将基站部分无线控制功能进行抽离进行分簇化集中式控制，实现簇内小区间干扰协调、无线资源协同、跨制式网络协同等智能化管理，构建以用户为中心的虚拟小区。在此基础上，通过簇内集中控制、簇间分布式协同等机制，实现终端用户灵活接入，提供极致的用户体验。

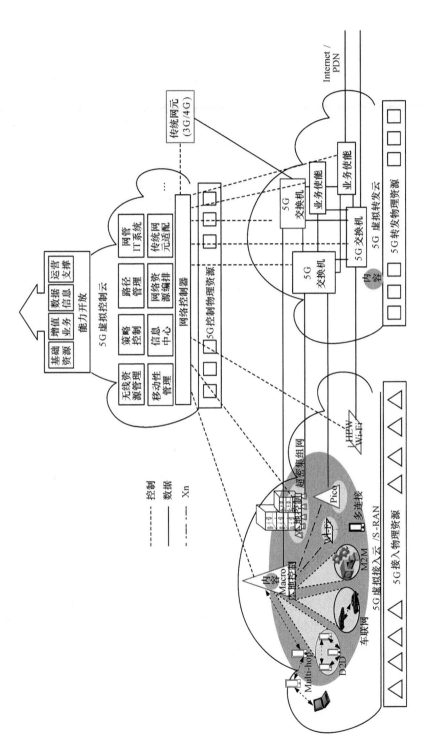

图 1-12　5G 网络架构概念视图

同时，核心网控制面与数据面的进一步分离和独立部署，使得网络能够根据业务发展需求实现控制面与数据面的单独扩容、升级优化以及按需部署，从而加快网络升级更新速度、新业务上线速度、用户面下沉分布式部署、业务本地化近距离部署以及本地分流等，保证了未来网络的灵活性和可扩展性。控制面集中化使得网络能够根据网络状态和业务特征等信息，实现灵活细致的数据流路由控制。同时，基于以实现软件与硬件解耦为特征的网络功能虚拟化技术，实现了通用网络物理资源的充分共享和按需编排资源，可进一步提升网络的可编程性、灵活性和可扩展性，提高网络资源的利用率。

除此之外，5G 网络架构支持通过网络虚拟化和能力开放，实现网络对虚拟运营商/用户/业务等第三方的开放和共享，并根据业务要求实现网络的差异化定制和不同业务相互间的隔离，提升整体运营服务水平。

更进一步，基于云计算的 5G 网络架构，可大幅度提升网络数据处理能力、转发能力以及整个网络系统容量。同时，基于云计算的大数据处理，通过用户行为和业务特性的感知，实现业务和网络的深度融合，使 5G 网络更加智能化。下面将分别介绍 5G 网络概念架构的三大部分——控制云、接入云以及转发云的主要功能。

### 1.4.1.1　控制云

控制云作为 5G 网络的控制核心，由多个运行在云计算数据中心的网络控制功能模块组成，主要包括无线资源管理模块、移动性管理模块、策略控制模块、信息中心模块、路径管理模块、网络资源编排模块、传统网元适配模块、能力开放模块等。

- 无线资源管理模块：负责系统内无线资源集中管理、跨系统无线资源集中管理、虚拟化无线资源配置。
- 移动性管理模块：提供跟踪用户位置、切换、寻呼等移动相关功能。
- 策略控制模块：包括接入网发现与选择策略、QoS 策略、计费策略等。
- 信息中心模块：包括用户签约信息、会话信息、大数据分析信息等。
- 路径管理模块：根据用户信息、网络信息、业务信息等制定业务流路径选择与定义。
- 网络资源编排：按需编排配置各种网络资源。
- 传统网元适配：模拟传统网元，支持对现网 3G/4G 网元的适配。

• 能力开放模块：提供 API 对外开放基础资源、增值业务、数据信息、运营支撑四大类网络能力。

可以看出，相比传统 LTE 网络，5G 网络控制云将分散的网络控制功能进一步集中和重构、功能模块软件化、网元虚拟化，并对外提供统一的网络能力开放接口。同时，控制云通过接收来自接入云和转发云上报的网络状态信息，完成接入云和转发云的集中优化控制。

## 1.4.1.2　接入云

5G 网络接入云包含多种部署场景，主要包括宏基站覆盖、微基站超密集覆盖、宏—微联合覆盖等，如图 1-13 所示。

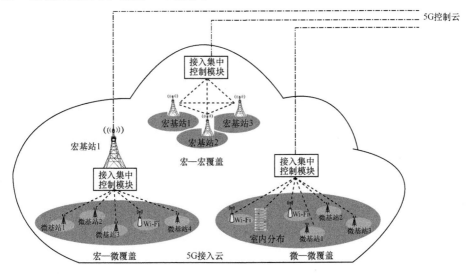

图 1-13　5G 接入网覆盖场景

在宏—微覆盖场景下，通过覆盖与容量的分离（微基站负责容量，宏基站负责覆盖及微基站间资源协同管理），实现接入网根据业务发展需求以及分布特性灵活部署微基站。同时，由宏基站充当的微基站间的接入集中控制模块，对微基站间干扰协调、资源协同管理起到了一定帮助。然而对于微基站超密集覆盖的场景，微基站间的干扰协调、资源协同、缓存等需要进行分簇化集中控制。此时，接入集中控制模块可以由所分簇中的微基站负责或者单独部署在数据处理中心。类似地，对于传统的宏覆盖场景，宏基站间的集中控制模块可以采用与微基站超密集覆盖同样的方式进行部署。

未来 5G 接入网基于分簇化集中控制的主要功能体现在集中式的资源协调管理、无线网络虚拟化以及以用户为中心的虚拟小区 3 个方面，如图 1-14 所示。

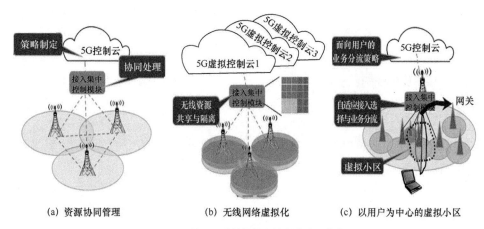

(a) 资源协同管理　　　　(b) 无线网络虚拟化　　　　(c) 以用户为中心的虚拟小区

**图 1-14　接入网分簇化集中控制的主要优势**

（1）资源协同管理

基于接入集中控制模块，5G 网络可以构建一种快速、灵活、高效的基站间协同机制，实现小区间的资源调度与协同管理，提升移动网络资源利用率，进而大大提升用户的业务体验。总体来讲，接入集中控制可以从如下几个方面提升接入网性能。

- 干扰管理：通过多个小区间的集中协调处理，可以实现小区间干扰的避免、消除甚至利用。例如，通过多点协同（Coordinated Multipoint，CoMP）技术可以使得超密集组网下的干扰受限系统转化为近似无干扰系统[15]。

- 网络能效：通过分簇化集中控制的方式，并基于网络大数据的智能化分析处理，实现小区动态关闭/打开以及终端合理的小区选择，在不影响用户体验的前提下，最大程度地提升网络能效。

- 多网协同：通过接入集中控制模块易于实现对不同 RAT 系统的控制，提升用户在跨系统切换时的体验。除此之外，基于网络负载以及用户业务信息，接入集中控制模块可以实现同系统间以及不同系统间的负载均衡，提升网络资源利用率。

- 基站缓存：接入集中控制模块可基于网络信息以及用户访问行为等信息，实现同一系统下基站间以及不同系统下基站间的合作缓存机制的指定，提升缓存命中率、降低用户内容访问时延和网络数据流量。

（2）无线网络虚拟化

如前所述，为了能够满足不同虚拟运营商/业务/用户的差异化需求，5G 网络需要采用网络虚拟化满足不同虚拟运营商/业务/用户的差异化定制。通过将网络底层时、频、码、空、功率等资源抽象成虚拟无线网络资源，进行虚拟无线网络资源切片管理，依据虚拟运营/业务/用户定制化需求，实现虚拟无线资源灵活分配与控制（隔离与共享），充分适应和满足未来移动通信后向经营模式对移动通信网络提出的网络能力开放性、可编程性需求。

（3）以用户为中心的虚拟小区

针对多制式、多频段、多层次的密集通信网络，将无线接入网络的控制信令传输与业务承载功能解耦，依照移动网络的整体覆盖与传输要求，分别构建虚拟无线控制信息传输服务和无线数据承载服务，进而降低不必要的频繁切换和信令开销，实现无线接入数据承载资源的汇聚整合。同时，依据业务、终端和用户类别，灵活选择接入节点和智能业务分流，构建以用户为中心的虚拟小区，提升用户一致性业务体验与感受。

## 1.4.1.3　转发云

5G 网络转发云实现了核心网控制面与数据面的彻底分离，更专注于聚焦数据流的高速转发与处理。同时，运营商业务使能网元（防火墙、视频转码器等）在转发云中的部署，使传统网络的链状部署改善为与转发网元相同的网状部署。此时，转发云根据控制云的集中控制，使 5G 网络能够根据用户业务需求，软件定义每个业务流转发路径，实现转发网元与业务使能网元的灵活选择。除此之外，转发云可以根据控制云下发的缓存策略实现受欢迎内容的缓存，降低核心网数据量。

为了提升转发云的数据处理和转发效率等，转发云需要周期或非周期地将网络状态信息上报给控制云进行集中优化控制。考虑到控制云与转发云之间的传播时延，某些对时延要求特别严格的事件需要转发云进行本地处理。

综上所述，"三朵云"的 5G 网络概念架构包括灵活的无线接入云、智能开放的控制云、高效低成本的转发云[45]。其中接入云支持多种无线制式的接入，包括集中式和分布式两种无线组网机制，适应各种类型的回传链路，实现更灵活的组网部署和更高效的无线资源管理。控制云包括控制逻辑、按需编排和网络能力开放，实现局部和全局的会话控制、移动性管理和服务质量保证，并构建面向业务的网络能力开放接口，从而满足业务的差异化需求并提升业务的部署效率。转发云基于通用的硬件平台，可实现用户面下沉、边缘内容缓存与加速以及在控制平面集中控制下，进行海量业务数据流的灵活路由，实现转发面高可靠、低时延、均负载的高效传输。

需要注意的是，为了实现用户面下沉、业务本地部署、边缘内容缓存和加速、灵活高效的路由以及用户业务体验的提升，5G 网络需要将计算存储能力与业务服务能力向网络边缘迁移。通过 MEC 技术使应用、服务和内容可以实现本地化、近距离、分布式部署，从而一定程度满足了 5G 网络热点高容量、低功耗大连接以及低时延高可靠等技术场景的业务需求。同时 MEC 技术可以通过充分挖掘移动网络数据和信息，实现移动网络上下文信息的感知和分析并开放给第三方业务应用，有效提升了移动网络的智能化水平，促进网络和业务的深度融合。因此，多接入边缘计算（MEC）成为 5G 网络关键技术之一，受到了国内外学术界和产业界的广泛关注。

除了上述多接入边缘计算外，控制转发分离、网络功能重构、新型连接管理、新型移动性管理、按需组网（网络切片）、无线接入技术融合、无线 mesh 网络、无线资源调度和共享、用户和业务的感知和处理、定制化部署和服务、网络能力开放等也成为 5G 网络的关键技术，成为国内外 5G 研究的热点。

因此，3GPP SA2 基于前期 SA1 在 5G 网络需求方面的研究成果，在 2015 年 12 月正式启动了下一代网络架构的研究课题，并于 2016 年 11 月正式发布了下一代网络架构的研究报告 TR23.799。下面将主要基于现有的 3GPP 研究进展，介绍 5G 网络架构。

## 1.4.2  5G 网络架构

### 1.4.2.1  总体要求

根据第 1.4.1 节讨论分析以及 3GPP 研究的最新进展，5G 网络架构的主要要求归纳如下[46]：

• 支持新的无线接入技术，包括演进的 E-UTRA 和非 3GPP 接入（WLAN、固定接入等），不支持 GERAN 和 UTRAN；

- 对于不同的接入系统，支持统一的鉴权框架；
- 支持 UE 通过不同接入系统，同时并发建立多个连接；
- 允许核心网和无线接入网各自独立演进，最小化核心网架构对接入网络的依存度；
- 支持控制面和用户面分离；
- 支持通过使用 NFV 和 SDN 技术降低网络成本、改进运营效率、提高能效以及更加灵活简便地提供新业务；
- 支持不同级别的 UE 移动性管理和业务连续性；
- 支持网络提供不同级别的业务可靠性；
- 支持不同的方法降低 UE 功耗；
- 支持 UE 和 PDN 之间的不同级别的业务时延要求；
- 最小化 UE 和 PDN 之间建立业务的信令流程和时延；
- 支持在运营商信任域内实现业务应用（包括第三方业务应用）的近距离（靠近无线接入网）部署，满足用户访问的低时延要求；
- 支持最优的信令拥塞控制/避免；
- 有效支持大规模 UE 连接；
- 支持网络共享；
- 支持漫游，既支持将用户业务全部通过 VPLMN 路由，也支持将用户业务路由回 HPLMN；
- 支持广播业务；
- 支持网络切片；
- 支持垂直应用；
- 支持动态扩容/缩容；
- 最小化网络运营能耗；
- 支持高可靠低时延通信；
- 支持网络能力开放；
- 支持突发类小数据传输；
- 支持政策监管和合法监听；
- 其他要求等。

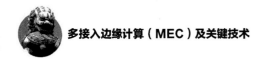

### 1.4.2.2 基于服务的 5G 网络架构

基于上述网络架构要求，3GPP 给出了基于服务的 5G 网络架构，如图 1-15 所示[46]。

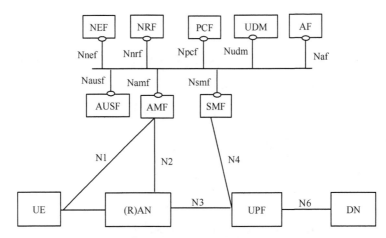

图 1-15 基于服务的 5G 网络架构（非漫游）

可以看出，上述架构基于控制面与用户面分离的思想，主要包括终端（UE）、下一代无线接入网（RAN）、下一代网络控制面（CP）、下一代网络用户面（UP）以及数据网络（DN）。其中参考接口 N1~N4，N6 定义如下：

- N1，UE 与 AMF 的参考节点；
- N2，RAN 与 AMF 间的参考节点；
- N3，RAN 与 UPF 间的参考节点；
- N4，SMF 与 UPF 间的参考节点；
- N6，UPF 与 DN 间的参考节点。

其中下一代网络控制面（CP）包含如下网络功能，其定义和主要功能描述如下。

（1）AMF（Access and Mobility Management Function，接入及移动性管理功能）

- N2 接口终止；
- N1 接口终止；
- 移动性管理；
- 合法监听；
- SM 消息的路由；

- 接入鉴权；
- 安全锚点功能（SEA）；
- 安全上下文管理功能（SCM）等。

（2）SMF（Session Management Function，会话管理功能）

- 会话管理；
- UE IP 地址分配和管理；
- UPF 选择和控制；
- 终止与 PCF 的接口；
- 部分策略及 QoS 控制；
- 合法监听；
- SM NAS 消息终止；
- 下行数据通知；
- 通过 AMF 以及 NG2 接口向 NG-RAN 传递会话管理配置信息；
- 路由功能。

（3）UPF（User Plane Function，用户面功能）

- Intra/Inter-RAT 移动的锚点；
- 数据报文路由和转发；
- 用户面 QoS 处理；
- 数据报文的检测和策略执行；
- 合法监听；
- 流量统计和上报。

（4）PCF（Policy Control Function，策略控制功能）

- 基于同一策略进行网络控制；
- 支持控制面控制策略增强。

（5）NEF（Network Exposure Function，能力开放功能）

- 网络能力的收集、分析和重组；
- 网络能力的开放（安全前提下）。

（6）NRF（NF Repository Function，网络功能注册功能）

- 已实例化 NF 的信息维护（部署、升级、删除过程中）；
- 服务发现：从 NF 实例接收 NF 发现请求，并向 NF 实例提供发现的 NF 实例的信息。

（7）UDM（Unified Data Management，统一数据管理）

- 签约信息的存储与管理。

（8）AUSF（Authentication Server Function，认证服务器功能）

- 生成鉴权向量。

需要注意的是，在基于服务的 5G 网络架构中，NG-CP 的网络功能采用基于服务的思想来描述网络功能和接口交互，并实现网络功能的服务注册、发现和认证等功能。此时，NG-CP 的网络功能既可以是服务的生产者，也可以是服务的消费者。相比于传统架构业务流程和参数处理固定的情况，服务化架构的业务流程由服务间灵活组合实现，具备如下优势。

- 简化接口设计

相同服务的调用者，或不同服务实例的接口可重用，无需逐业务流程定义接口消息。

- 优化参数传递

参数只在请求者和响应者间传递，无需跨越整个业务流程，提高实时性与可靠性。

- 提高功能调整效率

功能更新明确到服务，只对请求者和服务者有影响，对整体业务流程影响小。

- 缩短标准化进程

无需重复架构、接口和流程等标准化过程，聚焦更新服务，甚至可以先开发再统一标准。

正是基于上述服务化的设计理念，下一代网络控制面（CP）中的网络功能可以通过各自的服务接口向外提供服务，其他网络功能可按需使用其提供的服务。相关的服务接口定义如下：

- Namf，AMF 提供的基于服务的接口；
- Nsmf，SMF 提供的基于服务的接口；
- Nnef，NEF 提供的基于服务的接口；
- Npcf，PCF 提供的基于服务的接口；
- Nudm，UDM 提供的基于服务的接口；
- Naf，AF 提供的基于服务的接口；

- Nnrf，NRF 提供的基于服务的接口；

- Nausf，AUSF 提供的基于服务的接口。

## 1.4.2.3　基于参考点的 5G 网络架构

在上述服务化的 5G 网络架构基础上，图 1-16 给出了基于参考点的 5G 网络架构，重点展现了控制面（CP）中各网络功能间的参考接口。

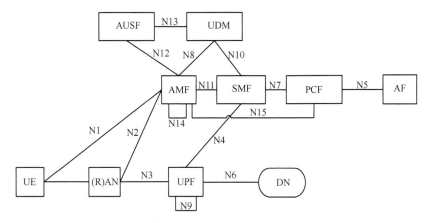

图 1-16　基于参考点的 5G 网络架构（非漫游）

基于参考点的 5G 网络架构所含的参考点除了已描述的 N1~N4、N6 外，还包括如下参考点：

- N7，SMF 和 PCF 间的参考点；

- N8，UDM 和 AMF 间的参考点；

- N9，UPF 间的参考点；

- N10，SMF 和 UDM 间的参考点；

- N11，AMF 和 SMF 间的参考点；

- N12，AMF 和 AUSF 间的参考点；

- N13，ASUF 和 UDM 间的参考点；

- N14，AMF 间的参考点；

- N15，PCF 和 AMF 间的参考点。

除此之外，针对非漫游场景下 UE 同时访问两个数据网络的需求，分别给出了采用两个 PDU 会话以及一个 PDU 会话的参考网络架构，如图 1-17 和图 1-18 所示。

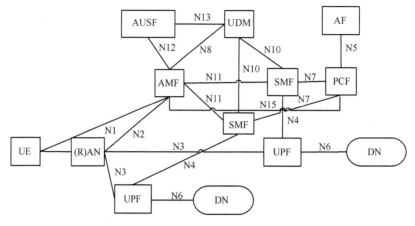

图 1-17　基于参考点的网络架构

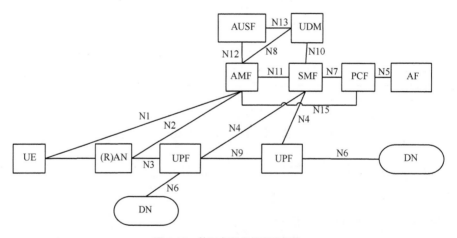

图 1-18　基于参考点的网络架构

由于篇幅所限，对于漫游场景下的 5G 网络架构，读者可以参考 3GPP 已经发布的 TR23.799 以及后续的 TS23.501[47]，这里不再赘述。

## |1.5　小结|

全球 5G 网络的研究正在如火如荼地进行，ITU、3GPP 等标准组织同时在有序推进 5G 网络架构的标准化。作为 5G 网络架构必须要满足的特性之一[46-47]，多接入边缘计算（MEC）成为 5G 的"网红"技术之一，其关键技术也因此成为国内外学术界、工业界研究的重点。因此，本书的后续章节将以 5G 网络架构设计为出发点，针对 MEC 概念、应用需求分析、系统架构以及系列关键技术等内容进行系统性阐述，使读者能够更深入地了解 MEC。

# | 参考文献 |

[1] GSA. Evolution to LTE report[R]. 2017.

[2] 工业和信息化部电信研究院 TD-LTE 工作组. 4G 技术和产业发展白皮书[R]. 2014.

[3] Nokia Siemens Networks. 2020: beyond 4G radio evolution for the gigabit experience[R]. 2011.

[4] Qualcomm. The 1000x mobile data challenge[R]. 2013.

[5] Ericsson. More than 50 billion connected devices[R]. 2011.

[6] 5GNOW. 5th generation: non-orthogonal waveform of asynchronous signalling[R]. 2015.

[7] METIS. Mobile and wireless communications enablers for the twenty-twenty information society[R]. 2015.

[8] IMT-2020(5G)推进组. 5G 愿景与需求白皮书[R]. 2014.

[9] 高芳, 赵志耘, 张旭, 等. 全球 5G 发展现状概览[J]. 全球科技经济瞭望, 2014, 29(7).

[10] CHIH-LIN I. Towards green & soft: a 5G perspective[J]. IEEE Communalization Magazine, 2014, 52(2): 66-73.

[11] ICT-317669 METIS Project. Scenarios, requirements and KPIs for 5G mobile and wireless system[R]. 2013.

[12] OSSEIRAN A, BOCCARDI F, BRAUN V, et al. Scenario for 5G mobile and wireless communication: the vision of the METIS project[J]. IEEE Communalization Magazine, 2014, 52(5): 26-35.

[13] 尤肖虎, 潘志文, 高西奇, 等. 5G 移动通信发展趋势与若干关键技术[J]. 中国科学: 信息科学, 2014(44): 551-563.

[14] AGYAPONG P, IWAMURA M, STAEHLE D, et al. Design considerations for a 5G network architecture[J]. IEEE Communalization Magazine, 2014, 52(11): 65-75.

[15] MARZETTA T L. Noncooperative cellular wireless with unlimited numbers of base station antennas[J]. IEEE Transactions on Wireless Communication, 2010(9): 3590-3600.

[16] ITU-R. IMT vision-framework and overall objectives of the future development of IMT for 2020 and beyond: M.2083-0[S]. 2015.

[17] 3GPP. Feasibility study on new services and markets technology enablers: TR22.891 V1.2.0[S]. 2015.

[18] 3GPP. Study on scenarios and requirements for next generation access technologies: TR38.913 V14.0.0[S]. 2016.

[19] RUSEK F. Scaling up MIMO: opportunities and challenges with very large arrays[J]. IEEE Signal Processing Magazine, 2013, 30(1): 40-60.

[20] NGO H Q, LARSSON E G, MARZETTA T L. Energy and spectral efficiency of very large multiuser MIMO systems[J]. IEEE Transactions on Communications, 2013(61): 1436-1449.

[21] WUNDER G, JUNG P, KASPARICK M, et al. 5GNOW: non-orthogonal, asynchronous waveforms for future mobile applications[J]. IEEE Communication Magazine, 2014, 52(2): 97-105.

[22] RAPPAPORT T. Millimeter wave mobile communications for 5G cellular: it will work![J]. IEEE Access, 2013(1): 335-349.

[23] JAINY M, CHOI J, KIM T, et al. Practical, real-time, full duplex wireless[C]//The 17th Annual International Conference on Mobile Computing and Networking, Sept 19-23, 2011, Las Vegas, Nevada, USA. New York: ACM Press, 2011: 301-312.

[24] TEHRANI M N, UYSAL M, YANIKOMEROGLU H. Device-to-device communication in 5G cellular networks: challenges, solutions, and future directions[J]. IEEE Communalization Magazine, 2014, 52(5): 86-92.

[25] BENJEBBOUR A. System-level performance of downlink NOMA for future LTE enhancements [C]//2013 IEEE Globecom Workshops (GC Wkshps), Dec 9-13, 2013, Atlanta, GA, USA. Piscataway: IEEE Press, 2013.

[26] CHENG W C, ZHANG X, ZHANG H L. Optimal dynamic power control for full-duplex bidirectional- channel based wireless networks[C]//IEEE International Conference on Computer Communications (INFOCOM), April 14-19, 2013, Turin, Italy. Piscataway: IEEE Press, 2013: 3120-3128.

[27] BHUSHAN N. Network densification the dominant theme for wireless evolution into 5G[J]. IEEE Communication Magazine, 2014, 52(2): 82-89.

[28] 杨峰义, 张建敏, 谢伟良, 等. 5G 蜂窝网络架构分析[J]. 电信科学, 2015, 31(5): 46-56.

[29] CHANDRASEKHAR V, ANDREWS J G, GATHERER A. Femtocell networks: a survey[J]. IEEE Communication Magazine, 2008(46): 59-67.

[30] LI Q C, NIU H, PAPATHANASSIOU A T, et al. 5G network capacity: key elements and technologies[J]. IEEE Vehicular Technology Magazine, 2014, 9(1): 71-78.

[31] ISHII H, KISHIYAMA Y, TAKAHASHI H. A novel architecture for LTE-B: C-plane/U-plane split and phantom cell concept[C]//IEEE GLOBECOM Workshop, Dec 3-7, 2012, Anaheim, CA, USA. Piscataway: IEEE Press, 2012.

[32] JIN X, LI L, VANBEVERY L, et al. SoftCell: taking control of cellular core networks[J]. Computer Science, 2013.

[33] WANG X, CHEN M. Cache in the air exploiting content caching and delivery techniques for 5G systems[J]. IEEE Communication Magazine, 2014: 131-139.

[34] ERMAN J. To cache or not to cache—The 3G case[J]. IEEE Internet Computing, 2011, 15(2): 27-34.

[35] RAMANAN B A. Cacheability analysis of HTTP traffic in an operational LTE network [C]// Wireless Telecommunication Symposium, April 17-19, 2013, Phoenix, AZ, USA. Piscataway: IEEE Press, 2013.

[36] FETTWEIS G, ALAMOUTI S. 5G: personal mobile internet beyond what cellular did to telephony[J]. IEEE Communalization Magazine, 2014, 52(2): 140-145.

[37] DATTA R, MICHAILOW N, LENTMAIER M, et al. GFDM interference cancellation for flexible cognitive radio PHY design[C]//IEEE Vehicular Technology Conference (VTC Fall), Sept 3-6, 2012, Quebec City, QC, Canada. Piscataway: IEEE Press, 2012: 1-5.

[38] WOOD T, RAMAKRISHNAN K K, HWANG J. Software-defined networking and network function virtualization-based approach for optimizing a carrier network with integrated datacenters[J]. IEEE Network, 2015, 29(3): 36-41.

[39] ONF. Software-defined networking: the new norm for networks[R]. 2012.

[40] ETSI ISG NFV. Network functions virtualization: architectural framework[R]. 2013.

[41] ROST P, BERNARDOS C J. Cloud technologies for flexible 5G radio access networks[J]. IEEE Communalization Magazine, 2014, 52(5): 68-76.

[42] YANG F Y. A flexible three clouds 5G mobile network architecture based on NFV & SDN[J]. China Communication, 2015.

[43] IMT-2020 (5G)推进组. 5G 概念白皮书[R]. 2015.

[44] 中国电信. 5G 网络架构愿景[R]. 2014.

[45] IMT-2020(5G)推进组. 5G 网络技术架构白皮书[R]. 2015.

[46] 3GPP. Study on architecture for next generation system: TR23.799 v1.2.2[S]. 2016.

[47] 3GPP. System architecture for the 5G system: TS23.501 v0.4.0[S]. 2017.

# 第 2 章

# MEC 概念、应用场景及需求分析

MEC 技术通过将计算存储能力与业务服务能力向网络边缘迁移，使应用、服务和内容可以实现本地化、近距离、分布式部署，从而可一定程度地解决 5G 网络热点高容量、低功耗大连接以及低时延高可靠等应用场景的业务需求。本章将分析 MEC 对于 5G 网络的价值，梳理其典型应用场景，分析给出 MEC 技术需求，并介绍 ETSI 和 3GPP 最新的 MEC 标准化进展。

本章将首先从移动云计算、边缘计算、雾计算以及 MEC 等多个概念出发，梳理其区别与联系。其次，针对 5G 网络三大典型应用场景，详细分析 MEC 在 5G 网络中的价值，归纳总结其典型应用场景，并给出了 MEC 的技术需求。除此之外，本章还介绍 MEC 在 ETSI 以及 3GPP 的标准化研究进展。

# | 2.1　MEC 概念 |

从欧洲电信标准化协会（European Telecommunication Standard Institute，ETSI）于 2014 年 9 月成立 MEC 工作组开始，MEC 的概念正式发布，其主要是指通过在无线接入侧部署通用服务器，从而为无线接入网提供 IT 和云计算的能力[1]。从其定义可以看出，其所涉及的内容与移动云计算、边缘计算以及雾计算等概念存在着千丝万缕的区别与联系。因此，下面将针对上述概念进行梳理，总结其区别与联系，供读者参考。

## 2.1.1　移动云计算（MCC）

移动通信速率的持续提升、移动互联网以及物联网业务应用的不断涌现以及移动终端种类的日益丰富，使得智能终端（智能手机、平板电脑等）已逐渐成为人们日常生活、工作、学习、社交、娱乐的主要工具[2]。然而，移动终端在计算处理能力、电池寿命（待机时长）以及存储空间等资源方面的限制，导致其业务体验相比于个人电脑有所降低，直接影响用户体验及应用推广[3]。更进一步，上述资源限制的问题对于低成本的物联网终端则更为严重，直接影响着物联网终端的寿命以及在工业、农业、医疗、教育、交通、金融、能源、智能家居、环境监测等方面的应用[4]。

云计算概念的出现，为上述问题的解决提供了一种潜在方案。基于云计算的架构，用户可以实现按需使用云服务提供商提供的服务器、网络和存储等云设施服务，中间件、操作系统等平台服务以及业务应用等，从而可以实现业务应用的快速上线并提高资源利用率[3]。基于云计算的概念及优势，移动云计算（Mobile Cloud Computing，MCC）的概念在 2009 年得以提出并被引入移动通信领域，其主要含义是指将业务应用的数据计算处理、存储等任务从原有移动终端迁移至云端的集中化云计算平台[5-9]。换句话说，MCC 为移动用户在远端提供了数据计算、存储等云计算服务，此时移动终端无需具备超强的计算、存储能力，如图 2-1 所示。

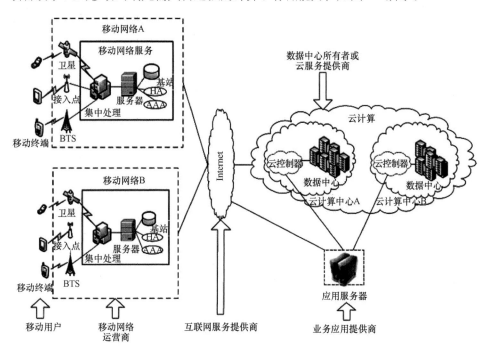

图 2-1 移动云计算系统架构[3]

在 MCC 系统中，用户的请求与信息经过移动网络鉴权认证后通过 Internet 发送至远端云计算中心，由云控制器负责处理来自移动用户的请求，并提供相应的云服务。

基于云计算能够提供的基础设施、平台以及软件等服务，使得 MCC 具有如下优势，可有效克服移动终端处理能力、待机时长、存储空间等资源有限的问题。

（1）延长待机时间

终端待机时长是移动终端一直以来重点关注并持续优化的问题。为了降低移动终端能耗，需要分别从 CPU 性能增强优化、磁盘以及屏幕的智能化管理、高能效算法等角度出发持续优化[10-13]。然而，此类优化方案通常要求修改现有移动终端的架构，或者需要增加/更换新的高能效硬件，从而带来移动终端成本的增加，降低了上述方案的实用性。

MCC 则通过将高能耗、高复杂度的计算任务迁移至云端数据中心进行处理，从而可有效节省移动终端电量，延长待机时长。根据现有的高效计算任务迁移算法评估结果，计算任务迁移可显著降低移动终端能耗[14-15]，其中图像处理中涉及的大规模矩阵运算任务迁移，可为移动终端节省多达 45% 的能耗[14]。除此之外，通过将手机棋类游戏中部分高能耗计算任务卸载至云端服务器，同样可为移动终端节省约 45% 的能耗[16]。

可以看出，MCC 通过将高能耗、高复杂度的计算任务迁移至云端数据中心，可有效地节省移动终端能耗，延长终端待机时长，提升用户体验[17]。

（2）提升数据存储与处理能力

值得注意的是，有限的存储与计算资源同样也降低了移动终端提供业务及应用的能力。基于 MCC，用户可以将大量的数据存储在云端，并通过无线网络实现访问，例如亚马逊提供的文件存储服务[18]以及基于云空间的图片共享服务等[19]。其中基于云空间的图片共享服务使得用户可以将其拍摄的照片实时上传至云端进行存储，并可以通过其他任意设备访问存储在云端的照片，极大程度地节省了单个终端所需的存储空间。目前最为流行的社交软件 Facebook 以及微信朋友圈等也都是典型地通过云存储提供照片共享服务。

除了数据存储外，对于计算复杂度高的业务应用，MCC 可以有效降低其高计算复杂度给资源受限类终端带来的处理时间长、能耗大的问题。通过将大量高复杂的数值计算、数据管理以及文件同步等任务交由云端数据中心完成，从而实现音视频转码、在线游戏、多媒体广播等业务应用[20]。同时，将业务应用计算及存储迁移至云端数据中心也使得业务应用不受终端资源的限制，更易推广。

因此，MCC 基于云端数据中心的计算、存储能力一方面可降低业务应用对终端的计算存储能力的要求，更易推广；另一方面高复杂度计算任务的迁移以及大数据的云端存储也可以降低终端的运行成本，延长待机时长，降低能耗[21]。

（3）增加可靠性

业务应用数据在云端数据中心的处理和存储，除了上述降低终端成本和能耗外，还可以降低由于终端丢失/损坏导致的数据丢失，有效提升业务应用的可靠性。

（4）灵活易扩展

更进一步，MCC 继承了云计算动态按需部署以及灵活的扩展性等优势。此时 MCC 可根据业务提供商或者移动用户的需求动态地、精细化地分配物理资源，在无需资源预留的情况下满足业务应用需求。同时，对于业务发展或者环境变化导致的非预见型突发业务需求，业务提供商可以基于云端数据中心实现业务应用处理能力的增强，降低资源限制对业务应用服务能力的影响。

值得注意的是，为了使用户获得良好的业务体验，终端与云端数据中心需要保持稳定高速的数据连接通道。然而，由于云端数据中心通常采用业务应用集中部署的方式，终端与云端数据中心间长距离传输导致的时延增大将很大程度降低用户的业务体验。同时，大量业务应用数据在终端与云端数据中心间传输也将导致网络回传带宽的急剧增加。

综上考虑，未来网络需要将终端所需的计算/存储等业务应用运行所需的能力下沉至网络边缘，在靠近终端用户的位置提供边缘计算的能力，从而降低网络传输负荷尤其是传输时延，提升用户体验[22-24]。目前边缘计算的概念主要包括雾计算（Fog Computing）和移动边缘计算（Mobile Edge Computing），下面详细进行介绍。

## 2.1.2　雾计算

为了使移动终端获得云计算带来的优势，同时又避免移动终端与云端数据中心间数据传输带来的网络负荷尤其是时延的增加，参考文献[24]早在 2009 年就提出了"微小云（Cloudlet）"的概念。其主要思想是资源受限类终端通过使用其周边近距离部署的低成本的小型化分布式云设施提供的计算、存储等能力（例如小型化服务器、路由器等），避免使用远端云计算中心而导致的时延增加问题，如图 2-2 所示。

可以看出，物理位置更靠近移动终端是微小云的本质特征，同时为了保证移动终端与微小云间的实时交互，二者间的链路必须满足低时延、高带宽的传输要求。当移动终端发现周边没有微小云可以使用时，依然可以采用传统的方式使用远端云计算中心。举例说明，微小云可以从一个集中云计算中心下载用户数据，并允许本地移动终端用户访问，从而减少延迟。完成访问后，如有需要，微小云可以将用户数据返回至集中的云计算中心。该过程对用户不可见，通过更快的响应提升了用户的满意度。

**图 2-2　"微小云"概念图[24]**

从图 2-2 可以看出，通过大量微小云的广泛部署可以形成分布式的云计算平台，为周边邻近移动终端提供更多的可用资源。相比于大规模的云计算中心，微小云是分布式的且具备一定的自我管理能力，可以在 PC、工作站以及低成本服务器上实现，从而更加方便地部署在咖啡馆、商场等场合，并在 Wi-Fi 局域网的时延和带宽环境下每次处理少量用户。

因此与传统的云计算中心相比，二者之间存在如下差异，见表 2-1。

**表 2-1　微小云（Cloudlet）与云计算（Cloud）对比**

|  | 微小云 | 云 |
| --- | --- | --- |
| 状态 | 仅软状态 | 软状态/硬状态并存 |
| 管理维护 | 自管理，少量或者无专业管理 | 专业管理，7×24 h 工作 |
| 部署环境 | 位于商业中心，"盒子里的数据中心/云盒" | 具备供电保护及空调制冷的专业机房 |
| 设备归属 | 企业自有，分布式部署 | 云服务商自有，集中式部署 |
| 网络条件 | 局域网时延/带宽 | 互联网时延/带宽 |
| 共享能力 | 每次少量用户 | 每次 100~1 000 个用户 |

与上述概念类似，思科于 2012 年针对物联网应用场景中海量终端分布在网络边缘以及传统集中式的云计算架构很难有效满足物联网场景中时延敏感类业务的实时性要求等问题，首次提出了雾计算的概念。其最初的定义是："雾计算是云计算的一种扩展，在物联网终端设备与传统的云计算中心间为用户提供计算、存储以及网络服务[25]"，如图 2-3 所示。随着研究的深入，雾节点的范围已经从早期的分布式云计算中心，扩展至路由器、交换机、机顶盒、代理服务器等可以部署在物联网终端/传感器周边的网络设备。因此，前述微小云可以被认为是雾节点的一种部署场景。

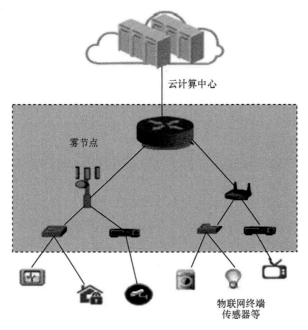

图 2-3　雾计算框图[26]

可以看出，雾计算是传统云计算的有效扩展与补充，通过雾计算可以为物联网终端提供更大范围的分布式云计算服务，更好地服务物联网终端设备。为了促进雾计算研究及应用普及，ARM、思科、戴尔、英特尔、微软及普林斯顿大学边缘（Edge）实验室于 2015 年共同成立开放雾联盟（OpenFog），希望通过开发开放式架构、分布式计算、联网和存储等核心技术加快雾计算技术的应用部署[27]。

### 2.1.3　移动边缘计算（MEC）

移动边缘计算（MEC）的概念最早出现在 2013 年，主要思想是通过在移动基站上引入业务平台功能，使得业务应用可以部署在移动网络边缘[28-29]。经过产业界共同推动，ETSI 于 2014 年 9 月正式成立了 MEC 工作组，针对 MEC 技术的应用场景、技术要求、框架以及参考架构等开展深入研究[1]。其中 ETSI 给出的定义是：MEC 通过在无线接入侧部署通用服务器，从而为无线接入网提供 IT 和云计算的能力，其网络拓扑示意图如图 2-4 所示。

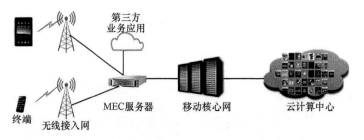

**图 2-4　移动边缘计算（MEC）拓扑示意图[30]**

换句话说，MEC 技术使得传统无线接入网具备了业务本地化、近距离部署的条件，无线接入网由此而具备了低时延、高带宽的传输能力，有效缓解了未来移动网络对于传输带宽以及时延的要求。同时，业务面下沉本地化部署可有效降低网络负荷以及对网络回传带宽的需求，从而实现缩减网络运营成本的目的。除此之外，业务应用的本地化部署使得业务应用更靠近无线网络及用户本身，更易于实现对网络上下文信息（位置、网络负荷、无线资源利用率等）的感知和利用，从而可以有效提升用户的业务体验。更进一步，运营商可以通过 MEC 平台将无线网络能力开放给第三方业务应用以及软件开发商，为创新型业务的研发部署提供平台。

需要注意的是，随着 ETSI MEC 标准化工作的推进，MEC 概念已经从立项初期（第一阶段）针对 3GPP 移动网络为目标，扩展至对非 3GPP 网络（Wi-Fi、有线网络等）以及 3GPP 后续演进网络（5G 等）的支持，其名称也从第一阶段的移动边缘计算（Mobile Edge Computing，MEC）修改为多接入边缘计算（Multi-access Edge Computing，MEC）。

综上所述，雾计算针对的是广义网络，考虑如何通过雾节点来为移动终端/物联网终端提供计算、存储以及网络连接等分布式云计算服务，其通信链路可以基于包括有线网络、移动网络、Wi-Fi、传感网等任意一种连接方式。因此，从通信链路支持的网络制式来看，MEC 第一阶段可以被认为是雾计算针对移动网络的一种典型场景，MEC 第二阶段则是将 Wi-Fi、有线网络等纳入其支持范围，依然可以被认为是雾计算的一种或者多种典型场景。换句话说，从概念名词包含的范围大小来看，雾计算包含前述的微小云以及 MEC 的概念。但是从概念提出的组织、背景以及具体研究讨论的问题来看，还是存在一定的区别与联系。

## 2.1.4　区别与联系

本节梳理了移动云计算、雾计算、移动/多接入边缘计算概念的区别与联系，见表 2-2。

表 2-2　移动云计算、雾计算、MEC 概念区别与联系[31]

|  | 移动/多接入边缘计算（MEC） | 雾计算（Fog Computing） | 移动云计算（MCC） |
|---|---|---|---|
| 产权归属 | 电信运营商 | 私有产权（IT 公司）、个人所有等 | |
| 部署 | 网络边缘 | 近边缘、边缘 | 远端网络中心 |
| 硬件 | 多种类型服务器，节点 | | 服务器 |
| 服务 | 虚拟化 | | |
| 网络架构 | 多层次、分布式 | | 集中式 |
| 支持移动 | 支持 | | N/A |
| 时延、抖动 | 低 | | 高 |
| 本地信息感知 | 支持 | | N/A |
| 可用性 | 高 | | |
| 可扩展性 | 高 | | 一般 |

首先，上述边缘计算的概念虽然是不同研究/标准组织在不同背景下提出的，但是它们有一个共同的基本目标，是将云计算能力扩展至网络边缘，使得终端用户更快速高效地使用云计算服务，提升用户体验。此时，可以根据用户的位置以及业务应用的需求灵活地部署边缘设备（如 MEC 服务器、雾节点、微小云等）或者使能相应边缘设备的网络/业务服务能力，以虚拟化网络/业务服务的形式，并通过多种宽带接入网络（如光纤、Wi-Fi、移动接入网等）满足多租户/用户服务的共享与隔离。

尽管上述边缘计算的概念存在很多相似之处，依然存在一些区别。例如，MEC第一阶段仅考虑将 MEC 平台/功能部署在移动网络设施，第二阶段扩展至支持非3GPP 网络（Wi-Fi、有线网络等），但依然是以 3GPP 移动网络为主要目标，同时支持非 3GPP 网络。而对于雾计算而言，雾节点除了上述位置外，可以部署在任意其他位置，例如用户自有服务器、AP 接入设备、路由器、网关等。

上述部署位置的差异直接导致谁会成为边缘云计算服务的提供者。例如，在MEC 场景下，运营商作为移动网络设施的投资建设以及运营维护者，自然而然也就成为 MEC 边缘云服务的主要提供者。相反，雾节点则可以由任意用户部署，各类用户也就有机会成为边缘云服务的提供者，甚至创建属于用户的私有云服务，成为边缘云服务生态链中的一员。

除此之外，部署位置的差异以及产权的归属也将直接影响边缘节点所能提供的服务。例如，部署在移动网络内部且受运营商管控的 MEC 服务器可以为第三方业务应用提供更靠近移动网络/用户的业务运营环境，更易实现移动网络上下文信息（位置、网络负荷等）的感知与开放，达到业务应用优化以及创新型业务发展的目的。

本书主要针对未来 5G 网络业务发展需求，结合 5G 网络架构发展趋势，以支持移动网络边缘计算服务为目标，因此本书将重点针对 MEC 应用场景、系统架构、部署组网策略、系列关键技术研究等内容进行详细阐述，使读者能够更加深入地了解 MEC。

# | 2.2  MEC 价值 |

如前所述，MEC 通过为无线接入网提供 IT 和云计算的能力，从而使得 MEC具备如下技术特征：

- 业务本地化、缓存加速；
- 本地分流、灵活路由；
- 网络信息感知与开放；
- 边缘计算、存储能力；
- 基于 IT 通用平台。

下面将从 5G 的典型应用场景出发，结合第 1 章介绍的 5G 网络概念架构，讨论分析 MEC 的价值，如图 2-5 所示。

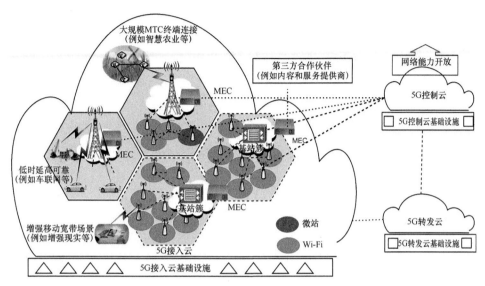

图 2-5　MEC 在 5G 中的应用

## 2.2.1　增强移动宽带场景

为了满足未来 5G 网络 1 000 倍的流量增长以及 100 倍的用户体验速率,现有物理层和网络层技术的后续演进以及全新的技术需要同时考虑，例如大规模天线（massive MIMO）、毫米波（mmWave）、超密集组网（Ultra Dense Network，UDN）等。此类技术的主要目标是通过拓宽频谱带宽以及提高频谱利用率等方式提升无线接入网系统容量。然而，未来 5G 网络数据流量密度和用户体验速率的急剧增长，除了给无线接入网带来极大挑战，核心网同样也经受着更大数据流量的冲击。传统 LTE 网络中，数据面功能主要集中在 LTE 网络与 Internet 边界的 PGW 上，并且要求所有数据流必须经过 PGW。即使是同一小区用户间的数据流也必须经过 PGW，从而给网络内部新内容应用服务的部署带来困难。同时数据面功能的过度集中也对 PGW 的性能提出更高要求，且易导致 PGW 成为网络吞吐量的瓶颈。

因此，MEC 技术通过业务本地化、缓存加速以及本地分流、灵活路由等技术可以有效降低网络回传带宽需求，缓解核心网的数据传输压力，从而进一步避免了核

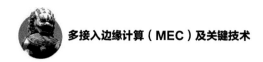

心网传输资源的进一步投资。换句话说，业务应用本地化、缓存加速和本地分流、灵活路由是实现未来 5G 网络业务应用近距离部署/访问、用户面灵活高效分布式按需部署的有效手段，可为用户提供低时延高带宽的传输能力，打造虚拟的 RAN。值得注意的是，5G 控制面的主要功能依然采用集中控制的方式部署在控制云。

以企业/学校为例，通过业务应用本地化以及本地分流技术可以实现企业/学校内部高效办公、本地资源访问、内部通信等，从而为用户提供免费/低资费、高体验的本地连接以及本地业务访问能力。也就是说，通过 MEC 技术可以为企业/校园等热点高容量场景提供一个虚拟的本地 RAN，实现了 MEC 本地业务本地解决的主要思想。

## 2.2.2 高可靠低时延场景

高可靠低时延场景主要指对时延极其敏感并且对可靠性要求严格的场景，如远程医疗、车联网、工业控制等。其中，高可靠低时延场景中对空口时延的要求为 1ms 量级。对于 5G 网络低时延要求，需要从物理层技术（广义频分复用技术等）以及网络层技术（业务应用本地化、缓存等）两个角度出发，进行网络架构的设计与系统开发。

基于 MEC 提供的边缘云计算服务，可以将部署在 Internet 或者远端云计算中心的传统业务应用，迁移至无线网络边缘。此时，特定业务或者非常受欢迎的内容可以部署或者缓存在靠近无线接入网以及终端用户的位置，从而可以有效降低网络端到端时延，提升用户的 QoE。

因此，基于 MEC 的业务应用本地化、缓存加速等功能可以有效降低或者消除回传带来的时延影响，一定程度上满足 5G 网络对于网络时延的要求。

## 2.2.3 大规模 MTC 终端连接场景

为了解决移动终端（尤其是低成本 MTC 终端）有限的计算和存储能力以及功耗问题，需要将高复杂度、高能耗计算任务迁移至云计算数据中心的服务器端完成，从而降低低成本终端的能耗，延长其待机时长。然而通过将高耗能任务卸载到远程云端的传统方法，在降低终端能耗、延长待机时间的同时，却带来了传输时延的增加。

此时，基于 MEC 的边缘计算、存储能力，通过将高能耗计算任务迁移至无线接入网边缘（MEC 服务器/本地业务服务器），可有效解决计算任务迁移到远端云计算中心带来的时延问题。同时，MEC 服务器可以作为 MTC 终端的汇聚节点完成信令以及数据的本地汇聚、存储与处理等任务，降低 MTC 终端存储资源的需求以及网络负荷。

## 2.2.4　QoE 优化

显而易见，业务应用本地化使得业务应用更加靠近无线接入网以及终端用户本身，此时实时的无线网络上下文信息（小区 ID、网络负载、无线资源利用率等）可以被业务应用有效感知并加以充分利用，从而为终端用户提供更加差异化的服务和业务体验，提升用户的 QoE。

更进一步，网络运营商也可以将部分/全部无线网络的能力向第三方内容提供商/软件开发商等开放，实现网络与业务的深度融合，从而加速创新型业务的开发和部署。

综上所述，MEC 通过将计算存储能力与业务服务能力向网络边缘迁移，使应用、服务和内容可以实现本地化、近距离、分布式部署，从而一定程度解决了 5G 网络热点高容量、低功耗大连接以及低时延高可靠等技术场景的业务需求。同时 MEC 通过充分挖掘移动网络数据和信息，实现移动网络上下文信息的感知和分析并开放给第三方业务应用，有效提升了移动网络的智能化水平，促进网络和业务的深度融合，如图 2-6 所示。

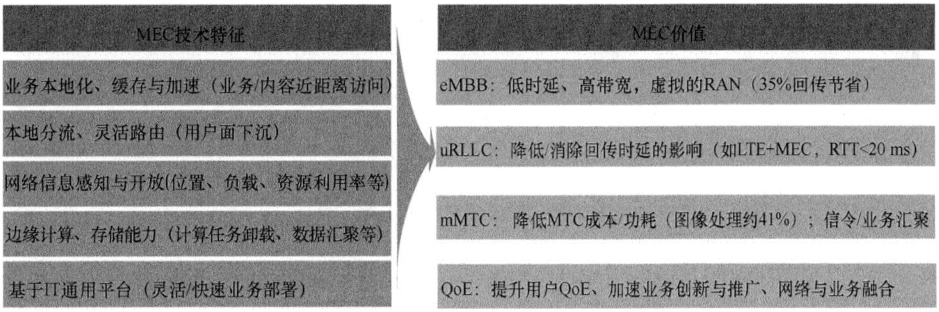

| MEC 技术特征 | MEC 价值 |
| --- | --- |
| 业务本地化、缓存与加速（业务/内容近距离访问） | eMBB：低时延、高带宽、虚拟的 RAN（35%回传节省） |
| 本地分流、灵活路由（用户面下沉） | uRLLC：降低/消除回传时延的影响（如 LTE+MEC，RTT<20 ms） |
| 网络信息感知与开放(位置、负载、资源利用率等) | mMTC：降低 MTC 成本/功耗（图像处理约41%）；信令/业务汇聚 |
| 边缘计算、存储能力（计算任务卸载、数据汇聚等） | QoE：提升用户QoE、加速业务创新与推广、网络与业务融合 |
| 基于IT通用平台（灵活/快速业务部署） | |

图 2-6　MEC 对于 5G 的价值

## |2.3　MEC 典型应用场景与需求分析 |

本节将基于 MEC 技术特征，详细梳理并介绍 MEC 典型的应用场景，并通过业务要求完成 MEC 技术需求分析。

## 2.3.1 MEC 典型应用场景

如前所述，MEC 通过将计算存储能力与业务服务能力向网络边缘迁移可以为移动运营商、服务提供商以及终端用户等带来很大价值，可以广泛应用在各个领域。经分析归纳，MEC 的业务应用场景主要包含如下三大类别，如图 2-7 所示。

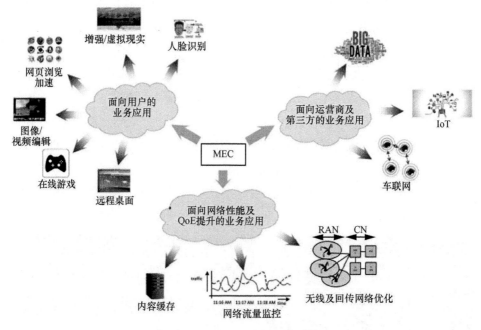

图 2-7　MEC 典型应用场景[32-33]

（1）面向用户的业务应用：主要指可为终端用户直接带来全新功能以及体验的新型业务应用，例如：

- 在线游戏；
- 远程桌面；
- 增强现实；
- 人脸识别等。

（2）面向运营商及第三方的业务应用：主要指依托部署在移动网络边缘的计算、存储等能力优势而提供的新型业务应用，此类业务应用不直接针对终端用户，但可以通过与第三方业务/内容服务商合作为用户服务，例如：

- 位置追踪；
- 大数据分析；
- 公共安全；
- 企业园区虚拟专网等。

（3）面向网络性能及 QoE 提升的业务应用：主要指以优化网络性能以及用户 QoE 为主要目标的业务应用，此类业务应用同样不直接面向最终用户，例如：

- 内容/域名缓存；
- 网络性能优化；
- 视频优化传输等。

下面将针对上述 3 类业务应用场景，选取几个具有代表性的业务应用进行详细分析。

### 2.3.1.1　增强现实

增强现实（Augmented Reality，AR）是指通过实时分析终端用户摄像头所拍摄的环境影像信息，并基于 AR 服务器的内容在原有影像上叠加更多虚拟的信息（图像、视频、3D 模型等），使得虚拟信息与真实信息无缝结合，真实环境与虚拟物体在同一画面或者同一空间同时存在，给用户带来一种超越现实的感官体验。因此，增强现实可被广泛应用在博物馆、画廊、音乐会、体育运动会、城市规划展览等场景中，获得类似游客与虚拟恐龙合影、城市规划实景展示等体验效果。

可以看出，增强现实业务需要完成用户摄像头所获取影像数据的上传、AR 内容服务器的分析处理以及虚拟信息的叠加、处理后影像数据的传输下载等步骤，这都对网络带宽、传输时延以及处理速度提出了很高的要求。除此之外，由于增强现实是在本地环境影响信息上进行虚拟信息的叠加，其业务应用本地化的特性非常明显，因此相比于由远端云计算中心进行影像信息的分析处理的方式，由 MEC 服务器进行本地化分析处理在时延方面的优势非常明显。

从图 2-8 给出的基于 MEC 的增强现实框架来看，智能手机或平板电脑上的增强现实应用程序可以在设备摄像头拍摄的视野上叠加增强现实的内容。其中 MEC 服务器上的应用程序则主要负责提供本地目标对象跟踪、本地增强现实内容缓存以及增强现实内容的叠加处理，从而极大程度缩短了业务的端到端时延，提升了用户体验，同时避免了大流量数据传输对回传带宽的消耗。

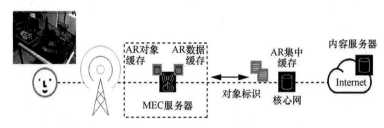

图 2-8　基于 MEC 的增强现实

### 2.3.1.2　企业园区虚拟专网

为了满足企业园区内部大量本地数据访问以及内部通信的需求，通常采用自建专网的方式进行，然而大量的设备投资、无线频率申请、少量可选且价格昂贵的专业终端以及后期网络建设维护给企业园区带来沉重的负担。鉴于上述考虑，图 2-9 给出了基于 MEC 的企业园区虚拟专网框架。

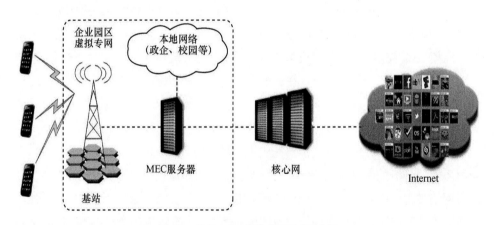

图 2-9　基于 MEC 的企业园区虚拟专网

其中，企业园区用户不必使用定制终端，MEC 服务器可以根据事先配置的分流规则将园区用户访问本地网络的数据流直接转发至企业园区的本地网络，为用户提供本地连接以及本地访问的能力。此时，企业园区的业务应用既可以部署在企业网络内部，也可以直接部署在 MEC 服务器上。也就是说，基于 MEC 的本地分流，可以为企业园区等热点高容量场景提供一个虚拟的 RAN，实现 MEC 本地业务本地解决的主要思想。

　　基于上述讨论，表 2-3 给出了自建专网与基于 MEC 虚拟专网的区别。可以看出，基于 MEC 的虚拟专网，运营商可以为企业园区等政企客户提供"高性能、高保密、低时延、低成本、免建设、免维护"的专网服务，在满足企业园区轻资产诉求的同时，提升了运营商在专网市场的竞争力以及运营商自身网络资源的利用率。除此之外，运营商也可以与现有政企类业务产品结合，提供从固网到移动网络、从 PC 端到手机端的全方位、全系列服务，提高政企客户的满意度、收益率，同时更有利于客户在网率和业务使用率的提升。

表 2-3　自建专网与基于 MEC 虚拟专网比较

| | 自建专网 | 基于 MEC 的虚拟专网 |
|---|---|---|
| 频点申请 | 需要到无线电管理委员会申请并缴纳费用 | 使用运营商频点，无需申请 |
| 新建设备 | 核心网、基站 | MEC 服务器（运营商/自购） |
| 终端 | 专用终端，种类少、价格贵 | 普通终端，种类多、价格低 |
| 配套设施 | 传输、电源、机房、供电 | 仅需要提供供电 |
| 工程施工 | 系统工程、施工复杂 | 方便便捷 |
| 维护管理 | 复杂，需找专业人员解决 | 可在后台进行维护管理 |

### 2.3.1.3　移动视频加速

　　传统的 TCP 针对有线网络设计，由于有线网络的误码率较低，当出现数据分组丢失或者传输时延较大时，TCP 会直观认为主要是由于网络拥塞，从而通过降低发送端数据分组发送数量，缓解或者避免网络拥塞。然而，当 TCP 应用到无线网络中时，终端高速移动切换、信道快速变化等都可能导致数据传输出错而出现数据分组丢失的情况。此时，如果错误地认为数据分组丢失是由网络拥塞引起而降低发送端速率的话，一方面会降低吞吐量导致用户体验下降，另一方面则降低了无线网络的资源利用率。

　　因此，图 2-10 给出了基于 MEC 的视频加速系统框架。其中部署在 MEC 服务器上的无线网络信息分析应用通过无线网络信息的感知与分析处理，给出此时无线网络可用带宽估计值，并近乎实时地提供给视频内容服务器。基于可用带宽信息的辅助，视频服务器可以调整 TCP 拥塞控制策略，包括 TCP 初始窗口大小、拥塞窗口大小等。此时，视频服务器可以根据无线网络带宽及时调整数据发送速率，既避免了由网络拥塞误判而导致的速率下降，尤其是视频观看体验下降的问题，同时又降低了网络拥塞出现的频次。

除此之外，视频服务器可基于无线网络可用带宽信息及时调整视频数据的码率，更好地与用户可用传输带宽进行匹配，从而降低用户观看视频的等待时间以及视频卡顿出现的概率，在最大化无线资源利用率的同时提升用户的 QoE。

更进一步，MEC 服务器也可以作为 TCP 的中间处理节点，将用户与视频服务器间长距离的 TCP 传输链路，分段为无线（用户—MEC 服务器，或者将 MEC 功能部署在基站上）与有线（MEC—视频服务器）两段链路。通过将 TCP 链路分段传输，可有效避免由于某段链路分组丢失而导致的全部链路重传的问题，提高传输效率。

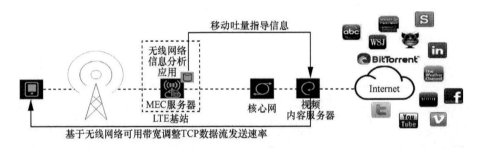

图 2-10　基于 MEC 的视频加速

### 2.3.1.4　视频分析

视频监控与分析已经广泛应用在各个领域，如交通领域的车辆号牌识别、车流量统计、城市安全中的"全球眼"监控以及生态环保领域的珍稀野生动物追踪等。为了避免要求视频摄像头进行本地视频分析导致的配置增强、成本增加等问题，目前通常将监控视频数据流上传至部署在远端云计算中心的视频服务器，由视频服务器进行相关的分析处理以及最终存储。然而，大量的原始视频流数据未经处理地直接上传将提升对回传带宽以及视频服务器存储空间的要求，尤其是视频监控中那些不具有可用信息的视频数据(如珍稀野生动物追踪中摄像头所拍摄的纯环境视频等)直接上传对传输资源将是极大的浪费。

鉴于上述考虑，图 2-11 基于 MEC 的计算、存储能力给出了基于 MEC 的视频分析框架。可以看出，摄像头所拍摄的原始视频流首先经过无线网络上传至 MEC 服务器，此时部署在 MEC 服务器上的视频管理和分析应用负责完成视频分析处理，如视频压缩、事件监测、视频剪辑等。然后，视频管理及分析应用根据预先配置上报监测的特定事件、压缩后的视频或者剪辑好的视频片段。此时，相比于原始视频数据流的高速率大带宽传输，压缩后的视频流、剪辑的视频片段或者事件上报则可以有效降低对回传带宽的消耗。

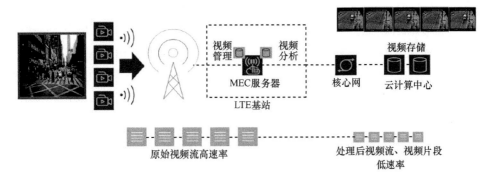

图 2-11　基于 MEC 的视频分析

除了上面介绍的几个典型应用场景外，MEC 还可被应用在高能耗高复杂度计算任务卸载、车联网、物联网汇聚网关等多种业务场景，具体可以参考文献[29-34]中的分类与介绍。

## 2.3.2　MEC 技术需求分析

为了能够有效支持上述应用场景的业务需求，本节将从业务应用的角度出发，针对 MEC 技术要求的基本原则、通用要求、业务要求以及 MEC 所需支持的特性等方面进行详细介绍。

### 2.3.2.1　基本原则

（1）重用 NFV 架构

与网络功能虚拟化（Network Function Virtualization，NFV）为网络功能提供虚拟化平台的思想类似，MEC 需要在移动网络边缘为业务应用提供一个虚拟化平台。此时，从运营商的角度出发，最大程度地使用 NFV 基础设施以及 NFV 的管理编排器，使虚拟化的网络功能（Virtual Network Function，VNF）和 MEC 的业务应用能够在同一基础设施部署运行，则可以很大程度降低投资成本。因此，MEC 首先必须要重用 NFV 架构。

（2）支持移动性

为了保证终端用户在移动网络内部发生切换时依然保持与网络的连接，支持移动性成为移动网络最基本的功能要求之一。除此之外，在 MEC 场景下，对于那些与用户状态信息无关的 MEC 业务应用（无状态业务应用），则无需维护用户的状态信息。例如，面向网络性能以及用户 QoE 提升的应用场景，只有当用户数据流经过该 MEC 服务器时，该应用才用来提升网络性能以及用户 QoE。当用户移动到其他 MEC 服务器服务的小区时，只需经过网络状态的迁移即可，无需在两个 MEC 服务器上的业务应用实体间进行用户状态信息的交互。但是对于 MEC 那类面向用户的业务应用，它们通常与用户的状态信息相关（有状态业务应用），此时当用户从一个 MEC 服务器服务小区切换至其他 MEC 服务器服务小区时，部署在两个 MEC 服务器上的业务应用间需要完成用户相关状态信息的交互传递，保证业务应用的连续性。

因此，MEC 系统需要支持如下移动性。

- 用户移动性：用户移动导致用户到应用传输路径的变化；
- 业务连续性：负载均衡、性能不满足导致的业务应用移动性（迁移）以及应用相关的用户信息的交互迁移。

（3）支持灵活部署

考虑到 MEC 多种的业务应用场景，网络性能、投资成本、可扩展性要求以及运营商偏好等因素，MEC 需要支持多种类型的部署方式，主要方式如下：

- 部署在基站节点（功能合设）；
- 部署在汇聚节点（汇聚网关）；
- 部署在核心网边缘等（分布式数据中心、网关）。

此时，MEC 系统架构的设计需要考虑如何支持上述所有部署选项。

（4）简单可控 API

为了打造 MEC 产业链并促进 MEC 生态系统的健康发展，MEC 系统需要提供给第三方业务/内容服务商尽可能简单且可直接调用的 API，同时此类 API 希望能够在满足要求的前提下最大程度地使用现有 API。

（5）支持业务应用智能迁移

MEC 业务应用的运行需要 MEC 服务器提供一定的计算、存储和网络资源。某些 MEC 业务应用则同时对时延等提出了严格要求。当终端用户发生移动,远离业务应用部署的 MEC 服务器时,则可能会导致应用超时或者体验不佳的情况,此时会要求 MEC 系统更改业务应用的部署位置。然而不同的位置可能涉及不同的部署难度,如可用资源是否满足要求等。除此之外,某个时刻所谓的最佳部署位置也会随着时间与空间的变化而不再是业务应用的最佳部署位置。

基于上述考虑,MEC 业务应用需要在特定的时刻选择最佳的位置,从而要求 MEC 系统支持业务应用系统级生命周期管理以及应用实例智能迁移。

### 2.3.2.2　通用要求

下面将第 2.3.2.1 节的 MEC 基本原则要求转换为 MEC 系统的通用要求,主要从 MEC 系统框架、MEC 应用生命周期、应用环境以及移动性等方面进行介绍。

（1）MEC 系统框架

- MEC 系统应参考 ETSI 发布的 NFV 的系统框架[35]最大程度重用 NFV 虚拟化基础设施以及管理编排器等功能,其中 NFV 框架可能需要根据 MEC 系统的要求进行部分增强;
- MEC 业务应用应尽可能支持采用 VNF 的形式部署在相同的 NFV 虚拟化基础设施上;
- MEC 系统需尽可能地支持多种位置的灵活部署,如基站、汇聚节点、网关以及核心网边缘的分布式数据中心。

（2）应用生命周期

- MEC 主机应能为 MEC 应用部署运行提供所需的计算、存储、网络等资源;
- MEC 主机管理应支持在 MEC 主机上实例化生成 MEC 应用;
- MEC 主机管理应支持根据运营商的要求在 MEC 主机上实例化生成 MEC 应用,该要求可能是运营商对于授权第三方业务/内容服务商请求的反馈处理;
- MEC 主机管理应支持根据运营商的要求在 MEC 主机上终结特定 MEC 应用,该要求可能是运营商对于授权第三方业务/内容服务商请求的反馈处理;
- MEC 主机管理应能识别出 MEC 应用运行所要求的 MEC 主机特性、MEC 服务以及在可用条件下更多地为该 MEC 应用服务;
- MEC 主机管理应能识别出特定 MEC 主机可用的 MEC 主机特性以及服务。

（3）应用环境

- 不同的 MEC 主机应尽可能地支持在 MEC 应用的直接实例化部署，而无需特殊适配；
- MEC 主机管理应支持 MEC 应用的真实性验证；
- MEC 主机管理应支持 MEC 应用的完整性验证。

（4）支持移动性

- 当用户发生小区间切换时（同一 MEC 服务区域），MEC 系统应保持移动用户与 MEC 应用间的连接；
- 当用户发生小区间切换时（不同 MEC 服务区域），MEC 系统应保持移动用户与 MEC 应用间的连接；
- MEC 平台可以基于无线网络信息优化用户的移动性管理从而支持业务的连续性。

## 2.3.2.3  业务要求

（1）MEC 平台功能

（a）MEC 服务机制

- MEC 平台应有能力为授权 MEC 应用提供所需的 MEC 服务；
- MEC 平台应允许 MEC 应用为 MEC 平台及其他 MEC 应用提供服务；
- MEC 平台应支持 MEC 应用与 MEC 服务间通信；
- MEC 平台应允许对 MEC 服务提供者以及使用者进行鉴权认证；
- 特定场景下，MEC 系统应允许运营商动态控制 MEC 应用对特定服务的访问使用；
- MEC 平台应为 MEC 服务的提供者和使用者提供一个安全的环境；
- MEC 平台允许 MEC 服务进行可用性通知声明以及发现可用的 MEC 服务；
- MEC 平台应提供相应的功能模块用于展现 MEC 服务的可用性以及服务调用接口；
- MEC 服务可用性以及接口信息仅可以被鉴权认证的 MEC 应用访问使用，且每个 MEC 服务的访问使用需单独进行授权。

（b）网络连接

- MEC 平台应支持同一 MEC 主机上的授权 MEC 应用间相互通信；

- MEC 系统应支持部署在不同 MEC 主机上的同一 MEC 应用实例间相互通信;
- MEC 平台应支持已授权的 MEC 应用与部署在其他 MEC 主机上的 MEC 应用进行相互通信;
- MEC 平台应支持已授权的 MEC 应用与 MEC 系统外第三方业务/内容服务器间相互通信。

（c）存储

- MEC 平台应支持已授权 MEC 应用对存储空间的访问。

（d）数据路由

- MEC 平台应支持已授权 MEC 应用将用户面数据发送给用户;
- MEC 平台应支持已授权 MEC 应用接收用户的用户面数据;
- MEC 平台应支持选择性地将来自网络的上下行用户面数据路由至已授权的 MEC 应用;
- MEC 平台应支持选择性地将来自已授权的 MEC 应用的上下行用户面数据路由至网络;
- MEC 平台应支持已授权 MEC 应用对已选择的上行/下行用户面数据进行解析检查;
- MEC 平台应支持已授权 MEC 应用对已选择的上行/下行用户面数据进行修改;
- MEC 平台应支持已授权 MEC 应用对已选择的上行/下行用户面数据进行流量整形;
- MEC 平台应支持已授权 MEC 应用将已选择的上行/下行用户面数据路由至其他已授权的 MEC 应用;
- MEC 平台应根据 MEC 应用配置数据流规则（包括数据流选择、优先级以及路由等），为同一数据流选择一个或者多个 MEC 应用，并根据优先级制定数据流路由至各个 MEC 应用的先后顺序;
- MEC 主机管理支持数据流规则的配置;
- MEC 数据流规则应支持根据网络地址、IP 地址等设置数据流过滤规则;
- MEC 数据流规则应支持根据隧道 ID（Tunnel Endpoint，TEID）、用户签约信息标识（Subscriber Profile ID，SPID）、服务质量分类标识（Quality Class Indicator，QCI）等设置数据流过滤规则;

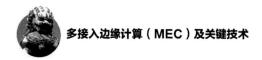

- 当用户面数据已封装时，MEC 主机应支持对于上行数据流进行解封装，并将解封装后数据路由至已授权 MEC 应用，同时支持对收到的已授权 MEC 应用数据流在路由至网络前进行封装；
- MEC 主机应支持根据从 MEC 平台收到的配置参数路由用户面数据流。

（e）支持 DNS

- MEC 平台应支持将接收到的任意用户的 DNS 数据流路由至本地 DNS 服务器/代理；
- MEC 平台应支持采用已分配给 MEC 应用的特定域名以及 IP 地址配置本地 DNS 服务器/代理。

（f）定时

- MEC 平台应具备向 MEC 应用提供 UTC 时间的能力，同时 MEC 平台所提供时间的精度也应提供给 MEC 应用；
- MEC 平台可以为授权的 MEC 应用提供其特定用户数据分组被 MEC 平台接收或者从 MEC 平台发送的准确时间。

（2）MEC 特性

（a）MEC 应用按需生成/终结

MEC 系统可以支持 MEC 应用根据用户的请求按需生成/终结，当 MEC 系统支持 MEC 应用按需生成/终结特性时，需满足如下要求。

- MEC 主机管理应支持根据一个 MEC 应用的实例化请求在多个 MEC 主机上实例化该 MEC 应用。
- MEC 主机管理应根据运营商根据用户的请求以及 MEC 应用预先配置的要求在 MEC 主机上实例化生成该 MEC 应用，同时建立用户与生成后 MEC 应用实例间的连接。
- MEC 系统应支持根据用户的请求建立用户与特定 MEC 应用间的连接，同时保证用户对该 MEC 应用的要求；如果没有相应 MEC 应用满足该用户的请求，MEC 系统应支持实例化新的 MEC 应用满足用户要求，同时建立用户与生成后 MEC 应用实例间的连接。
- MEC 系统应支持在执行实例化请求期间进行 MEC 应用的加载。
- MEC 系统应允许用户与特定 MEC 应用实例间建立连接。
- MEC 主机管理应支持在没有用户连接 MEC 应用时，终结该 MEC 应用实例。

- MEC 主机管理应支持根据一个终结请求同时终结多个 MEC 主机上的 MEC 应用实例。

（b）MEC 应用智能迁移

MEC 系统可以支持 MEC 应用智能迁移，当 MEC 系统可以支持 MEC 应用智能迁移特性时，需满足如下要求：

- MEC 系统需支持 MEC 应用按需生成/终结特性；
- MEC 主机管理支持将 MEC 应用从一个 MEC 主机迁移至同一 MEC 系统内另一 MEC 主机；
- MEC 主机可以支持将同一系统内其他 MEC 主机上的 MEC 应用实例迁移过来，也可以将自身的 MEC 应用实例迁移至其他的 MEC 主机；
- MEC 系统应支持 MEC 应用实例在不同的 MEC 主机间迁移从而满足 MEC 应用的要求；
- MEC 系统应基于用户的请求支持将运行在远端云计算中心的 MEC 应用迁移至 MEC 主机上，满足 MEC 应用的要求，同时也支持将 MEC 应用从 MEC 主机迁移至 MEC 系统外的远端云计算中心。

（c）无线网络信息服务

MEC 系统可以支持无线网络信息服务，当 MEC 系统可以支持无线网络信息服务特性时，需满足如下要求：

- MEC 系统应具备一个将关于当前无线网络条件的最新网络信息开放的 MEC 服务；
- MEC 系统应具备一个提供最新网络信息的 MEC 服务，此处网络信息不仅包括当前无线网络条件等本地产生的信息，也包含从外部（如核心网等）获取的信息；
- MEC 所提供的网络信息可以包括多种颗粒度，如用户、小区以及时间等；
- MEC 所提供的网络信息应包括与用户面相关的测量以及统计信息，该信息应基于 3GPP 标准；
- MEC 所提供的网络信息应包括用户（MEC 服务范围内用户）的上下文信息以及相关无线承载信息；
- MEC 所提供的网络信息应包括用户（MEC 服务范围内用户）的上下文变化信息以及相关无线承载变化信息。

（d）定位服务

MEC 系统可以支持定位服务，当 MEC 系统可以支持定位服务特性时，需满足如下要求：

- MEC 系统应具备一个提供特定用户（MEC 服务范围内用户）位置信息的服务；
- MEC 系统应具备一个提供所有用户（MEC 服务范围内用户）位置信息的服务；
- MEC 系统应具备一个提供特定类别用户（MEC 服务范围内用户）位置信息的服务；
- MEC 系统应具备一个提供特定位置所有用户（MEC 服务范围内用户）列表信息的服务，特定位置包括地理位置、小区 ID 等；
- MEC 系统应具备一个提供所有基站射频节点位置（MEC 服务范围内基站）信息的服务。

（e）带宽管理服务

MEC 系统可以支持带宽管理服务，当 MEC 系统可以支持带宽管理服务特性时，需满足如下要求：

- MEC 平台或者专用的 MEC 应用应支持已授权 MEC 应用进行静态/动态带宽管理、优先级注册；
- MEC 平台或者专用的 MEC 应用可以针对任意会话或者 MEC 应用进行带宽的分配以及优先级的配置。

（f）用户标识服务

MEC 系统可以支持用户标识服务，当 MEC 系统可以支持用户标识服务特性时，需满足如下要求：

- MEC 平台应支持 MEC 应用注册一个或者一系列标识，每个标识代表一个用户；
- MEC 平台应支持基于用户标识进行数据流路由规则中过滤规则的设置；
- MEC 平台应支持将授权用户的用户名数据流直接路由至本地网络（如企业网络等），无需一定要经过某个 MEC 应用；
- MEC 主机应支持已授权 MEC 应用与本地网络（如企业网络等）的连接。

### 2.3.2.4　运营管理要求

- 应尽可能控制将对 MEC 应用的接入访问转换为对 MEC 服务的接入访问；
- MEC 平台管理应支持 MEC 应用在 MEC 主机虚拟化环境性能参数的收集与开放。

### 2.3.2.5　安全、合法、计费要求

- MEC 系统应为用户、运营商、第三方业务提供商、应用开发商、内容提供商以及平台制造商提供一个安全的环境；
- MEC 平台应仅为已授权 MEC 应用提供相关信息；
- MEC 系统应遵守合法监听的法规监管要求；
- MEC 系统应允许收集计费相关日志信息并安全保存，以便后续进一步处理。

综上所述，前面从 MEC 业务应用的角度出发，针对 MEC 技术要求的基本原则、通用要求、业务要求、MEC 所需支持的特性、运维要求以及合法监听等方面进行详细介绍。

## | 2.4　MEC 标准研究进展 |

基于上述 MEC 在 5G 网络中的价值以及典型应用场景的分析可以得出，MEC 可以一定程度解决 5G 网络热点高容量、低功耗大连接以及低时延高可靠等技术场景的业务需求，因此成为 5G 网络重点关注的技术之一及学术界和产业界研究的热点。多个国内外机构以及标准组织也都开展了 MEC 相关研究工作，下面主要介绍 ETSI 和 3GPP 两个主要标准组织对于 MEC 的研究进展。

### 2.4.1　ETSI MEC

如前所述，作为 MEC 最早提出的标准组织，ETSI 于 2014 年 9 月由沃达丰、诺基亚、华为、英特尔、NTT DoCoMo、IBM 等共同成立了 MEC 标准工作组（ISG），其主要目标如下[1]：

- 在无线接入网内部，靠近用户侧为用户提供 IT 和云计算的能力；

- 利用部署在无线接入网边缘、具备低时延高带宽传输能力以及无线网络信息感知开放能力的业务应用运营环境，更好地为应用及内容提供商服务；
- 运营商可以将网络边缘开放给第三方合作伙伴，加速创新型业务的开发以及部署应用；
- 形成应用开发商、内容提供商、OTT 服务商、网络设备制造商以及运营商等一起参与、紧密合作、共同受益的全新产业链和生态系统。

经过近 3 年的发展，目前有来自运营商、设备制造商、IT 厂商、内容及应用提供商等 MEC 产业链 60 多家单位共同参与到 MEC 标准制定以及产业化推广的工作中，如图 2-12 所示。

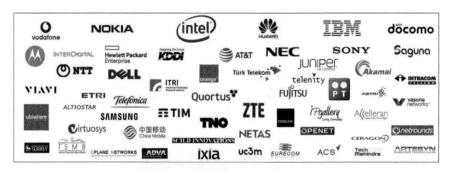

图 2-12　ETSI MEC 参与单位（截至 2017 年 8 月）

ETSI MEC 标准化工作分为两个阶段（Phase 1、Phase 2），其中第一阶段主要集中在应用的实现以及 API 的标准化方面。目前已经完成并发布了如下标准化文档，主要包括：

- MEC 术语（GS MEC 001）；
- MEC 技术要求（GS MEC 002）；
- MEC 系统框架及参考架构（GS MEC 003）；
- MEC 应用场景（GS MEC-IEG 004）；
- MEC 概念验证框架（GS MEC-IEG 005）；
- MEC 性能指标实践指南（GS MEC-IEG 006）；
- MEC 服务接口基本原则（GS MEC 009）；
- MEC 系统、平台及主机管理（GS MEC 010-1）；
- MEC 应用生命周期、规则、需求管理（GS MEC 010-2）；

- MEC 平台应用实现（GS MEC 011）；
- MEC 网络信息服务 API（GS MEC 012）；
- MEC 定位服务 API（GS MEC 013）。

在第一阶段的基础上，MEC 标准化组织在 2017 年 3 月将 MEC 扩展至对非 3GPP 网络（Wi-Fi、有线网络等）以及 3GPP 后续演进网络（5G 等）的支持，正式开始了第二阶段的工作，其名称也从第一阶段的移动边缘计算（Mobile Edge Computing，MEC）修改为多接入边缘计算（Multi-access Edge Computing，MEC）。第二阶段除了在第一阶段基础上演进，并完成计费、合法监听、移动性等标准化工作外，同时将针对 MEC 对非 3GPP 网络以及 5G 网络的支持、重用 NFV 架构、产业链发展等方面进行标准化推动，如图 2-13 所示。

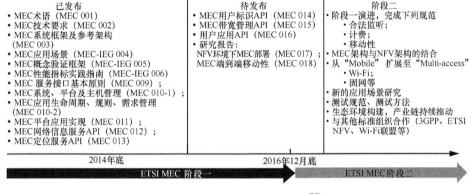

图 2-13　ETSI MEC 标准化进展[36]

## 2.4.2　3GPP MEC

除了 ETSI，移动网络为业务应用在网络边缘提供运营环境以及开放网络能力等需求也得到了 3GPP SA1 5G 网络运行需求研究的认可与采纳（TR22.864[37]），具体描述如下。

- 高效用户面选择（部分）：为了满足与运营商合作的第三方业务应用在时延以及带宽方面的严格要求，运营商需要将业务应用服务器部署在移动网络内部更靠近用户的位置，例如工业控制领域的本地实时控制等。
- 网络能力开放（部分）：允许部署在靠近用户侧的业务应用（运营商自有或者

第三方提供）通过网络能力开放提升用户体验，节省回传带宽。

因此，在 3GPP SA2 下一代网络架构研究（TR23.799）以及 5G 系统架构（TR23.501）中将边缘计算作为 5G 网络架构的主要目标予以支持。其定义为："为了降低端到端时延以及回传带宽实现业务应用内容的高效分发，5G 网络架构需要为运营商以及第三方业务应用提供更靠近用户的部署及运营环境[38-39]"。由于 MEC 本身涉及的关键技术范围较广，实际标准研究过程中，结合 3GPP 整体研究思路，被分解为下列关键问题，具体如下。

- 关键问题 2：QoS 框架。
- 关键问题 4：会话管理。
- 关键问题 5：高效用户面选择。
- 关键问题 9：网络能力开放。
- 关键问题 11：计费。

在本书后续章节 MEC 系统架构与部署组网方案以及系列关键技术研究的内容中将会结合标准化进展以及研究情况进行详细介绍，这里不再赘述。

除了上述 ETSI 和 3GPP 外，中国的 IMT-2020（5G）推进组以及中国通信标准化协会（CCSA）等研究机构或者标准化组织也都针对 MEC 开展广泛研究。

# | 2.5　小结 |

MEC 对于未来 5G 网络的价值以及需求已经得到了业界的广泛认可，ETSI、3GPP 等标准化组织也已启动了标准化推进工作。本书后续章节将基于本节的 MEC 概念澄清、典型应用场景总结，尤其是技术需求研究分析结果，并结合标准化研究进展，详细介绍系统架构以及系列关键技术研究等内容。

# | 参考文献 |

[1]　PATEL M. Mobile-edge computing introductory technical white paper[R]. 2014.

[2]　AHMED E, GANI A, SOOKHAK M, et al. Application optimization in mobile cloud computing: motivation, taxonomies, and open challenges[J]. Journal of Network and Computer Applications, 2015(52): 52-68.

[3]　DINH H. A survey of mobile cloud computing: architecture, applications, and approaches[J]. Wireless Communications and Mobile Computing, 2013, 13(18): 1587-1611.

[4]　SATYANARAYANAN M. Fundamental challenges in mobile computing[C]//The 5th Annual ACM Symposium on Principles of Distributed Computing, May 23-26, 1996, Philadelphia, Pennsylvania, USA. New York: ACM Press, 1996: 1-7.

[5]　MUFAJJUL A. Green cloud on the horizon[C]//IEEE International Conference on Cloud Computing, December 1-4, 2009, Beijing, China. Piscataway: IEEE Press, 2009: 451-459.

[6]　黄春子, 张洪丽. 浅谈全球 5G 发展现状[J]. 通信世界, 2015(12): 80.

[7]　Aepona. Mobile cloud computing solution brief[R]. 2010.

[8]　CHRISTENSEN J. Using RESTful Web-services and cloud computing to create next generation mobile applications[C]//The 24th ACM SIGPLAN Conference Companion on Object Oriented Programming Systems Languages and Applications, October 25-29, 2009, Orlando, Florida, USA. New York: ACM Press, 2009: 627-634.

[9]　LIU L, MOULIC R, SHEA D. Cloud service portal for mobile device management[C]//IEEE 7th International Conference on e-Business Engineering (ICEBE), Nov 10-12, 2010, Shanghai, China. Piscataway: IEEE Press, 2010.

[10]　KAKEROW R. Low power design methodologies for mobile communication[C]//IEEE International Conference on Computer Design, VLSI in Computers and Processors, September 16-18, 2002, Freiburg, Germany. Piscataway: IEEE Press, 2003.

[11]　PAULSON L. Low-power chips for high-powered handhelds[J]. IEEE Computer Society Magazine, 2003, 36(1).

[12]　DAVIS J. Power benchmark strategy for systems employing power management[C]//the IEEE International Symposium on Electronics and the Environment, May 10-12, 1993, Arlington, VA, USA. Piscataway: IEEE Press, 1993.

[13]　MAYO R N. Energy consumption in mobile devices: why future systems need requirements aware energy scale-down[C]//Third International Conference on Power-Aware Computer Systems, December 1, 2003, San Diego, CA, USA. New York: ACM Press, 2003.

[14]　RUDENKO A. Saving portable computer battery power through remote process execution[J]. ACM SIGMOBILE on Mobile Computing and Communications Review, 1998, 2(1): 19-26.

[15]　SMAILAGIC A. System design and power optimization for mobile computers[C]//IEEE Computer Society Annual Symposium on VLSI, April 25-26, 2002, Montpellier, France. Piscataway: IEEE Press, 2002: 10.

[16]　KREMER U. A compilation framework for power and energy management on mobile computers[C]//The 14th International Conference on Languages and Compliers for Parallel Computing, August 1-3, 2001, Cumberland Falls, KY, USA. New York: ACM Press, 2001: 115-131.

[17]　Ericsson. More than 50 billion connected devices[R]. 2011.

[18] 陈志宏. 亚马逊简单存储服务简析[J]. 商情, 2013(33): 189-191.

[19] VARTIAINEN E, MATTILA KV-V. User experience of mobile photo sharing in the cloud[C]//9th International Conference on Mobile and Ubiquitous Multimedia (MUM), December 1-3, 2010, Limassol, Cyprus. New York: ACM Press, 2010.

[20] GARCIA A, KALVA H. Cloud transcoding for mobile video content delivery[C]//IEEE International Conference on Consumer Electronics (ICCE), Jan 9-12, 2011, Las Vegas, NV, USA. Piscataway: IEEE Press, 2011: 379.

[21] KUMAR K, LU Y. Cloud computing for mobile users: can offloading computation save energy[J]. IEEE Computer Society, 2010, 43(4).

[22] DAVIS A, PARIKH J, WEIHL W E. Edge computing: extending enterprise applications to the edge of the internet[C]//International Conference on World Wide Web-Alternate Track Papers & Posters, May 17-20, 2004, New York, USA. [S.l.:s.n.], 2004: 180-187.

[23] ORSINI G, BADE D, LAMERSDORF W. Computing at the mobile edge: designing elastic android applications for computation offloading[C]//IFIP Wireless and Mobile Networking Conference, Oct 5-7, 2015, Munich, Germany. Piscataway: IEEE Press, 2016: 112-119.

[24] SATYANARAYANAN M, BAHL P, CACERES R, et al. The case for VM-Based Cloudlets in mobile computing[J]. IEEE Pervasive Computing, 2009, 8(4): 14-23.

[25] BONOMI F. Fog computing and its role in the internet of things[C]//The 1st Edition of the MCC Workshop on Mobile Cloud Computing, August 17, 2012, Helsinki, Finland. New York: ACM Press, 2012: 13-16.

[26] MAHMUD R, BUYYA R. Fog computing: a taxonomy, survey and future directions[M]. Berlin: Springer, 2016.

[27] 张鹏. 高高在上不如触手可及, 思科将雾计算带到中国[Z]. 2017.

[28] IBM News. IBM and Nokia Siemens Networks announce worlds first mobile edge computing platform[Z]. 2013.

[29] AHMED A, AHMED E. A survey on mobile edge computing[C]//International Conference on Intelligent Systems and Control, Jan 7-8, 2016, Coimbatore, India. Piscataway: IEEE Press, 2016.

[30] BECK M, WERNER M, FELD S, et al. Mobile edge computing: a taxonomy[C]//The Sixth International Conference on Advances in Future Internet, August 23-28, 2015, Venice, Italy. [S.l.:s.n.], 2014.

[31] ROMAN R, LOPEZ J, MAMBO M. Mobile edge computing, fog et al.: a survey and analysis of security threats and challenges[J]. Future Generation Computer Systems, 2016(78).

[32] MACH P, BECVAR Z. Mobile edge computing: a survey on architecture and computation offloading[J]. IEEE Communications Surveys & Tutorials, 2017, PP(99): 1.

[33] ETSI. Mobile edge computing (MEC); technical requirements V1.1.1: GS MEC 002[S]. 2016.

[34] ETSI. Mobile edge computing (MEC); service scenarios V1.1.1: GS MEC-IEG 004[S]. 2015.

[35] ETSI. Network functions virtualisation (NFV); architectural framework V1.1.1: GS NFV 002[S]. 2013.

[36] 黄海峰. 推动 MEC 标准化中电信加速智能微基站研究[J]. 通信世界, 2016(12): 33.

[37] 3GPP. Feasibility study on new services and markets technology enablers-network operation V14.1.0: TR22.864[S]. 2016.

[38] 3GPP. Study on architecture for next generation system V1.2.1: TR23.799[S]. 2016.

[39] 3GPP. System architecture for the 5G system V0.4.0: TS23.501[S]. 2017.

# 第 3 章

# MEC 系统架构及部署组网策略

5GMEC 系统架构的设计需要同时兼顾 ETSI MEC 以及 3GPP 5G 网络架构，并以虚拟化网络功能（VNF）的形式部署在基于通用平台的虚拟化的基础设施上。本章将基于 ETSI 以及 3GPP MEC 研究进展，给出 5G MEC 融合系统架构，分析讨论其总体部署策略以及面临的问题与挑战，为后续 MEC 关键技术的讨论提供参考。

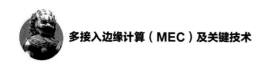

本章将根据 MEC 应用场景及技术需求分析结果，结合 ETSI 以及 3GPP 最新研究进展，给出 MEC 系统框架、系统架构以及如何与 NFV 架构相结合。除此之外，结合 5G 网络架构演进趋势、3GPP 网络架构的研究进展以及业务需求等，给出 5G MEC 系统架构，并结合未来 5G 网络设施 DC 化趋势及组网视图，给出了 5G MEC 的总体部署策略。最后，讨论分析了 5G MEC 面临的潜在问题与挑战。

## | 3.1　MEC 系统架构 |

基于第 2 章 MEC 的技术需求分析，本节将结合 ETSI MEC 标准工作组的研究进展[1-5]，详细介绍 MEC 系统框架、系统架构以及与 NFV 相结合的 MEC 系统架构。

### 3.1.1　MEC 系统框架

图 3-1 给出了 MEC 整体系统框架[4]，主要包括 MEC 系统级、MEC 主机级以及网络级 3 个层级。

可以看出，MEC 主机级由 MEC 主机、MEC 主机级管理单元组成。其中 MEC 主机又包括 MEC 平台、MEC 应用以及虚拟化基础设施。MEC 主机级管理单元负责管理 MEC 主机的资源以及 MEC 平台和应用的配置管理。网络级则由 3GPP 移动网络、本地网络以及其他网络等外部网络单元构成，保证了 MEC 主机与外部网络间

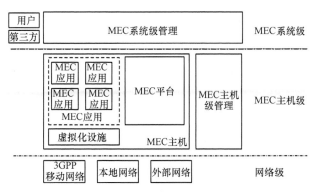

图 3-1　MEC 整体框架

的连通性。除此之外，位于最上层的 MEC 系统级管理单元主要负责管理整个 MEC 系统资源以及接收来自终端以及第三方的业务请求[6]。

## 3.1.2　MEC 系统架构

基于 MEC 整体框架，图 3-2 给出了 MEC 系统参考架构，包括 MEC 各功能实体以及各功能实体间的接口，主要包括如下 3 类接口。

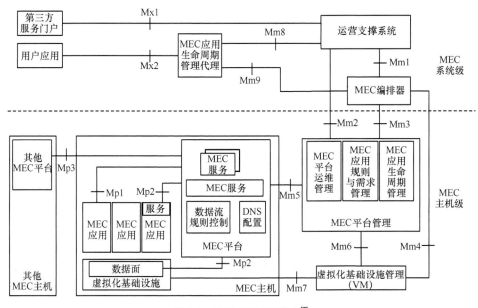

图 3-2　MEC 系统参考架构[7]

- Mp 接口：与 MEC 平台的接口。
- Mm 接口：与 MEC 平台管理单元的接口。
- Mx 接口：与 MEC 系统外部实体间接口。

如前所述，MEC 系统由 MEC 主机以及 MEC 管理单元构成。其中 MEC 主机包括 MEC 平台、MEC 应用以及为之提供计算、存储、网络资源等资源的虚拟化基础设施。MEC 管理单元则包括 MEC 系统级管理以及 MEC 主机级管理。MEC 系统级管理以 MEC 编排器为核心部件，负责 MEC 整个系统资源配置管理；MEC 主机级管理则主要由 MEC 平台管理单元和虚拟化基础设施管理单元组成，具体介绍如下。

### 3.1.2.1 MEC 功能实体

（1）虚拟化基础设施

虚拟化基础设施除了为 MEC 应用提供计算、存储、网络资源等资源外，同时具备数据面转发功能，可根据 MEC 平台下发的数据流路由规则，实现应用、服务与 3GPP 网络，本地网络、外部网络之间的灵活数据路由转发。

（2）MEC 平台

MEC 平台为实现 MEC 应用发现、发布、使用以及提供 MEC 服务（包括平台内以及跨 MEC 平台）提供了环境。同时，作为 MEC 平台最基本的功能，MEC 平台可根据来自 MEC 平台管理单元、MEC 应用以及 MEC 服务的数据流路由规则完成虚拟化基础设施中数据面路由转发规则的控制。除此之外，MEC 平台可接收来自 MEC 平台管理单元的 DNS 配置信息完成 DNS 代理/服务器的配置。更进一步，MEC 平台支持诸如无线网络信息服务、位置信息服务以及带宽管理等服务，并为 MEC 应用提供存储以及时间等服务。

需要注意的是，不同 MEC 主机上的 MEC 平台间通过 Mp3 接口进行连接。

（3）MEC 应用

MEC 应用运行在 MEC 主机的虚拟化基础设施上，通过与 MEC 平台间交互可以使用 MEC 服务或者提供 MEC 服务。在某些特定场景下，MEC 应用需要通过与 MEC 平台的交互支持 MEC 应用的生命周期管理相关过程，例如 MEC 应用的可用情况指示、用户状态信息迁移准备等。值得注意的是，MEC 应用通常在数据流规则、所需基础设施资源、最大时延、所需 MEC 服务等方面有一定需求，此类需求需要得到 MEC 系统级管理单元的验证后方可生效。如果 MEC 应用没有具体要求，则 MEC 系统级管理单元会采用默认配置。

（4）MEC 系统级管理单元

MEC 系统级管理单元主要包括 MEC 编排器、运营支撑系统以及用户应用生命周期管理代理，具体功能如下。

• MEC 编排器

MEC 编排器作为 MEC 系统级管理的核心功能实体，可以看到整个 MEC 系统的拓扑、MEC 主机、可用的资源以及可用的服务等。同时，MEC 编排器通过检查 MEC 应用程序包完整性以及可靠性、验证 MEC 应用的规则以及需求（可能会根据运营商策略调整）、保持应用程序包加载记录，并通过 Mm4 接口通知虚拟化基础设施管理单元准备好 MEC 应用加载上线所需的虚拟化基础设施资源等步骤，完成 MEC 应用加载上线的准备工作。其次，MEC 编排器根据 MEC 应用所需资源以及时延等方面的要求选择合适的 MEC 主机进行 MEC 应用的实例化生成。除此之外，MEC 编排器可触发 MEC 应用实例化生成及终结，并支持根据需求（业务连续等保障）触发 MEC 应用在不同 MEC 主机间迁移。

• 运营支撑系统

图 3-2 中的运营支撑系统对应的是运营商的运营支撑系统，实现运营商对于 MEC 系统的控制管理。除此之外，运营支撑系统通过第三方服务门户和用户应用接收 MEC 应用实例化生成或者终止的请求，同时决定是否对这些请求进行授权，并将授权请求发送至 MEC 编排器做进一步处理。更进一步，运营支撑系统可以选择性支持接收来自用户应用的请求实现 MEC 应用在外部云以及 MEC 系统间的迁移。

• MEC 应用生命周期管理代理

MEC 应用生命周期管理代理使得用户可以通过请求实现相关 MEC 应用的加载、实例化、终止、迁移等，并可选择性支持 MEC 应用在 MEC 系统内以及系统内外间进行迁移。除此之外，该代理支持将 MEC 应用相关状态信息反馈给用户。需要注意的是，MEC 应用生命周期管理代理仅支持来自移动网络内部的用户请求，并通过对用户请求进行鉴权认证以及与运营支撑系统和 MEC 编排器间的交互，完成对用户请求进行进一步处理，例如 MEC 应用的实例化生成或者终止等。

（5）MEC 主机级管理单元

MEC 主机级管理单元主要包括 MEC 平台管理单元和虚拟化基础设施管理单

元，分别介绍如下。

• MEC 平台管理单元

MEC 平台管理单元包括 MEC 平台运维管理、MEC 应用规则与需求管理以及 MEC 应用生命周期管理 3 个模块。其中 MEC 应用生命周期管理模块负责对 MEC 应用生命周期进行管理，并向 MEC 编排器通知 MEC 应用生命周期相关的事件。 MEC 应用规则与需求管理模块则管理包括 MEC 服务认证授权、数据流规则、DNS 配置、配置冲突解决等内容。除此之外，MEC 平台运维管理模块则提供 MEC 平台基本的运维管理，并从虚拟化基础设施管理单元接收错误报告、性能统计信息等并做相应处理。

• 虚拟化基础设施管理单元

虚拟化基础设施管理单元主要负责虚拟化基础设施计算、存储、网络等虚拟化资源的分配、管理以及释放。同时，为运行 MEC 应用镜像文件准备虚拟化基础设施，包括基础设施配置以及 MEC 应用镜像文件的接收及存储，并支持虚拟化基础设施性能与故障信息的采集与上报。除此之外，该管理单元可选择性支持 MEC 应用在 MEC 系统与外部云环境间的迁移。

（6）用户应用

用户应用指的是用户终端上安装的应用程序，能够通过 MEC 应用生命周期管理代理与 MEC 系统进行交互。

（7）第三方服务门户

运营商可以通过第三方服务门户让第三方客户（垂直行业等）可以根据自身需要选择和订购一系列的 MEC 应用，并可以通过 MEC 应用获取整个服务相关信息。

### 3.1.2.2　MEC 系统接口

如前所述，MEC 系统主要包括三大类接口（Mp、Mm 以及 Mx 接口），分别介绍如下。

（1）MEC 平台相关接口（Mp 接口）

Mp1：MEC 平台和 MEC 应用的接口，提供诸如服务注册、服务发现和服务通信等功能。同时提供 MEC 应用可用性检查、会话状态迁移支撑、流量规则和 DNS 规则配置激活更新以及存储和时间信息等服务。基于 Mp1 接口，MEC 应用可以使用或者提供 MEC 服务。可以看出，Mp1 接口是实现网络能力向运营商自有或者第三方业务应用开放的接口，该接口的标准化以及友好程度直接影响着 MEC 生态链的构建。因此，Mp1 接口的标准化具有非常重要的意义。

Mp2：MEC 平台和虚拟化基础设施数据面的接口，通过该接口下发的数据流规则配置数据面，使得数据流在 MEC 应用、MEC 服务以及网络间进行灵活路由。

Mp3：MEC 平台之间的接口，用来控制 MEC 平台之间的通信。

（2）MEC 管理相关接口（Mm 接口）

Mm1：MEC 编排器和 OSS 之间的接口，用于触发 MEC 应用的实例化生成或终止。

Mm2：运营支撑系统和 MEC 平台管理单元之间的接口，用于 MEC 平台配置、故障和性能管理。

Mm3：MEC 编排器和 MEC 平台管理单元之间的接口，用于 MEC 应用的生命周期、MEC 应用规则和要求的管理以及可用 MEC 服务的跟踪。

Mm4：MEC 编排器和虚拟化基础设施网管之间的接口，用于对 MEC 主机虚拟化资源的管理，包括可用资源的跟踪以及 MEC 应用程序镜像的管理等。

Mm5：MEC 平台和 MEC 平台管理单元之间的接口，用于 MEC 平台以及 MEC 应用规则和需求配置，并支持 MEC 应用生命周期管理流程以及 MEC 应用迁移管理等。

Mm6：MEC 平台管理单元和虚拟化基础设施管理单元之间的接口，用于管理虚拟化资源，实现 MEC 应用生命周期管理。

Mm7：虚拟化基础设施管理单元和虚拟化基础设施之间的接口，用于管理虚拟化基础设施。

Mm8：MEC 应用生命周期管理代理和运营支撑系统间的接口，用于处理来自移动网络内部用户对于 MEC 应用的请求。

Mm9：MEC 应用生命周期管理代理和 MEC 编排器之间的接口，用于管理用户请求的 MEC 应用。

（3）MEC 外部接口（Mx 接口）

Mx1：运营支撑系统和第三方服务门户间的接口，用于第三方请求运行 MEC 应用。

Mx2：MEC 应用生命周期管理代理和用户应用之间的接口，用于移动网络内部用户请求运行 MEC 应用或实施应用迁移。

需要注意的是，上述 Mp2、Mm5、Mm7、Mm8、Mm9、Mx1 接口后续不再进行标准化定义，具体交由设备商自行实现。

### 3.1.2.3　MEC 服务

如前所述，网络边缘能力通过 MEC 服务的形式提供给 MEC 平台、MEC 应用或者第三方业务应用。MEC 平台和 MEC 应用既可以提供 MEC 服务也可以使用 MEC 服务。当 MEC 应用使用 MEC 服务时，需经过 MEC 平台授权；当 MEC 应用提供 MEC 服务时，则必须先向 MEC 平台进行服务注册。目前 MEC 平台提供的主要服务包括无线网络信息服务、位置信息服务以及带宽管理等，主要信息如下。

（1）无线网络信息服务

MEC 平台通过无线网络信息服务可提供诸如实时的无线网络信息、用户面相关的测量及统计信息、MEC 系统服务的用户上下文及无线承载信息以及相关信息变化时的指示等。

（2）位置信息服务

位置信息服务可以提供 MEC 系统服务范围内特定或者所有用户的位置信息（小区 ID、经纬度等）、特定位置的用户信息列表以及无线站点位置信息等。

（3）带宽管理服务

带宽管理服务可为特定 MEC 应用、特定优先级的数据流提供带宽的管理分配。

上面仅列出了 MEC 系统最基础的 3 项服务，为了能够更好地服务运营商自有以及第三方业务应用，MEC 系统可以通过增加相应的 MEC 服务或者部署相应 MEC 应用来实现网络边缘能力的开放，进而满足业务应用的需求。关于如何通过 MEC 服务实现无线网络能力开放，将会在 MEC 的关键技术中进行详细介绍，这里不再赘述。

## 3.1.3　基于 NFV 的 MEC 系统架构

NFV 技术通过软硬件解耦、网络功能软件化、硬件设施通用化等方式可有效简化网络部署、降低网络部署及运维成本，受到了电信运营商以及设备制造商的重点关注，成为 5G 网络架构演进的驱动技术之一[8]。

未来 5G 网络将更多地选择由基于通用硬件架构的数据中心构成的 5G 基础设施

平台，支持 5G 网络的高性能转发要求和电信级的管理要求，并以网络切片为实例，实现移动网络的定制化部署[9]。此时，5G 网络中的网元将以虚拟化网络功能（Virtualized Network Function，VNF）的形式部署在基于通用平台的虚拟化的基础设施上，MEC 也不例外。因此，下面将基于 ETSI NFV 工作组给出的 NFV 架构，介绍基于 NFV 的 MEC 系统的参考架构，如图 3-3 所示。

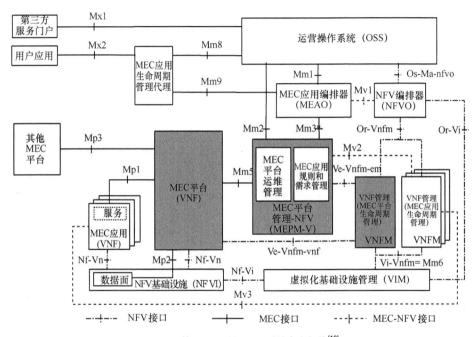

**图 3-3　基于 NFV 的 MEC 系统参考架构[10]**

可以看出，MEC 平台与 MEC 应用以 VNF 的形式运行在以 NFV 基础设施（NFVI）形式部署的虚拟基础设施上，此时 ETSI 定义的 NFV 管理编排单元（NFV MANO）所规定的管理功能以及流程等依然可以使用，MEC 原有的部分编排以及生命周期管理任务可以交给 NFV 编排器以及 VNF 管理单元完成，无需针对 MEC 进行专门修订适配。与图 3-2 给出的 MEC 系统参考架构对比，主要包括如下两个方面的差异[11-12]。

* MEC 平台管理单元将 MEC 平台和 MEC 应用的生命周期管理功能分别转交给 NFV 管理编排单元中的多个 VNFM 单元进行管理（MEC 平台生命周期管理、MEC 应用生命周期管理）。

- MEC 编排器变化为 MEC 应用编排器（MEAO），主要负责 MEC 应用编排的相关任务，原基础设施资源方面的编排任务则转交给 NFV 管理编排单元中的 NFV 编排器（NFVO）完成。

在原有 MEC 以及 NFV 接口的基础上，引入了 MEC 和 NFV 交互的接口 Mv1、Mv2 以及 Mv3，具体定义如下。

- Mv1 接口：MEC 应用编排器与 NFV 编排器之间的接口，与 NFV 中的 Os-Ma-nfvo 接口类似。
- Mv2 接口：MEC 应用 VNF 管理与 MEC 管理平台（MEPM-V）之间的接口，用于 MEC 应用生命周期管理相关信息通知，与 NFV 中的 Ve-Vnfm-em 接口类似。
- Mv3 接口：MEC 应用 VNF 管理与 MEC 应用 VNF 之间的接口，用于 MEC 应用生命周期管理、初始化和配置等，与 NFV 中 Ve-Vnfm-vnf 接口类似。

目前，图 3-3 给出的基于 NFV 的 MEC 系统参考架构还在标准化研究过程中，相关内容也可以参考 ETSI MEC 工作组的最新进展。

## | 3.2　5G MEC 系统架构 |

### 3.2.1　3GPP 对于 MEC 的支持

如第 2 章所述，在 3GPP SA2 下一代网络架构研究（TR23.799）以及 5G 系统架构（TS23.501）中将边缘计算作为 5G 网络架构的主要目标予以支持。其定义为：
"为了降低端到端时延以及回传带宽，实现业务应用内容的高效分发，5G 网络架构需要为运营商以及第三方业务应用提供更靠近用户的部署及运营环境[13]"。

直观地讲，5G 网络为了支持边缘计算，可以根据终端的签约信息、用户位置、应用功能（AF）提供的相关信息（业务应用标识、网络名称、切片标识等）以及其他的策略及路由规则等为终端用户选择一个位置更近的 UPF，并通过数据分流满足对本地边缘网络以及业务应用的接入和访问。同时，通过业务连续性以及会话连续性模式的合理选择，解决用户移动以及业务应用迁移带来的移动性问题。具体来讲，5G 网络架构需要通过支持如下功能以达到边缘计算的目标。

- 本地路由：5G 核心网通过 UPF 的选择完成用户数据流路由至本地边缘网络。
- 业务疏导：5G 核心网可基于特定业务流分流规则，将数据流疏导至边缘网络中的业务应用中。
- 用户面选择/重选：5G 控制面可基于类似 AF 网元提供的业务应用标识、数据网络名称等信息进行用户面选择或重选。
- 业务连续性以及会话连续性：5G 网络需支持业务连续性以及会话连续性，从而解决用户移动以及业务应用迁移带来的移动性问题。
- 网络能力开放：5G 核心网和 AF 网元间可直接或者通过网络能力开放网元（NEF）相互提供信息。
- QoS 和计费：5G 策略控制功能（PCF）对路由至本地网络的数据流提供 QoS 控制和计费支持。

可以看出，上述功能可以归纳为 UPF 的灵活选择、会话连续性、QoS 和计费等，同时基于 5G 网络用户面的下沉及分布式部署，可实现靠近终端的用户面灵活选择/重选以及高效的路由转发，从而满足对本地边缘网络以及内容的接入和访问的要求。其中 UPF 的灵活选择/重选包括 AF 网元对数据路由的影响、单个 PDU 会话保持多个 PDU 会话锚点以及基于位置的本地网络发现等，下面将针对上述技术点进行详细描述。

### 3.2.1.1　AF 对数据路由的影响

图 3-4 给出了 5G 网络架构[14]，AF 可以通过 N5 接口直接向 PCF 或者通过 NEF 向 PCF 发送请求，PCF 将其请求信息转换成 PDU 会话建立的策略，从而影响 SMF 进行 UPF 的选择以及 PDU 会话的建立。

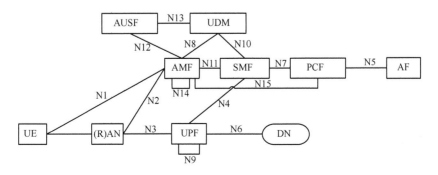

图 3-4　基于参考点的 5G 网络架构（非漫游）

其中，AF 发送的请求信息可以包含标识数据流的相关信息，主要包括下述几个方面。

- 数据网络名称（DNN）和切片选择标识（S-NSSAI）等。
- 应用标识或者数据流过滤信息（如五元组等），其中 UPF 可以根据应用标识识别该应用的数据流。
- N6 接口数据路由规则的相关信息：PCF 可基于此路由规则配置标识确定数据流疏导规则标识列表，其中每个数据流疏导规则预先配置在 SMF 或者 UPF 里。除此之外，如果 AF 通过 NEF 与 PCF 进行交互，则 NEF 负责将数据网络名称（DNN）、应用的传输地址（例如 IP 地址+Port 端口）映射至路由规则配置标识。
- 用户面数据路由到的目标应用的潜在位置，该位置信息通常可以用数据网络接入标识（Data Network Access Identifier, DNAI）列表来表示，DNAI 是 SMF 在进行 UPF 选择时需要参考的重要信息。当 AF 通过 NEF 与 PCF 交互，NEF 需将 AF 的业务标识信息映射为 DNAI 列表。
- 用户数据需要被路由的终端用户的信息，主要包括使用外部标识符、MISIDN 或 IP 地址/前缀的终端用户以及由组标识符标识的终端用户等。
- 进行用户面数据重路由的时间信息（时间有效性条件）。
- 进行用户面数据重路由时，终端的位置信息（空间有效性条件）。

可以看出，基于 AF 请求以及运营商策略，PCF 可将其转化为相应的网络策略，影响 SMF 用于 UPF 的选择以及 PDU 会话的建立。为了支持边缘计算，SMF 会话管理则主要从对本地边缘网络（LADN）的支持、单个 PDU 会话多个 PDU 会话锚点的支持以及业务及会话连续性的支持等功能方面进行加强。

### 3.2.1.2　基于位置的本地网络发现

如前所述，SMF 可将终端的位置信息（例如 cell ID/TAI 等）映射到与 UPF 和应用相关联的数据网接入标识（DNAI）信息，并考虑 UPF 的部署场景（集中式 UPF 和边缘 UPF），进而为 PDU 会话选择/重选合适的 UPF。

对于本地边缘网络而言，终端用户可以根据从核心网获取的本地网络信息（LADN）以及用户自身的位置信息等，请求本地 PDU 会话的建立，SMF 通过合适的本地边缘 UPF 的选择以及本地 PDU 会话建立，实现本地边缘网络接入和本地应用访问，如图 3-5 所示。

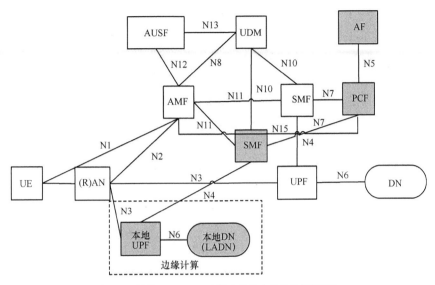

图 3-5　基于 5G LADN 功能支持的本地边缘网络接入

此时终端用户可以通过多个 PDU 会话的建立与保持，完成传统数据网络（DN）与本地 DN（LADN）同时接入与访问。当网络发现终端用户移出 LADN 区域时，则根据网络规则断开原 PDU 会话连接。除此之外，当终端用户不在该 LADN 区域时，即使发起该 LADN 的会话建立请求，网络侧也会根据策略拒绝该会话建立请求。

可以看出，5G 网络对 LADN 的支持，类似于 4G 网络通过 APN 选择合适的核心网网关 PGW。

### 3.2.1.3　单个 PDU 会话多个 PDU 会话锚点

除了上述通过对 LADN 的支持外，SMF 也可以根据 AF 的请求及应用场景激活数据流的 IPv6 多归属（IPv6 Multi-Homing）方案或者数据流 UL CL（Uplink Classifier，上行流量分类）方案。上述两种方案可在终端用户原有 PDU 会话的基础上，通过增加 BP 分支点（Branching Point）或者 UL CL 功能以及本地 PDU 会话锚点的方式，在一个 PDU 会话的基础上实现本地边缘网络以及业务应用的接入和访问，具体介绍如下。

（1）UL CL 方案

对于新建 PDU 会话或者已有 PDU 会话，SMF 可以通过 N4 接口对 UPF 增加

UL CL 功能和 PDU 会话锚点，并通过 SMF 提供给 UL CL 的数据流过滤规则，完成本地边缘数据流的识别与分流，完成本地边缘网络的接入以及本地业务应用内容的访问，如图 3-6 所示。其中 UL CL 除了根据分流规则将上行数据流疏导至不同的 PDU 会话锚点外，对于来自不同 PDU 会话锚点的下行数据流，UL CL 需负责完成数据流合并后发送给终端用户。该 PDU 会话既支持 IPv4，也支持 IPv6。同时，对于一个 PDU 会话，SMF 支持在其路径上同时引入多个 UL CL 功能实体。

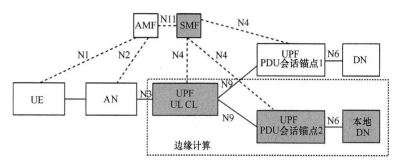

图 3-6　基于 5G UL CL 的本地边缘网络接入

可以理解为，同一个 PDU 会话在终端用户毫无感知（UL CL 功能的增加与删除）的情况下，具备了多个可以访问同一个数据网络（DN）的会话锚点，或者多个 PDU 会话锚点对应多个数据网络（包括本地边缘网络）。其中 UL CL 根据数据流过滤规则（例如访问目标的 IP 地址、端口等）实现数据流的分流，同时支持 UL CL 的 UPF 需要在 SMF 的控制下完成计费、合法监听等网络功能支持。

需要注意的是，同一个 UPF 可以同时支持 UL CL 以及 PDU 会话锚点的功能。

（2）IPv6 多归属方案

与 UL CL 方案类似，SMF 在 IPv6 多归属场景下可以通过 N4 接口对 UPF 增加 BP 分支点和 PDU 会话锚点，其中 BP 分支点负责根据不同的 IPv6 前缀将不同的上行数据流疏导至不同的 PDU 会话锚点，并将来自不同 PDU 会话锚点的下行数据流合并后发送给终端用户，如图 3-7 所示。除此之外，支持 BP 功能的 UPF 需要在 SMF 的控制下完成计费、合法监听等网络功能的支持。

因此，在 IPv6 多归属场景下，BP 分支点可以实现终端用户采用不同的 IPv6 前缀通过不同 PDU 会话锚点对同一数据网络进行访问，同时也支持不同数据网络（本地边缘网络）的访问。

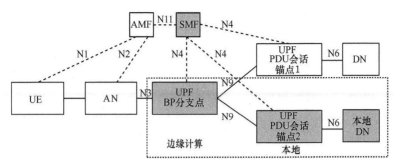

图 3-7　基于 5G IPv6 多归属的本地边缘网络接入

值得注意的是，上述 BP 分支点的方案仅支持 PDU 会话为 IPv6 的场景，且同一个 UPF 可以同时支持 BP 分支点以及 PDU 会话锚点的功能。

### 3.2.1.4　会话及业务连续性

考虑到 5G UPF 分布式下沉部署以及业务应用本地化等带来的会话以及业务连续性（Session and Service Continuity，SSC）问题，3GPP 给出了 3 种会话及业务连续性管理模式。

（1）SSC 模式一

PDU 会话建立时选择的 PDU 会话锚点（UPF），不会因为终端用户的移动而发生改变，即用户的 IP 地址保持不变。对于采用 SSC 模式一的会话，可以根据 IPv6 多归属方案或者 UL CL 方案分配或者释放额外的会话锚点，对应 IPv6 多归属方案分配的额外 IPv6 前缀也会改变。

（2）SSC 模式二

当终端用户仅有一个 PDU 会话锚点且采用 SSC 模式二时，用户离开原 UPF 区域，网络会触发释放原有 PDU 会话，并指示终端用户选择新的 UPF 与同一数据网络建立新的 PDU 会话。当终端用户仅有一个 PDU 会话且具备多个 PDU 会话锚点（IPv6 多归属以及 UL CL 方案）时，额外的 PDU 会话锚点会被释放并重新分配。

（3）SSC 模式三

在 SSC 模式三下，网络允许在新的 PDU 会话（新的 PDU 会话锚点接入同一数据网络）建立完成前依然保持用户与原 PDU 会话锚点间的 PDU 会话，此时用户同时拥有两个 UPF 会话锚点和 PDU 会话，最后可以释放掉原 PDU 会话。

对于基于 IPv6 多归属或 UL CL 方案有一个会话、有多个锚点的场景，当采用

SSC 模式三时，这些额外的会话锚点会被释放或者重新分配。

此时针对 MEC 场景，可以根据运营商网络配置 SSC 模式的选择策略，终端用户可以为一个应用或者一组应用选择合适的 SSC 模式。例如，针对基于 LADN 的本地边缘网络接入方案，可以通过 SSC 模式三，保证业务的连续。对于基于 IPv6 多归属以及 UL CL 方案的本地边缘网络接入，则可以将原 PDU 会话锚点配置成 SSC 模式一，保证一定范围内业务以及会话的连续性，并通过 BP 分支以及 UL CL 功能保证本地边缘网络的接入。

## 3.2.2　5G MEC 融合架构

基于上述讨论可以看出，ETSI MEC 工作组重点关注 MEC 平台、基于 MEC 的网络能力开放以及基于 MEC 平台的业务应用运营部署等方面，并希望 MEC 的引入不对具体的网络接入制式带来影响。而 3GPP 5G 网络架构在设计之初，一方面从 5G 网络业务需求以及网络架构的演进趋势出发；另一方面结合 ETSI MEC 的主要思路，将支持边缘计算作为 5G 网络架构的主要目标，重点从 5G 网络架构支持用户面分布式下沉部署、灵活路由等方面出发进行研究及标准化。

除了用户面分布式下沉部署、灵活路由外，为了能够更好地支持 5G 业务应用的本地化部署、缓存加速、网络边缘信息的感知与开放以及边缘计算/存储能力，满足 5G 移动增强宽带业务以及超低时延高可靠场景的时延要求、大规模 MTC 终端连接信令/数据汇聚处理要求以及通过网络边缘信息感知并开放给第三方业务服务商，实现网络与业务深度融合的需求，给出了 5G MEC 融合架构，如图 3-8 所示。

首先，随着 SDN 和 NFV 等 IT 新技术的发展，未来 5G 网络主要选择由基于通用硬件架构的数据中心构成的 5G 基础设施平台[15]。其中根据所处位置、处理能力、连接条件等大致分为中心级、汇聚级、边缘级和接入级，分别对应集团级的中心 DC、省级区域 DC、地市级本地 DC、地市级接入 DC。其中 5G 控制面（CP）功能主要部署在省级区域 DC，部分控制面功能可根据需求下沉至地市级边缘 DC，5G 用户面（UP）功能主要部署在地市级本地 DC（边缘级）。

MEC 则根据业务场景需求可部署在地市级本地 DC（边缘级）、本地 DC（接入级），甚至直接部署 5G 接入集中单元（CU）与分布式单元（DU）一体化的基站上与 5G 接入单元（CU）合设，后续会根据业务场景详细分析，此处不再赘述。

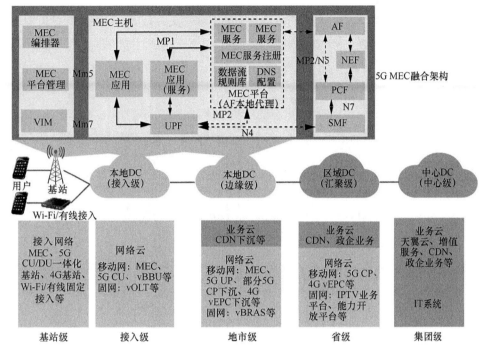

图 3-8　5G MEC 融合架构

　　5G MEC 平台根据其平台应用相关信息（应用标识、IP 地址+Port（端口）等、数据流规律规则等）通过 5G 控制面应用功能（AF）直接或者间接地传递给 PCF，从而影响 SMF 进行 UPF 的选择/重选以及 PDU 会话的建立，重点包括根据用户/应用所在位置、LADN 等信息选择边缘的 UPF，以及在一个 PDU 会话的场景下选择合适的边缘 UPF 并进行 UL CL/IPv6 多归属方案的激活，从而满足 UPF 分布式下沉部署、灵活路由的需求，将业务数据流根据需求转发至本地网络或者 MEC 主机。同时，MEC 平台也可以作为 AF 的本地代理，在一定规则约束下将本地数据流过滤规则直接下发至 UPF，进行 UPF 数据流转发以及数据流过滤规则的配置。

　　除此之外，MEC 平台通过 Mp1 接口实现 MEC 平台服务对运营商/第三方 MEC 应用的开放,加强网络与业务的深度融合。在 MEC 资源管理编排方面则主要由 MEC 编排器、MEC 平台管理以及 VIM 管理等负责，具体可以与 5G 网络管理编排器进行联合考虑，满足 MEC 平台以及 MEC 应用资源编排、生命周期等管理。

　　可以看出,上述 5G MEC 融合架构可以同时兼容 ETSI MEC 以及 3GPP 5G 网络架构，其中 MEC 对数据流灵活路由等功能的需求主要由 3GPP 5G 网络灵活的 UPF 选择/重选等负责满足，MEC 在提供业务应用本地化、本地计算/存储能力以及网络边缘信息的感知与开放方面则主要由 MEC 主机以及对应的平台、平台管理单元等实现。

需要注意的是，MEC 本地数据流的计费、内容合法监控等功能主要通过 5G UPF 负责支持，因此可以有效解决当前 4G MEC 透明部署时面临的计费以及合法监听等问题。

# | 3.3　5G MEC 部署组网策略 |

为了更好地阐述 5G MEC 部署组网策略，首先需要介绍 5G 网络的总体部署策略，其次从 MEC 时延节省的角度以及未来 5G 网络对于业务时延的要求来详细分析 5G MEC 可能的部署策略，为未来 5G MEC 的落地部署提供参考。

## 3.3.1　5G 网络部署策略

如前所述，未来 5G 网络的基础设施平台将主要由采用通用架构的数据中心（DC）组成，主要包括中心级、汇聚级、边缘级和接入级，如图 3-9 所示，其各自的功能划分大致如下。

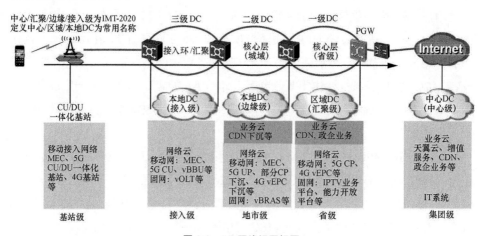

图 3-9　5G 网络组网视图

中心级：主要包含 IT 系统和业务云，其中 IT 系统以控制、管理、调度职能为核心，例如网络功能管理编排、广域数据中心互联和 BOSS 等，实现网络总体的监控和维护。除此之外，运营商自有的云业务、增值服务、CDN、集团类政企业务等均部署在中心级 DC 的业务云平台。

汇聚级：主要包括 5G 网络的控制面功能，例如接入管理、移动性管理、会话管理、策略控制等，主要部署在省级 DC。同时原有 4G 网络的虚拟化核心网、固网的 IPTV 业务平台以及能力开放平台等可以共 DC 部署。除此之外，考虑到 CDN 下沉以及省级公司特有政企业务的需求，省级业务云也可以同时部署在该数据中心。

边缘级：部署在地市级，主要负责数据面网关功能（包括 5G 用户面功能以及 4G vEPC 的下沉 PGW 用户面功能 PGW-D）。除此之外，MEC、5G 部分控制面功能以及固网 vBRAS 也可以部署在本地 DC。更进一步，为了提升宽带用户的业务体验，固网部分 CDN 资源也可以（现网已有应用）部署在本地 DC 的业务云里。

接入级：本地接入级 DC 则重点面向接入网络，主要包括 5G 接入 CU、4G 虚拟化 BBU（池）、MEC 以及固网 vOLT 等功能。其中 5G 接入 CU 也可以与其分布式单元（DU）合设，直接以一体化基站的形式出现，并针对超低时延的业务需求将 MEC 功能部署在 CU 甚至 CU/DU 一体化基站上。

可以看出，基于网络功能软件化、模块化的思路以及软硬解耦的 NFV 的云平台，网络功能可以根据运营商的网络规划、业务需求、流量优化、业务体验以及传输成本等综合考虑实现按需灵活部署。其中业务云侧重在中心 DC，便于实现业务应用的全网覆盖，网络云则侧重在边缘 DC。

因此，为了满足 5G 增强移动宽带、超低时延高可靠等业务场景对极低时延的需求，需要在网络边缘通过 MEC 实现业务应用的本地化部署以及数据面分布式下沉灵活路由。除此之外，基于 MEC 网络的信息感知与开放以及基于 MEC 的固移融合，可以有效实现网络与业务的深度融合以及移动网络、固定网络等多个网络的资源高效使用与管理。考虑到影响 MEC 部署位置最主要的是业务要求时延，下面针对 5G MEC 典型业务场景的时延要求给出 MEC 总体部署策略。

## 3.3.2　5G MEC 总体部署策略

当前，考虑到 5G 网络架构虽然已完成标准化制定，但还未真正部署，因此此处以 4G 网络拓扑图作为参考进行分析。图 3-10 给出了 4G 网络的拓扑图与典型传输时延（单向），其中业务应用一般部署在 4G 网关 PGW 后面的中心 DC。此时，业务访问时延主要来自回传链路（基站至 PGW）引入的传输时延以及因业务应用部署位置引入的 PGW 至业务部署位置的传输时延。其中，基站至 PGW 的传输时延大致在 6~16 ms，PGW 至业务部署位置的时延则主要由业务部署位置决定，变化范围较大（约 30 ms）。此时，由于 MEC 实现业务应用本地化带来的时延减少部分不仅包括 MEC 至 PGW 的传输时延，最主要的部分是 PGW 到原有业务应用部署位置的传输时延。

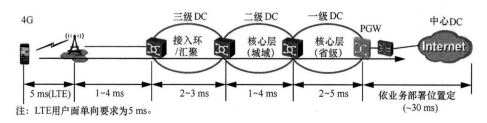

图 3-10　4G 网络拓扑图及典型传输时延

根据 3GPP 针对 5G 接入场景及需求的研究[16]，5G 增强移动宽带场景下空口的单向时延要求为 4 ms，相比于 4G LTE 网络空口单向要求 5 ms 而言，性能要求提升不是很严苛。对于超低时延高可靠场景，则要求无线空口单向时延要求为 0.5 ms。除此之外，5G 网络针对增强移动宽带业务和超低时延高可靠场景的业务分别提出了 10 ms 级端到端时延要求以及 1 ms 的端到端极低时延要求。

此时，根据网络传输链路的典型时延值估算，对于移动增强宽带场景，MEC 的部署位置不应高于地市级。考虑到 5G 网络用户面功能 UPF 极有可能下沉至地市级（控制面依然在省级），此时 MEC 可以和 5G 下沉的 UPF 合设，满足 5G 增强移动宽带场景对于业务 10 ms 级的时延要求。然而对于超低时延高可靠场景 1ms 的极低时延要求，由于空口传输已经消耗 0.5 ms，没有给回传留下任何时间。可以理解为，针对 1 ms 的极端低时延要求，直接将 MEC 功能部署在 5G 接入 CU 或者 CU/DU 一体化的基站上，将传统的多跳网络转化为一跳网络，完全消除传输引入的时延。同时，考虑到业务应用的处理时延，1 ms 的极端时延要求对应的应该是终端用户和 MEC 业务应用间的单向业务，见表 3-1。

表 3-1　5G 网络典型场景的时延要求

| 类型 | 空口单向时延/ms | 说明 | 总体建议 |
|---|---|---|---|
| 4G | 5 | | 基于业务需求（时延等），实现 MEC 在不同级别 DC 的部署 |
| 5G eMBB | 4 | 10 ms 级的业务端到端时延，需要降低或者消除传输时延 | MEC 部署在二级 DC（地市），UP 部署于二级 DC（地市），UP/MEC 合设 CP 部署于一级 DC（省级） |
| 5G uRLLC | 0.5 | 1 ms 的极低时延要求，业务需直接部署接入侧（CU、CU/DU 一体化基站），消除传输时延 | MEC 部署在一体化基站上（将多跳转化为一跳） |

上述仅仅是从时延的角度进行初步分析，当 MEC 应用在企业园区、校园等场景时，考虑到其业务应用服务的覆盖范围以及业务应用数据本地化的需求（出于数据安全性考虑），此时 MEC 则可根据需求部署在该覆盖范围基站的汇聚点，以汇聚网关的形式出现。

因此，5G MEC 总的部署策略是根据业务应用的时延、服务覆盖范围等要求，同时结合网络设施的 DC 化改造趋势，将所需的 MEC 业务应用以及服务部署在相应层级的数据中心。

## 3.3.3　不同场景下的 MEC 部署方案

基于上述 5G MEC 总体部署策略，针对 5G 三大典型应用场景，本节分别选取一类典型业务进行举例说明。

（1）增强移动宽带场景（eMBB）

根据 3GPP 业务需求组（SA1）的研究结果，当用户移动速度低于 10 km/h 时，用户的体验速率需达到下行 1 Gbit/s、上行 500 Mbit/s[17]，且端到端时延为 10 ms。以未来 8K 3D 高清视频流为例，网络至少需满足上下行 250 Mbit/s 的速率。

此时针对 10 ms 的时延要求以及可能的 8K 3D 高清视频流应用模式，包括终端用户到终端用户（C-C）和终端用户到服务器（C-S），MEC 可部署的位置可以从一体化基站至地市级 DC 或者接入级 DC，如图 3-11 所示。

（2）高可靠低时延场景（uRLLC）

对于高可靠低时延场景，以工业生产自动化为代表，其主要的业务速率要求较低，一般小于 50 byte/s。考虑到工业控制的实时性要求，其闭环时延的要求较为

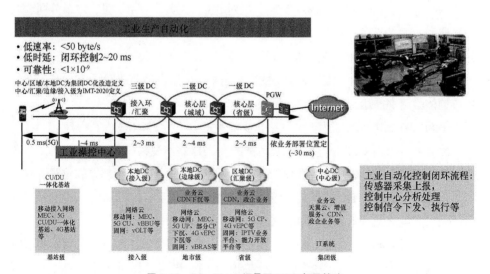

图 3-11　5G eMBB 场景下 MEC 部署策略

严苛（2~20 ms），具体跟业务场景相关[18]。除此之外，工业控制领域对于可靠性也提出了很高的要求，必须小于 $1×10^{-9}$。

此时，针对 2~20 ms 的时延要求，MEC 可部署的位置主要从基站至接入级 DC，如图 3-12 所示。其中针对 2 ms 的极端时延要求，考虑到双向闭环控制以及业务处理的时延，MEC 建议与 5G 接入 CU 或者 CU/DU 一体化基站合设，满足 2 ms 闭环控制的极低时延的需求。

图 3-12　5G uRLLC 场景下 MEC 部署策略

（3）大规模 MTC 终端连接场景（mMTC）

在大规模 MTC 终端连接场景下，主要业务需求来自大连接数（百万连接）以及对 MTC 终端能耗的要求，其速率与时延要求则与具体的应用场景相关[19]。此时 MEC 的主要作用体现在通过将 MTC 终端的高能耗计算任务卸载至 MEC 平台，降低 MTC 终端的成本及能耗，延长待机时间。同时对于 mMTC 场景下大连接数目，则主要利用 MEC 平台的计算、存储能力实现 MTC 终端数据与信令的汇聚及处理，降低网络负荷。因此 MEC 可部署的范围从基站到省级数据中心，甚至可以将其功能部署在 MTC 终端簇头节点，实现 MTC 终端数据/信令的汇聚处理，如图 3-13 所示。

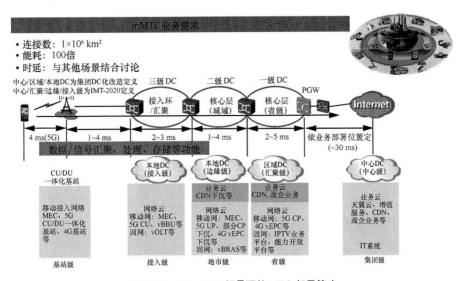

图 3-13　5G mMTC 场景下的 MEC 部署策略

上面仅从 5G MEC 典型应用场景的时延需求出发，进行部署策略分析讨论，实际落地部署还需要结合具体业务场景、服务覆盖范围、运营商 DC 资源、传输条件等因素共同考虑，完成部署方案制定。

# 3.4　5G MEC 面临的问题与挑战

综上所述，5G MEC 融合架构有效地将 ETSI MEC 平台和 3GPP 5G 网络架构结合，通过将计算存储能力与业务服务能力向网络边缘迁移，使应用、服务和内容可以实现本地化、近距离、分布式部署，从而一定程度解决了 5G 网络热点高容量、低功耗大连接以及低时延高可靠等技术场景的业务需求。同时 MEC 通过充分挖掘移动网络数据和信息，实现移动网络上下文信息的感知和分析并开放给第三方业务应用，有效提升了移动网络的智能化水平，促进网络和业务的深度融合。

为了解决 MEC 在未来网络的实际应用，除了上述 MEC 系统架构和部署策略的分析讨论外，还有很多问题与挑战亟待解决，主要包括基于 MEC 的本地分流、缓存与加速、网络能力开放、移动性管理、固移融合、计算卸载等，具体介绍如下。

（1）基于 MEC 的本地分流

本地分流是实现 5G 网络业务应用本地化、近距离部署等目标的先决条件，也是 MEC 最基本的功能特性之一。如何根据 MEC 典型业务场景需求，制定高效的数据流识别方法、本地业务分流规则以及本地业务分流控制面及用户面的业务流程，成为基于 MEC 本地分流首先要解决的技术问题。其次，在 MEC 本地分流场景下，如何实现本地数据流/内容的计费、合法监控以及差异化策略控制是基于 MEC 的本地分流方案能够落地部署必须要解决的问题。

除此之外，考虑到 MEC 技术出现之初并没有与无线接入技术（Radio Access Technology，RAT）有直接关系，且未来 5G 网络将是 4G、5G、Wi-Fi 等多个网络融合的网络，因此如何在 4G 网络中实现基于 MEC 的本地分流也成为未来 MEC 应用部署值得考虑的关键问题。

（2）基于 MEC 的缓存与加速

不同于基于 MEC 的业务应用本地化直接将用户所需内容部署在本地，基于 MEC 的缓存和加速则根据业务需求以及用户习惯等提前将用户所需内容缓存在本地供用户访问，从而达到有效提升移动互联网用户体验、节省运营商的网络资源、缓解回传压力等目标。此时，有如下几个问题需要解决。

- 缓存模式：根据 MEC 典型业务场景以及目前主流的缓存模式（本地 DNS、重定向、透明代理）的工作原理，需要明确选择合适的缓存模式。
- 缓存效率：考虑到 MEC 部署位置越低、业务体验时延与缓存命中率之间的矛盾，需要在满足时延要求的情况下，设计高效的缓存算法优化缓存性能、提升缓存命中率，或者实现业务体验时延与缓存命中率性能的折中。
- 缓存通道：MEC 缓存节点越低，为其额外规划一条从 MEC 至远端业务服务器间的缓存通道就越困难。因此，如何解决此问题就成为基于 MEC 的缓存加速方案落地部署的关键。

- 缓存内容再生：为了避免由于不同终端用户分辨率差异导致的同一视频内容（不同码率）多次缓存下载带来的内容服务器压力增加及传输内容冗余等问题，需要考虑如何基于 MEC 的计算存储能力，实现同一视频内容（高清）版本的缓存以及不同分辨率（码率）的内容再生，从而直接为不同清晰度类型的终端用户提供服务，并减小对后端网络和源服务器的压力。

（3）基于 MEC 的网络能力开放

MEC 在网络边缘的部署，为无线网络信息的实时感知获取提供了便利条件，主要包括无线网络信息、用户面的测量和统计信息、UE 上下文和无线承载信息、UE 相关信息的变化情况等，如何通过开放接口将其开放给第三方业务应用，成为优化业务应用、提升用户体验、实现网络和业务深度融合的重要手段之一。因此需要根据业务需求，感知、获取网络上下文信息，并通过分析处理形成 MEC 平台具备的网络能力，同时通过开放接口的研究及标准化，加速创新型业务应用的开发及上线，打造良好的 MEC 产业生态链。

（4）MEC 场景下的移动性管理

MEC 场景下，移动性主要包含如下 3 种场景，如图 3-14 所示。

- 场景一：终端移动导致终端的数据到应用的路径变化；
- 场景二：负载平衡、性能不满足等导致应用迁移；
- 场景三：终端在 MEC 覆盖区域与非 MEC 覆盖区间移动时，MEC 系统与其他系统的交互。

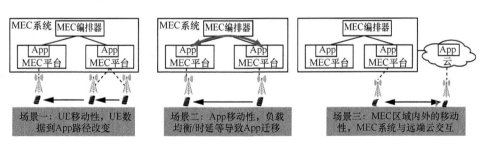

图 3-14　MEC 场景下的移动性分类

（5）基于 MEC 的固移融合

MEC 已经从最早的仅支持移动网络扩展至对移动网络、Wi-Fi 以及有线宽带接入的支持。考虑到未来 5G 将会是一个 LTE、5G、Wi-Fi 以及固定接入等多个网络融合的架构，此时有如下两个问题值得考虑。

- 基于 MEC 的灵活回传路径选择：针对不同运营商在移动网络或者固定宽带网络的优势，可以通过 MEC 灵活路由的特性采用移动回传链路承载固定宽带接入业务，或者采用固定宽带链路分担 5G 高吞吐量要求对于移动网络回传带宽要求的压力。

- 基于业务要求的接入和回传解耦：为了能够充分利用各个网络中的业务/内容资源，MEC 可以根据用户的业务/内容访问请求，根据其所部署的位置、业务带宽、速率等需求选择合适的回传链路，从而实现基于 MEC 的多网络管理。例如，在现有固定宽带网络中，为了满足用户的业务需求，部分地市已经将 CDN 下沉至地市级。然后由于固定宽带网络和移动网络是逻辑隔离的，上述 CDN 内容仅供宽带用户使用，即使移动用户在其附近，也无法直接访问，必须要经过移动网络的网关后才可以访问。此时，可以基于 MEC 灵活路由的特性实现移动网络和宽带网络的融合互通，并根据用户所需访问的业务内容，选择合适的回传链路，实现接入网络与回传网络的解耦，提高用户的业务体验以及网络资源利用率。

此时，如何针对上述场景，保证用户会话以及业务的连续性，成为 MEC 落地部署的关键。例如在车联网场景下，用户高速移动以及业务低时延的要求，给 MEC 业务连续性提出了很大的挑战。如不能很好地解决不同 MEC 平台间 App 迁移导致的时延等问题，则可能影响其在车联网场景中的落地应用。

除此之外，场景三则主要针对 MEC 业务缓存和加速场景中，如何通过远端业务服务器以及本地业务缓存与加速间的协作，在保证用户业务连续性的同时，提升用户业务体验。

（6）基于 MEC 的计算卸载

针对大规模 MTC 终端连接场景，可以通过将 MTC 的高能耗计算任务卸载至 MEC 平台，从而降低 MTC 终端的要求以及能耗，延迟待机时间。然而，为了实现 MEC 的计算任务卸载，需要考虑将所需数据上传至 MEC 以及 MEC 计算结果的反馈。此时上传数据量的大小、传输的时延、MEC 计算时间、计算结果反馈的数据量大小、反馈数据的传输时延、MTC 终端的计算时间、MTC 终端计算所需能耗等因素均对是否进行计算任务卸载以及对哪些计算任务进行卸载等问题产生很大影响。因此，针对整个计算任务的完成所需时间以及终端能耗这两个目标，需要进一步深入研究其计算任务分配方案。

上述 MEC 在未来网络应用中潜在的问题与挑战，将在后续的章节中详细分析讨论。

# | 3.5　小结 |

本章首先详细介绍了 ETSI MEC 系统架构、功能模块以及 3GPP 通过哪些功能实现对边缘计算的支持。其次，基于上述分析讨论，给出了 5G MEC 融合架构，并结合 5G 典型应用场景的时延要求以及未来网络设施的 DC 化趋势，给出了 5G 网络的组网策略、5G MEC 的总体部署策略。除此之外，选取了 3 种典型的业务进行了 MEC 部署策略的详细分析。最后，讨论分析了 5G MEC 未来应用可能面临的问题及挑战，给出了潜在的技术点及研究方向，供读者参考。

# | 参考文献 |

[1]　PATEL M. Mobile-edge computing introductory technical white paper[R]. 2014.

[2]　ETSI. Mobile edge computing (MEC); terminology V1.1: GS MEC 001[S]. 2016.

[3]　ETSI. Mobile edge computing (MEC); technical requirements V1.1.1: GS MEC 002[S]. 2016.

[4]　ETSI. Mobile edge computing (MEC); framework and architecture V1.1.1: GS MEC 003[S]. 2016.

[5]　ETSI. Mobile edge computing (MEC); service scenarios V1.1.1: GS MEC-IEG 004[S]. 2015.

[6]　MACH P, BECVAR Z. Mobile edge computing: a survey on architecture and computation offloading[J]. IEEE Communications Surveys & Tutorials, 2017, PP(99): 1.

[7]　SABELLA D, VAILLANT A, KUURE P, et al. Mobile-edge computing architecture: the role of MEC in the internet of things[J]. IEEE Consumer Electronics Magazine, 2016, 5(4): 84-91.

[8]　ETSI. Network functions virtualisation (NFV); architectural framework V1.1.1: GS NFV 002[S]. 2013.

[9]　IMT-2020(5G)推进组. 5G 网络技术架构白皮书[R]. 2016.

[10]ETSI. Mobile edge computing–deployment of mobile edge computing in an NFV environment, V0.4.0: GR MEC 0017[S]. 2017.

[11]SCIANCALEPORE V, GIUST F, SAMDANIS K, et al. A double-tier MEC-NFV architecture: design and optimisation[C]//Standards for Communications and Networking, May 16-18, 2016, Thessaloniki, Greece. Piscataway: IEEE Press, 2016.

[12] 3GPP. Feasibility study on new services and markets technology enablers-network operation V14.1.0: TR22.864[S]. 2016.

[13] 3GPP. Study on architecture for next generation system V1.2.1: TR23.799[S]. 2016.

[14] 3GPP. System architecture for the 5G system V0.4.0: TS23.501[S]. 2017.

[15] IMT-2020(5G)推进组. 5G 网络架构设计白皮书[R]. 2016.

[16] 3GPP. Study on scenarios and requirements for next generation access technologies V0.3.0: TR38.913[S]. 2016.

[17] 3GPP. Feasibility study on new services and markets technology enablers - enhanced mobile broadband V14.1.0: TR22.863[S]. 2016.

[18] 3GPP. Feasibility study on new services and markets technology enablers for critical communications V14.1.0: TR22.862[S]. 2016.

[19] 3GPP. Feasibility study on new services and markets technology enablers for massive internet of things V14.1.0: TR22.861[S]. 2016.

第 4 章
# 基于 MEC 的本地分流技术

本地分流是实现业务应用本地化、近距离部署等目标的先决条件，也是MEC 最基本的功能特性之一。本章将介绍本地分流技术的应用场景，并结合 5G 网络架构，给出基于 MEC 的本地分流技术方案及信令流程。除此之外，分析探讨了基于 MEC 的本地分流技术在 LTE 网络应用的可行性与挑战，并开展了基于 MEC 本地分流技术功能及性能验证，供读者参考。

本章将首先从现有业务的实际需求出发，介绍本地分流技术的应用场景，并结合 3GPP 标准研究进展给出已有的本地分流的技术方案。其次，基于未来 5G 网络架构以及 5G MEC 系统架构的研究，给出基于 MEC 的本地分流技术方案及信令流程。除此之外，探讨了基于 MEC 的本地分流技术在 LTE 网络应用的可行性与挑战。最后，考虑到 5G 技术还在研发中，在 LTE 网络环境下开展了基于 MEC 的本地分流技术功能及性能验证，供读者参考。

# |4.1　本地分流技术介绍 |

## 4.1.1　需求分析

随着移动互联网以及物联网等业务的快速发展，移动数据流量将出现高速增长。根据 Cisco 发布的全球移动数据预测报告，2016—2021 年间，移动数据流量将以 47% 的速率高速增长，其中移动视频流量将从 2016 年的 60% 增长至 2021 年的 78%，超过移动数据流量的 3/4，成为移动数据流量的主要贡献者，如图 4-1 所示。

移动数据流量的快速增长给 4G 网络以及未来的 5G 网络带来了极大的挑战，尤其是 4G 网络中数据面功能主要集中在核心网网关 PGW 上，并要求所有数据流必须经过 PGW。然而此时，对于大量发生在网络边缘的业务数据流量（约 35%），其

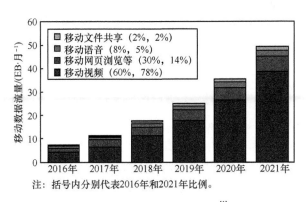

注：括号内分别代表2016年和2021年比例。

**图 4-1　移动网络数据增长趋势[1]**

长距离的迂回路由传输不仅增加了网络回传带宽的消耗及网关 PGW 的处理压力，更重要的是导致传输时间变长，业务体验变差。

图 4-2 给出了交通管理行业的一个驾校考试的实际案例，其中为了规范化考生以及考官的操作，需要将考试车内的视频数据实时上传至考场的本地视频监控中心，由工作人员进行考生信息的进一步核对和整个考试过程的监控。目前采用的方案是车内的摄像头通过 4G 模块接入 4G 网络，并最终上传至本地视频监控中心。可以看出，由于 4G 网络的实际部署情况，车内摄像头采集的视频流必须要经过部署在省级的核心网网关 PGW 后才可以发送至本地视频监控中心。此时，大流量的视频数据（约 5 000 GB/月）迂回路由会导致如下几个问题：

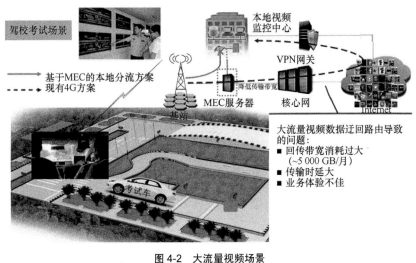

**图 4-2　大流量视频场景**

- 回传带宽消耗过大；

- 传输时延加大；

- 业务体验不佳。

与上述场景类似，在办公楼、企业园区、校园、商场、景区等均存在大量的本地网络接入以及本地内容访问的需求。

为了解决上述发生在移动网络边缘，业务数据流本地产生、本地终结的场景中业务数据流迂回路由带来的问题，5G 网络架构在设计之初就将用户面下沉分布式部署以及灵活路由等作为其目标之一进行考虑。

其实，本地分流/接入、选择性 IP 数据分流等需求也很早受到了运营商的关注，早在 2009 年 3GPP 的 SA#44 会议上由沃达丰等运营商联合提出了本地分流的思想[2-4]，希望借助本地 IP 接入（Local IP Access，LIPA）和选择性 IP 数据流分流（Selected IP Traffic Offload，SIPTO）技术，实现通过家庭/企业基站（HeNB）进行数据分流、内部网络用户间的直接通信以及宏网络中特定 IP 数据流的直接分流，从而缓解核心网的传输负荷以及投资成本。

## 4.1.2  LIPA/SIPTO 技术介绍

LIPA/SIPTO 技术经过 R10、R11 等持续研究推进[4]，存在多种实现方案，下面主要针对其应用场景以及确定适用于 LTE 的方案进行介绍。

### 4.1.2.1  应用场景

图 4-3 和图 4-4 分别给出了 LIPA 和 SIPTO 的典型应用场景。在 LIPA 场景中，终端用户通过 H(e)NB，连接到同一个家庭/企业的 IP 网络中的其他网元上。此时，用户的数据流量将不会经过移动运营商的核心网，信令流依旧会发送至移动运营商的核心网。

可以看出，基于 LIPA 技术，终端用户与家庭网络中其他节点间的数据信息传递可以直接通过 H(e)NB 实现，而无需再传递到核心网节点，既能减少数据传输时延，也能减少核心网元的信令负荷，降低核心网吞吐量和传输成本。除此之外，运营商可将核心网资源最大化利用，为有价值的业务提供更好的服务，提高使用者体验。

从图 4-4 中可以看出，宏网络中的 SIPTO 技术可以把特定 IP 地址的业务（例如对 QoS 要求不高的 Internet 业务）从终端用户接入的宏基站分流到一个特定的 IP 网络，以节省系统的传输资源。相比于现在所有的 IP 数据流都需要经过核心网，SIPTO

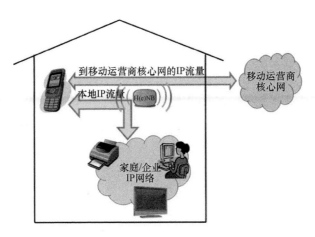

**图 4-3　本地 IP 接入（LIPA）应用示意图**

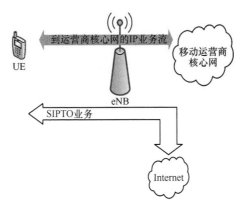

**图 4-4　选择性 IP 流量卸载（SIPTO）宏基站技术应用示意图**

允许在靠近用户的位置（如市、区等），分布式地部署网关设备（PGW），从而允许用户的数据能够从地理/逻辑更近的节点进行路由转发。可以看出，SIPTO 既避免了 IP 流量迅速增加后，对核心网压力的持续增加，另一方面 IP 数据流就近路由转发可以提高路由转发效率，并可能因为避开核心网络资源的拥塞，提升用户的业务体验。

## 4.1.2.2　LIPA/SIPTO 技术方案

针对上述需求，3GPP 在研究阶段给出了一系列技术解决方案，现仅就最终采用的方案进行简单介绍。

（1）家庭/企业 LIPA/SIPTO 方案

图 4-5 给出了基于 L-S5 接口的家庭/企业 LIPA/SIPTO 方案。可以看出，该方案在 HeNB 处增设了本地网关（LGW）网元，LGW 与 HeNB 可以合设也可以分设，LGW 与 SGW 间通过新增 L-S5 接口连接，HeNB 与 MME、SGW 之间通过原有 S1接口连接。此时，对于终端用户访问本地业务的数据流，在 LGW 处分流至本地网络中，并采用专用的 APN 来标识需要进行业务分流的 PDN。同时，终端用户原有公网业务则采用与该 PDN 不同的原有 PDN 连接进行数据传输，即终端用户需采用原有 APN 标识其原有公网业务的 PDN。

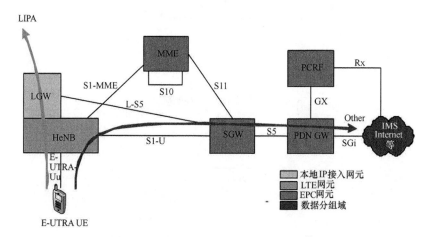

图 4-5　3GPP 家庭/企业 LIPA/SIPTO 方案[3]

需要注意的是，当 LGW 与 HeNB 分设时，需要在 LGW 与 HeNB 间增加新的接口 Sxx。如果 Sxx 接口同时支持用户面和控制面协议，则和 LGW 与 HeNB 合设时类似，对现有核心网网元以及接口改动较小。如果 Sxx 仅支持用户面协议，则 LIPA的实现类似于直接隧道的建立方式，对现有核心网网元影响较大。

除此之外，当 LGW 支持 SIPTO 时，LIPA 和 SIPTO 可以采用同样的 APN，而且 HeNB SIPTO 不占用运营商网络设备和传输资源，但 LGW 需要对 LIPA 以及SIPTO 进行路由控制[4]。

可以看出，终端用户的本地接入访问需要得到网络侧授权，同时还需要提供专用的 APN 来请求 LIPA/SIPTO 连接。

（2）宏网络 SIPTO 方案

对于 LTE 宏网络 SIPTO 方案，3GPP 最终确定采用 PDN 连接的方案（本地网关），如图 4-6 所示。可以看出，该方案通过将 SGW 以及 L-PGW 部署在无线网络附近，SGW 与 L-PGW 间通过 S5 接口连接（L-PGW 与 SGW 也可以合设），SIPTO 数据与核心网数据流先经过同一个 SGW，然后采用不同的 PDN 连接进行传输，实现宏网络的 SIPTO。

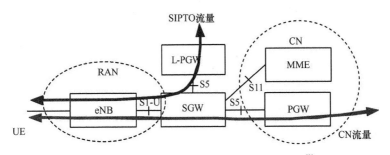

图 4-6　3GPP 基于 PDN 连接的宏网 SIPTO 方案[3]

　　其中，用户是否建立 SIPTO 连接由 MME 进行控制，通过用户的签约信息（基于 APN 的签约）来判断是否允许数据本地分流。如果 HSS 签约信息不允许，则 MME 不会执行 SIPTO，否则 SIPTO 网关选择功能为终端用户选择地理/逻辑上靠近其接入点的网关，包括 SGW 以及 L-PGW。其中，SGW 的选择在终端初始附着和移动性管理过程中建立第一个 PDN 连接时进行，L-PGW 的选择则是在建立 PDN 连接时进行。为了能够选择靠近终端用户的 L-PGW，通过使用 TAI、eNB ID 或者 TAI+eNB ID 来进行 DNS 查询。

　　可以看出，宏网络的 SIPTO 依然由网络侧进行控制，并且基于专用 APN 进行。

　　综上所述，为了满足终端用户本地接入、选择性 IP 接入等需求，3GPP LIPA/SIPTO 方案需要终端用户支持多个 APN 的连接，同时需要增加新的接口以实现基于 APN 的 PDN 传输建立。终端支持多个 APN 以及网络侧需要升级改造的需求使得上述方案在实际落地应用方面面临着巨大的挑战。

## 4.2　5G MEC 本地分流技术方案

　　根据第 3 章的 5G MEC 融合架构，为了实现终端用户对本地网络以及本地应用的接入和访问，MEC 平台会根据其应用相关信息（应用标识、IP 地址+端口等、数据流规则等）通过 5G 控制面应用功能（AF）直接或者间接地传递给 PCF，从而影响 SMF 进行 UPF 的选择/重选以及 PDU 会话的建立。最终实现根据用户/应用所在位置、LADN 等信息选择边缘的 UPF 以及在一个 PDU 会话的场景下选择合适的边缘 UPF 并进行 UL CL/IPv6 多归属方案的激活，并将业务数据流根据数据分流规则转发至本地网络或者 MEC 主机，从而满足业务应用本地化以及本地分流的需求，如图 4-7 所示。

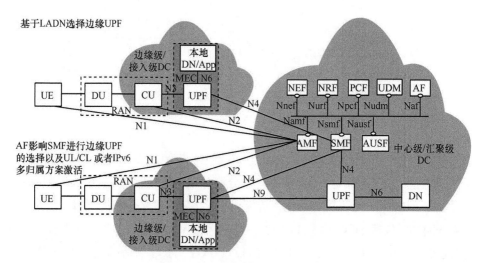

图 4-7　5G MEC 本地分流技术方案

与此同时，支持 UL CL 以及 BP 分支点的 UPF 需要在 SMF 的控制下完成计费、合法监听等网络功能支持。

下面针对应用 AF 如何影响 UPF 选择、会话的建立流程、UL CL/IPv6 多归属方案中 UL CL 功能节点以及 BP 分支点的添加和删除流程进行详细说明。

## 4.2.1　应用功能影响数据路由流程

图 4-8 给出了 AF 如何影响数据路由的流程，其具体业务流程如下。

（1）AF 创建 AF 数据疏导请求，该请求所包含的具体信息在第 3.2 节已有介绍，这里不再赘述。为了订阅 AF 影响会话建立事件，接收反馈的 AF 通知消息，AF 请求信息需要包含请求业务标识信息。

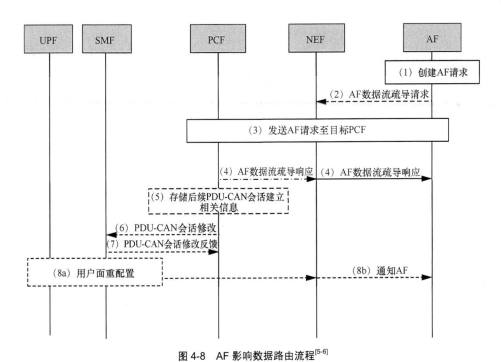

图 4-8　AF 影响数据路由流程[5-6]

（2）根据网络的不同配置，AF 可以通过 NEF 将 AF 请求消息发送至 PCF，或者 AF 网元自身具备信息映射功能，直接将请求消息发送至 PCF。具体包括：当 AF 请求针对特定的正在进行的会话时，AF 可以直接或者通过 NEF 将请求发送至 PCF；当 AF 请求不是针对特定的正在进行的会话时，AF 请求需经过 NEF。

NEF 需要对 AF 以及 AF 请求进行鉴权认证，并需要保证将 AF 请求相关信息映射至 5G 核心网所需的信息，例如从 AF 应用业务标识信息映射至目标数据网络标识、切片标识信息或者路由规则配置标识列表等信息。除此之外，NEF 需存储从 AF 接收到的 AF 通知消息，并将其映射成 NEF 至 PCF 的通知消息。

（3）AF 请求必须发送至相关 PCF，如果 AF 请求针对一个特定的终端用户，此时只需将 AF 请求发送至对应的 PCF 即可。然而当 AF 请求面向多个终端用户时，此时 AF 请求则需要发送至多个 PCF。

（4）PCF 或者 NEF 生成并反馈 AF 数据疏导响应，此时根据步骤（3）中 AF 请求面向的是一个特定用户或者多个用户的场景，分别对应 PCF 或者 NEF 生成 AF 数据流疏导响应。

（5）如果 AF 请求是半永久性配置，即不针对特定的用户 IP 地址或者 IP 地址

前缀，此时 PCF 需存储 AF 请求的相关信息，用于后续 PDU-CAN 会话的建立。

（6）PCF 决定已有 PDU-CAN 会话是否根据 AF 请求进行修改。对于需要修改的 PDU-CAN 会话，由 PCF 通过 PDU-CAN 会话修改消息更新 SMF 的相关策略信息。

（7）SMF 针对从 PCF 接收到的 PDU-CAN 会话修改消息进行反馈。

（8）SMF 根据 PCF 更新的策略信息，针对 PDU-CAN 会话的用户面采取合适的操作进行重新配置，主要包括：

- 在原有数据面通道插入/配置一个新的 UPF，新的 UPF 具备 UL CL/IPv6 多归属分流功能，其中 UL CL/IPv6 多归属方案参考第 3.2 节所述；
- 当采用 IPv6 多归属分流方案时，为终端用户分配新的 IPv6 地址前缀；
- 当满足通知触发条件时，向 AF 发送通知消息，相关的用户面管理事件主要包括 AF 请求消息中订阅的特定 PDU 会话锚点的建立或者释放、数据网络接入标识改变、SMF 接收到 AF 通知消息的请求以及现有 PDU 会话满足通知消息发送的条件。

## 4.2.2　UL/CL 和 BP 分支点的添加和删除

如前所述，SMF 可以根据 AF 的请求及应用场景激活数据流的 UL CL 方案或者 IPv6 多归属方案，在终端用户原有 PDU 会话的基础上，通过增加 BP 分支点（Branching Point）或者 UL CL 功能以及本地 PDU 会话锚点的方式，在一个 PDU 会话的基础上实现本地边缘网络以及业务应用的接入和访问，如图 4-9 所示。其中 UL/CL 方案以及 IPv6 多归属方案技术原理在第 3.2 节已经描述，这里主要给出 UL/CL、BP 分支点功能本地会话锚点的添加和删除。

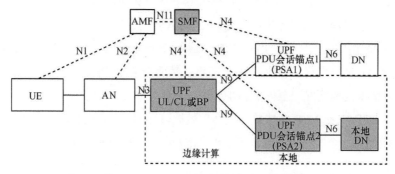

图 4-9　基于 UL CL 以及 IPv6 多归属的本地分流解决方案

## 4.2.2.1　UL/CL 和 BP 分支点添加

图 4-10 给出了在已有 PDU 会话的基础上，SMF 根据 AF 请求或者业务需求增加 UL CL 或者 BP 分支点的业务流程。下面结合图 4-9 和图 4-10，详细介绍其处理过程。

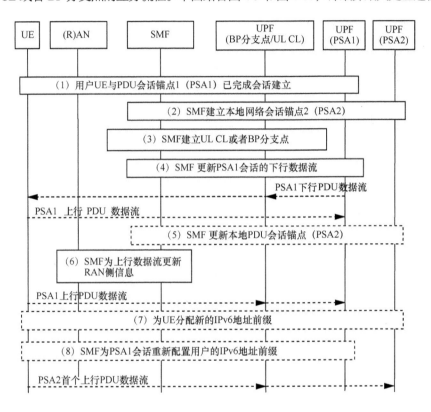

**图 4-10　UL CL 和 BP 分支点的添加流程**

（1）终端用户已经完成一个 PDU 会话的建立，且选择 PSA1 作为其会话锚点。

（2）SMF 根据需求（例如用户移动、新的业务流、PCF 策略等）决定建立新的 PDU 会话锚点，此时 SMF 选择合适的 UPF 并通过 N4 接口建立新的 PDU 会话锚点 PSA2。对于 IPv6 多归属方案，此时 SMF 还需要为用户分配新的 IPv6 地址前缀，用于标识到 PDU 会话锚点 PSA2 的数据流。

（3）SMF 选择合适的 UPF 并通过 N4 接口为 PDU 会话添加 UL/CL 或者 BP 分支点功能，并提供所需的上行数据流转发规则以及相应的核心网侧隧道信息，用于实现不同数据流转发至会话锚点 PSA1 或者 PSA2。除此之外，SMF 也会提供接入网侧隧道信息用于下行数据转发。对于 IPv6 多归属方案，此时 SMF 需提供根据 IPv6 地址前缀实现不同数据流（分别对应 PSA1 和 PSA2）的过滤规则。在 UL CL 方案中，SMF 需提供对应的数据流过滤规则（目标 IP 地址与端口号等）用于面向 PSA1 和 PSA2 的数据流分流。

值得注意的是，由于一个 UPF 可以同时支持 PDU 会话锚点和 UL CL 或 BP 分支点功能，因此当会话锚点 PSA2 和 UL CL 或 BP 分支点功能部署在同一 UPF 上时，步骤（2）和步骤（3）可以合并处理。

（4）SMF 通过 N4 接口更新会话锚点 PSA1 的信息，主要包括 UL CL 或 BP 节点连接核心网侧的隧道信息，用于会话锚点 PSA1 下行数据流的发送；同样，当会话锚点 PSA1 和 UL CL 或 BP 分支点功能部署在同一 UPF 上时，步骤（3）和步骤（4）可以合并处理。

（5）SMF 通过 N4 接口更新会话锚点 PSA2 的信息，主要包括 UL CL 或 BP 节点连接核心网侧的隧道信息，用于会话锚点 PSA2 下行数据流的发送。

当会话锚点 PSA2 和 UL CL 或 BP 分支点功能部署在同一 UPF 上时，步骤（5）可以省略。

（6）AMF 根据 N11 收到的 SMF 信息通过 N2 接口更新 RAN 侧连接核心网 UPF（UL CL 或者 BP 节点）的隧道信息，保证上行数据流的发送。当采用 UL CL 方案时，如果已经存在具备 UL CL 功能的 UPF，则此时只需要 SMF 通过 N4 接口更新已有 UPF 的信息即可，无需更新 RAN 侧信息。

（7）当采用 IPv6 多归属方案时，SMF 需要通过 IPv6 路由通告报文通知 UE 会话锚点 PSA2 可用的 IPv6 地址前缀。

（8）当采用 IPv6 多归属方案时，SMF 可以通过 IPv6 路由通告报文重新配置 UE 原有 IPv6 地址前缀。

### 4.2.2.2　UL CL 和 BP 分支点删除

图 4-11 给出了 UL CL 和 BP 分支点的删除流程，具体说明如下。

（1）用户 UE 已经建立了具备 UL CL 和 BP 分支点功能的 PDU 会话，会话锚点分别为 PSA1 和 PSA2。假设某个时间由于 UE 移动或者数据流完成，需要移出原有 PDU 会话锚点 PSA1。

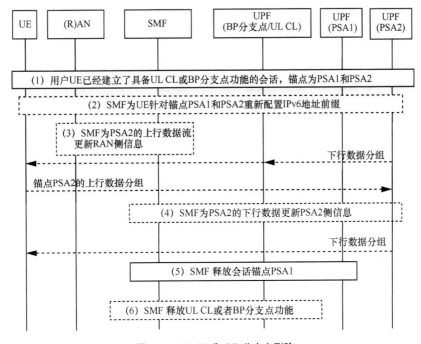

图 4-11 UL CL 和 BP 分支点删除

（2）当采用 IPv6 多归属方案时，SMF 需要基于 IPv6 路由通告报文通知 UE 停止使用对应会话锚点 PSA1 的 IPv6 前缀，UE 后续所有数据流需采用对应锚点 PSA2 的 IPv6 前缀。

（3）如果决定删除 UL CL 或 BP 分支点功能，则 SMF 需要更新 RAN 侧连接核心网的隧道信息，更新为 PSA2 的地址；当采用 UL CL 方案时，如果在将要删除的 UL CL 节点与 RAN 间已经存在 UPF，则此时只需要 SMF 通过 N4 接口更新已有 UPF 的信息即可，无需更新 RAN 侧信息。

（4）SMF 通过 N4 接口为下行数据流发送更新 PSA2 侧隧道信息，当采用 UL CL 方案时，如果在将要删除的 UL CL 节点与 RAN 间已经存在 UPF，则此时只需要将 PSA2 侧对应的隧道信息更新连接上述 UPF 所需的隧道信息即可。

（5）SMF 通过 N4 接口释放 PSA1 会话锚点。当采用 IPv6 多归属方案时，SMF 也同时会释放对应的 IPv6 前缀。

（6）如果步骤（3）、步骤（4）执行完成，则 SMF 释放 UL CL 或 BP 分支点。

通过上述讨论可以看出，基于 UL CL 和 BP 分支点灵活添加和删除功能，可有效实现根据 AF 请求或者业务需求在原有 PDU 会话的基础上增加 UL CL 或 BP 分支点功能，实现 MEC 的本地分流、灵活路由的目标。

除此之外，5G MEC 架构同时支持基于用户位置和 LADN 的方案，实现 UE 对于本地边缘网络的接入，如图 4-12 所示。其主要思想是当用户完成注册后，AMF 可以根据 PCF 策略、用户签约信息、用户位置等为用户反馈可用的 LADN 信息。基于 LADN 信息，用户可以请求与特定 LADN 建立 PDU 会话，满足本地边缘网络的接入。值得注意的是，当用户不在该区域时，网络侧会拒绝该会话的建立。对于已经建立的会话，则网络侧会断开该会话。

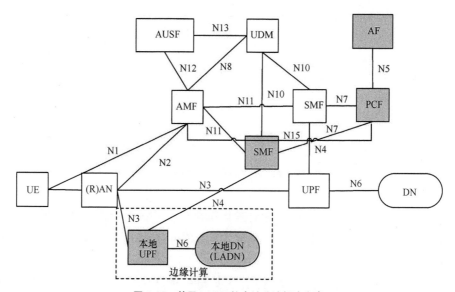

图 4-12　基于 LADN 的本地分流解决方案

综上所述，与 LIPA/SIPTO 方案类似，基于 MEC 的本地分流方案可广泛应用在企业、学校、商场以及景区等需要本地连接以及本地大流量业务传输（高清视频）等需求应用场景。以企业/学校为例，基于 MEC 的本地分流可以实现企业/学校内部高效办公、本地资源访问、内部通信等，实现免费/低资费、高体验的本地业务访问，使得大量本地发生的业务数据能够终结在本地，避免通过核心网传输，降低回传带宽和传输时延。对于商场/景区等，可以通过部署在商场/景区的本地内容，实现用户免费访问，促进用户最新资讯（商家促销信息等）的获取以及高质量音视频介绍等，同时企业/校园/商场/景区等视频监控也可以通过本地分流技术直接上传给部署在本地的视频监控中心，在提升视频监控部署便利性的同时降低了无线网络回传带宽的消耗。除此之外，基于 MEC 的本地分流也可以与 MEC 定位等功能结合，实现基于位置感知的本地业务应用和访问，改善用户业务体验。

## | 4.3  基于 MEC 的本地分流技术在 4G 中的应用 |

MEC 概念最早提出时，希望其能够支持在不同的网络制式下的透明部署，以便于其产业推广。考虑到未来的 5G 网络将是一个 4G、5G 等长期共存的融合网络且距离 5G 网络的大规模商用部署还存在一定时间，将基于 MEC 的本地分流方案应用于 4G 网络对于 MEC 技术的评估验证、商业模式的前期探索以及最终 5G 网络中的应用都有非常大的价值。因此，下面对基于 MEC 的本地分流在 4G 网络中的应用进行介绍分析。

### 4.3.1  设计目标

与 LIPA/SIPTO 的思想类似，为了满足政企、校园、部分垂直行业所需的低时延高带宽的本地连接、本地业务传输需求以及对于网络和终端透明部署的运维需求，基于 MEC 的本地分流方案在 4G LTE 中的应用需要满足如下设计目标，如图 4-13 所示。

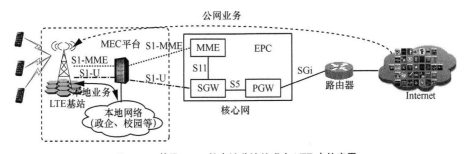

**图 4-13  基于 MEC 的本地分流技术在 LTE 中的应用**

（1）本地业务

用户可以通过 MEC 平台直接访问本地网络，本地业务数据流无需经过核心网，直接由 MEC 平台分流至本地网络。此时，本地业务分流不仅降低回传带宽消耗，同时本地业务的近距离部署也可降低业务访问时延，提升用户的业务体验。换句话

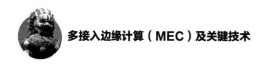

说，基于 MEC 的本地分流目标是为用户提供一种低时延高带宽的"虚拟的 LTE 局域网"体验。

（2）公网业务

用户可以正常访问公网业务。包括两种方式：第一种方式是 MEC 平台对所有公网业务数据流采用透传的方式直接发送至核心网；第二种方式是 MEC 平台对于特定 IP 业务/用户先通过本地分流的方式进入本地网络，然后通过本地网络接入 Internet（此方式应用于企业，企业认证用户通过企业自有宽带接入 Internet）。

（3）终端/网络

MEC 平台需要在对终端以及网络实现透明部署的前提下，完成本地业务分流。也就是说，基于 MEC 的本地分流方案无需对终端用户与核心网进行改造，从而降低 MEC 本地分流方案现网应用部署及推广的难度。

## 4.3.2 基于 MEC 的 LTE 本地分流方案

从图 4-13 可以看出，MEC 平台通过串接部署在基站和核心网间，对流经 MEC 平台的 S1-MME 接口信令数据以及 S1-U 接口的用户面数据分别进行分析处理，具体如下[19]。

（1）控制面（S1-MME）信令数据

MEC 平台将终端用户的控制面数据采用透传的方式发送至核心网，完成终端正常的鉴权、注册、业务发起、切换等流程，与传统的 LTE 网络无任何区别。即，无论是本地业务还是公网业务，终端用户的控制依然由核心网完成，从而保证了基于 MEC 的 LTE 本地分流方案对现有网络和终端是透明的。除此之外，MEC 平台需要对 S1-MME 接口部分控制信令进行解析，获取用户上下文相关信息（UE IP、S1-U eNB TEID（下行 TEID）、S1-U SGW TEID（上行 TEID）、ECGI、GUTI 等），为用户面数据的分析处理提供信息。基于 MEC 的 LTE 本地分流方案所需的上下文信息以及解析将在第 4.3.3 节进行详细分析。

（2）上行用户面（S1-U）数据

MEC 平台将 S1-U 数据分组的 GTP 分组头去掉，分析该 IP 数据分组的目标 IP 地址、源 IP 地址以及端口等信息，根据 MEC 平台预先配置的本地分流规则（目标 IP 地址、目标 IP 地址+端口、源 IP 地址等）进行处理。

- 公网业务：MEC 平台将原 S1-U 数据分组透传给 SGW，无需处理。
- 本地业务：MEC 平台根据本地分流规则将本地业务 IP 数据分组转发至本地网络，完成本地业务的分流。

（3）下行用户面（S1-U）数据

- 公网业务：MEC 平台将原 S1-U 数据分组透传给 eNB，无需处理。
- 本地业务：MEC 平台需要根据从 S1-MME 接口获取的用户下行 TEID，将来自本地网络的该用户 IP 数据分组封装成 GTP-U 数据分组发送给 eNB，从而完成本地业务下行数据分组的发送。

可以看出，基于 MEC 的 LTE 本地分流方案通过在传统的 LTE 基站和核心网之间部署 MEC 平台（串接），并根据本地分流规则进行本地业务数据分流，满足了 LTE 本地连接以及本地业务传输的业务需求。除此之外，MEC 平台对控制面数据、用户公网业务数据直接透传给核心网的方式，保证了 MEC 平台对现有 LTE 网络和终端是透明的，即无需对现有终端及网络进行改造，使得该方案更易落地部署。

需要注意的是，上述基于 MEC 的 LTE 本地分流方案的关键点在于用户下行 TEID 的获取，尤其是在用户移动切换过程中，如何获取用户的下行 TEID 成为保障本地业务连续性首要解决的问题。因此，下面将针对如何获取用户下行 TEID，尤其是切换场景下如何获取 TEID 进行深入的可行性分析。

## 4.3.3　基于 MEC 的 LTE 本地分流方案可行性分析

如前所述，MEC 平台需要对 S1-MME 部分控制信令进行解析，获取并维护用户上下文相关信息，为用户面数据分组的处理提供参考信息，主要包括（不限）以下方面。

- UE IP：UE IP 地址。
- eNB-UE-S1AP-ID：UE 在 eNB 侧 S1 接口的标识信息。
- MME-UE-S1AP-ID：UE 在 MME 侧 S1 接口的标识信息。
- S1-U eNB TEID（下行 TEID）：下行 GTP-U 隧道标识。
- S1-U SGW TEID（上行 TEID）：上行 GTP 隧道标识。
- ECGI、GUTI、ERB 等上下文信息：小区位置信息、用户临时 ID、承载等上下文信息。

MEC 平台通过上述用户上下文信息的获取和维护获得用户下行 TEID、用户 IP 地址、用户 ID 等相关信息的对应关系，同时 ECGI 等上下文信息的获取也为后续提供基于 MEC 的本地服务（例如基于位置的服务）提供基础。下面将根据 LTE 典型业务流程（附着、业务请求、切换），通过对 eNB 与 MME 间相关信令的解析，完成基于 MEC 的 LTE 本地分流方案中下行 TEID 获取的可行性分析。

### 4.3.3.1 附着流程

首先，用户开机选择驻留的小区后会发起附着流程，完成用户的鉴权、认证、IP 地址分配、承载建立等过程，如图 4-14 所示[18]。可以看出，用户的整个附着过程比较复杂。考虑到 MEC 平台是串接在 eNB 和核心网之间，只能通过 eNB 和 MME 间的 S1-MME 接口信令分析获取用户的上下文信息。考虑到篇幅的限制，图 4-14 中略去了部分相关度不高的流程，完整的附着流程可以参考 3GPP TS23.401 中的详细说明[18]。

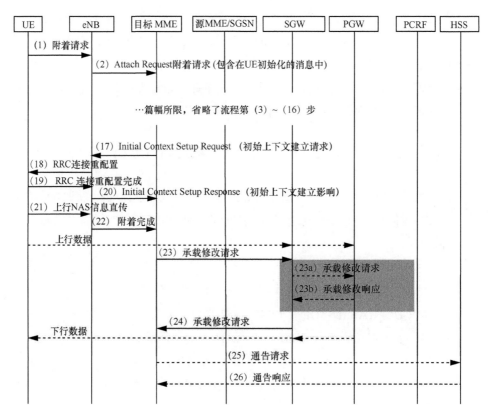

图 4-14　LTE 用户附着流程

从图 4-14 可以看出，eNB 和 MME 间的信令主要包括 Attach Request（附着请求，该 NAS 层消息包含在 Initial UE 消息中）、Initial Context Setup Request（初始上下文建立请求）以及 Initial Context Setup Response（初始上下文建立响应）等消息。其中各个信令主要内容解析如下。

- Initial UE（UE 初始化，包含 Attach Request 消息）

包含 eNB-UE-S1AP-ID、GUTI/IMSI（IMSI 仅适用初次获取）、ECGI 等内容。

- Initial Context Setup Request（初始上下文建立请求）

包含 MME-UE-S1AP-ID、eNB-UE-S1AP-ID、上行 TEID、GUTI 等内容。

- Initial Context Setup Response（初始上下文建立响应）

包含 MME-UE-S1AP-ID、eNB-UE-S1AP-ID、下行 TEID 等内容。

通过上面分析可以明显看出，在用户开机附着的过程中，MEC 平台仅需通过对 Initial UE（用户初始化）、Initial Context Setup Request（初始上下文建立请求）以及 Initial Context Setup Response（初始上下文建立响应）消息的解析，即可获得用户相关的上下文信息，尤其是用户的下行 TEID，从而为本地业务下行数据分组的封装扫清了障碍。同时，MEC 平台通过 S1-U 用户面数据分组解析获得该用户的 IP 地址与上下行 TEID 的对应关系，维护用户的上下文信息。

### 4.3.3.2　业务请求流程

在 LTE 网络中，用户的业务请求分为用户（UE）发起和网络（MME）发起，分别对应用户主动发起上行业务和网络侧有下行数据业务到达，通过先寻呼用户然后再由用户发起业务请求的方式，具体流程可以参考 3GPP TS23.401[18]。LTE 网络用户业务请求流程如图 4-15 所示。

从图 4-15 可以看出，eNB 和 MME 间的信令主要包括 Service Request（业务请求）、Initial Context Setup Request（初始上下文建立请求）以及 Initial Context Setup Response（初始上下文建立响应）等消息。其中各个信令主要内容解析如下。

- Service Request（业务请求）

包含 eNB-UE-S1AP-ID、GUTI、TAI、ECGI 等内容。

- Initial Context Setup Request（初始上下文建立请求）

包含 MME-UE-S1AP-ID、eNB-UE-S1AP-ID、上行 TEID 等内容。

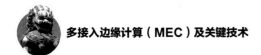

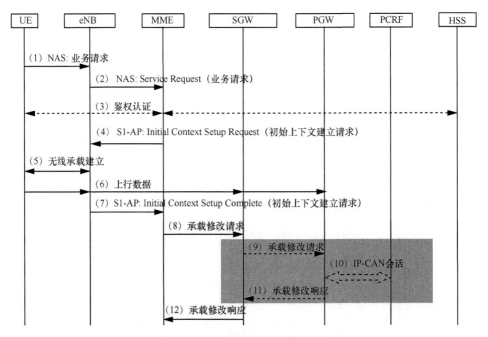

图 4-15　LTE 网络用户业务请求流程

- Initial Context Setup Response（初始上下文建立响应）

包含 MME-UE-S1AP-ID、eNB-UE-S1AP-ID、下行 TEID 等内容。

很明显，在用户进行业务请求的过程中，MEC 平台仅需通过对 Service Request（附着请求）、Initial Context Setup Request（初始上下文建立请求）以及 Initial Context Setup Response（初始上下文建立响应）消息的解析，即可获得用户相关的上下文信息，尤其是用户的下行 TEID。需要注意的是，由于用户进行业务请求前，已被分配 IP 地址，且网络侧存在用户的上下文信息，所以上述信令中无需包含用户的 IP 地址。此时需要从 MEC 平台已有的该用户上下文信息中（之前在 MEC 平台下完成附着或发起过上下行业务），或者 MEC 平台通过 S1-U 用户面数据分组解析获得该用户的 IP 地址（新切换进来的用户，MEC 平台无该用户上下文信息）。

除此之外，网络发起的业务请求流程是当网络侧有下行数据业务到达时，通过先寻呼用户然后再由用户发起业务请求的方式进行业务请求，也就是说网络发起的业务请求包含上述用户发起业务请求的流程。因此，可以针对相同的信令消息进行解析，完成用户下行 TEID 等上下文信息的获取。

### 4.3.3.3　切换流程

在基于 MEC 的 LTE 本地分流方案中，由于终端用户移动，存在 3 种切换场景，如图 4-16 所示，具体如下。

- 切换场景一：用户从非 MEC 区域切换进入 MEC 区域，即源 eNB 不在 MEC 区域，目标 eNB 在 MEC 区域内。
- 切换场景二：用户在 MEC 区域内切换，即源 eNB 与目标 eNB 均在 MEC 区域内。
- 切换场景三：用户从 MEC 区域切换进入非 MEC 区域，即源 eNB 在 MEC 区域，目标 eNB 在非 MEC 区域。由于用户已移出本地业务的覆盖区域，故无需讨论。

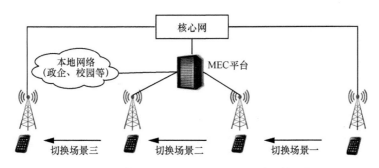

**图 4-16　基于 MEC 的 LTE 本地分流方案切换场景**

同时在 LTE 网络中，存在 S1 切换和 X2 切换两种切换方式。因此，下面将分别针对场景一和场景二的两类切换方式进行讨论。LTE 的 S1 切换流程如图 4-17 所示。

（1）S1 切换

从图 4-17 可以看出，eNB 与 MME 间的信令主要包括源 eNB 与源 MME 间的 Handover Required（切换请求）和 Handover Command（切换执行）消息以及目标 eNB 与目标 MME 间的 Handover Request（切换请求）和 Handover Request Acknowledge（切换请求确认）消息。其中目标 eNB 与目标 MME 间的消息解析如下。

- Handover Request（切换请求）

包含 MME-UE-S1AP-ID、目标上行 TEID、目标 ECGI 等内容。

- Handover Request Acknowledge（切换请求确认）

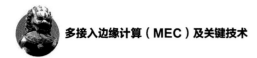

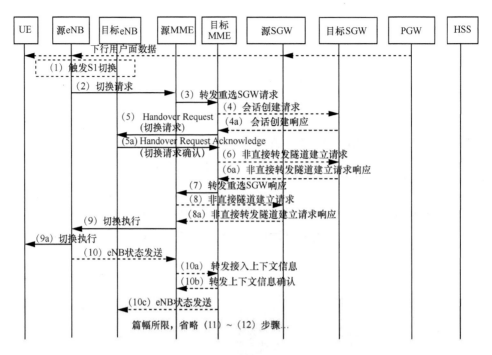

图 4-17　LTE 的 S1 切换流程

包含 MME-UE-S1AP-ID、eNB-UE-S1AP-ID、目标下行 TEID、下行数据转发的目的 TEID 等内容。

由于 S1 切换过程中，源 eNB 的下行数据需要通过源 SGW 转发至目标 SGW 再到目标 eNB，此时串接在目标 eNB 与目标 SGW 的 MEC 平台可通过 S1-U 数据拆分组，获取用户 IP 与下行数据转发的目的 TEID 的对应关系。同时通过与目标 eNB 与目标 MME 间的 Handover Request（切换请求）和 Handover Request Acknowledge（切换请求确认）消息解析的内容关联，完成用户 IP 地址、目标下行 TEID 等上下文信息的获取。

通过上述分析可以得出，MEC 平台所需的用户上下文信息，尤其是下行 TEID 的获取与源 eNB 是否在 MEC 区域内无直接关系，因此场景一（非 MEC 区域切换至 MEC 区域）以及场景二（MEC 区域内部切换），均可以完成用户下行 TEID 等上下文信息的获取。

（2）X2 切换

相比于 S1 切换，由于 X2 切换相关信息不经过 MEC 平台，给用户上下文信息的获取带来了一定的困难，如图 4-18 所示。但是用户完成 X2 切换后，目标 eNB 需要在 MME 的控制下完成数据传输路径的切换流程，即 Path Switch Request（路径切换请求）和 Path Switch Request Ack（路径切换请求确认）。此时 MEC 平台可以通过上述消息的解析获取如下信息。

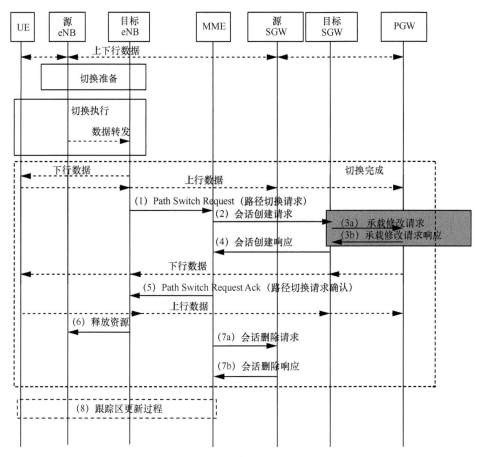

图 4-18 LTE 的 X2 切换流程

- Path Switch Request（路径切换请求）

包含 MME-UE-S1AP-ID、eNB-UE-S1AP-ID、目标下行 TEID、目标 ECGI 等内容。

- Path Switch Request Ack（路径切换请求确认）

包含 MME-UE-S1AP-ID、eNB-UE-S1AP-ID、目标上行 TEID 等内容。

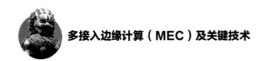

此时对于场景二，由于 MEC 平台保存有用户上下文信息，仅需根据 MME-UE-S1AP-ID 与用户 IP 地址等对应关系完成用户上下文信息的更新，获取用户的下行 TEID。与 S1 切换类似，MEC 平台所需的用户上下文信息，尤其是下行 TEID 的获取与源 eNB 是否在 MEC 区域内无直接关系，因此对于场景一（非 MEC 区域切换至 MEC 区域）以及场景二（MEC 区域内部切换），均可以完成用户下行 TEID 等上下文信息的获取。

基于上述分析，可以看出 MEC 平台通过串接在 eNB 与核心网间可有效获取用户的下行 TEID，解决了该方案现网部署最重要的技术问题，从而满足政企、校园、部分垂直行业所需的低时延高带宽的本地连接、本地业务传输需求以及对于网络和终端透明部署的运维需求。与此同时，MEC 平台除了获取用户 TEID 等网络上下文信息外，还可以通过感知获取用户位置、网络负荷、无线资源利用率等相关信息并开放给第三方业务应用的方式提升用户体验，并为创新型业务的研发部署提供平台。

## 4.3.4　基于 MEC 的 LTE 本地分流技术的挑战

可以看出，相比于 3GPP 现有 LIPA/SIPTO 本地分流方案，基于 MEC 的本地分流方案可以实现对于终端以及网络的透明部署，从而更适应现网本地分流业务的部署。然而，还有一些技术细节问题需要进行研究确认，主要介绍如下。

（1）MEC 平台旁路功能

如图 4-13 所示，MEC 平台串接在基站与核心网之间，此时 MEC 平台需要支持旁路功能。当 MEC 平台意外失效，例如电源故障、硬件故障、软件故障等，MEC 平台需要自动启用旁路功能，使基站与核心网实现快速物理连通，不经过 MEC 平台，从而避免 MEC 平台成为单点故障。如果 MEC 平台恢复正常，就需要自动关闭旁路功能。通过支持旁路功能，从而避免 MEC 单点故障影响 LTE 现网运维指标，降低该方案现网部署推广的阻力。

（2）计费问题

MEC 平台透明部署的方式使得基于 MEC 的 LTE 本地分流方案无法像传统 LTE 网络由 PGW 提供计费话单并与计费网关连接。因此对于本地业务流量如何计费成为该方案落地商用需要考虑的问题。是采用按时长、按流量计费还是采用传统的 LTE

计费方式则需要进一步深入研究。

（3）公网业务与本地业务的隔离与保护

如前所述，基于 MEC 的 LTE 本地分流方案可以实现本地业务和公网业务同时进行，考虑到用户在承载建立过程中，核心网无法区分用户访问的是公网业务还是本地业务，本地高速率业务访问对无线空口资源的大量消耗可能会影响公网正常业务的访问。MEC 平台如何通过相应的策略实现本地业务与公网正常业务之间的隔离与保护成为 MEC 本地分流方案现网应用需要考虑的问题。

（4）安全问题

MEC 平台的引入使得传统的 LTE 无线网络封闭架构被打开，由此引发的 LTE 移动网络安全、本地网络安全以及信息安全等问题都需要进一步研究，为基于 MEC 的 LTE 本地分流方案部署推广扫清障碍。

# 4.4　基于 MEC 的本地分流技术概念验证

考虑到目前 5G 系统还处于研发阶段，因此基于 LTE 进行了 MEC 技术的概念验证，初步评估了 MEC 技术在业务本地化，本地分流在增强宽带、低时延高可靠场景下的潜在优势，主要从如下几个角度出发：

（1）MEC 平台的引入对传统无线网络的 KPI 参数的影响，包括上下行吞吐量、网络端到端时延等；

（2）业务本地化后，本地网络的 KPI，包括上下行吞吐量、网络端到端时延等；

（3）相比于传统无线网络所有数据流都经过核心网的方式，业务本地化带来的网络端到端时延降低。

## 4.4.1　概念验证环境

图 4-19 给出了 MEC 概念验证网络环境拓扑，其中 MEC 平台具备本地分流功能，可以通过配置不同的 IP 分流规则，实现数据业务的本地分流功能。简单起见，通过部署本地服务器以及在本地服务器上部署简单的 FTP 下载以及网页浏览应用模拟业务的本地化、近距离部署。此时 MEC 平台只需要将访问本地服务器 IP 地址的数据流进行本地分流，其余正常的公网业务依然通过核心网。

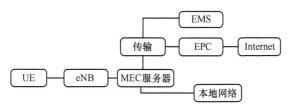

**图 4-19　基于 MEC 的本地分流技术概念验证环境**

MEC 技术的概念验证是基于实际的 LTE 现网室内环境进行的，表 4-1 给出了 LTE 网络主要参数配置情况。

**表 4-1　无线网络主要参数配置说明**

| 网络参数 | 取值 |
| --- | --- |
| 系统带宽 | 15 MHz |
| PRB 数目 | 75 |
| 终端最大发射功率 | 23 dBm |
| 基站发送功率 | 15 dBm |
| 上行中心频点 | 1927.5 MHz |
| 下行中心频点 | 2117.5 MHz |
| 频率复用因子 | 1 |
| 测试业务 | FTP、Web 浏览、Ping 等 |

## 4.4.2　评估步骤及分析结果

（1）吞吐量

为了更好地评估验证 MEC 平台的引入对网络吞吐量的影响以及本地网络吞吐量性能，针对传统网络没有 MEC 平台、传统网络有 MEC 平台以及本地网络 3 种场景分别进行了上下行的 FTP 业务测试。同时为了保证测试结果的有效性，整个测试过程中终端的位置固定，防止无线网络环境突变对测试结果带来影响。

网络吞吐量的测试结果见表 4-2 和图 4-20，初步可以获得如下结论[20]。

- 公网业务：正常公网业务的网络上下行 MAC 吞吐量性能在有和没有 MEC 平台的场景下几乎无差异。也就是说，MEC 平台的引入对传统网络的吞吐量无明显影响。

表 4-2　网络吞吐量测试结果

| 分类 | 配置差异 | RSRP/dBm | SINR/dB | 下行 MAC 吞吐量/(Mbit·s⁻¹) |
|------|---------|----------|---------|---------------------------|
| 下行吞吐量 | 公网（MEC） | −54.1 | 21.6 | 54.8 |
| | 公网（有/无 MEC） | −54.0 | 22.3 | 54.8 |
| | 内网 | −53.7 | 22.1 | 55.6 |
| 上行吞吐量 | 公网（MEC） | −53.3 | 23.3 | 35.8 |
| | 公网（有/无 MEC） | −53.9 | 23.9 | 35.3 |
| | 内网 | −53.4 | 23.0 | 36.6 |

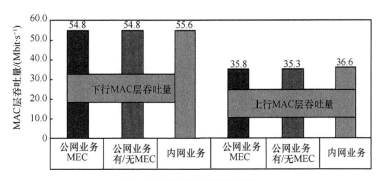

图 4-20　网络吞吐量测试结果

- 本地业务：本地业务的上下行 MAC 吞吐量与正常公网业务的吞吐量比较没有明显差异。

　　因此，上述测试结果表明，MEC 技术可以在不影响正常公网业务吞吐量的情况下，实现业务的本地化部署以及本地分流，为网络提供本地连接的能力，打造虚拟的 LTE 局域网。上述测试也表明，通过本地分流规则的配置，MEC 技术可以实现用户公网业务和本地业务的同时访问，互不影响。

　　（2）网络端到端时延

　　为了测试 MEC 技术引入对网络端到端时延的影响，分别采用了 32 byte 和 1500 byte 的 ping 业务，针对有没有部署 MEC 平台的两种场景进行了对比测试。同时，分别选取了几种不同的 IP 地址进行测试验证。更进一步，为了对比采用业务本地访问以及通过核心网迂回访问的网络时延差异，对本地服务器分别分配了本地 IP 地址和公网 IP 地址，分别对应本地访问以及通过核心网访问两种方式。网络端到端时延的测试结果见表 4-3。

表 4-3　网络端到端测试结果

| 分类 | 配置差异 | 本地服务器（本地IP地址） | 本地服务器（公网IP地址） | www.test1.cn | www.test2.cn | www.test3.cn | MEC 引入时延/ms |
|---|---|---|---|---|---|---|---|
| 32 byte | MEC | 15.0 | 17.0 | 39.0 | 35.0 | 86.0 | −0.5 |
| | 有/无 MEC | 无法访问 | 15.0 | 38.0 | 39.0 | 87.0 | |
| | 差异 | | 2.0 | 1.0 | −4.0 | −1.0 | |
| 1500 byte | MEC | 17.0 | 18.0 | 43.0 | 36.0 | 91.0 | 1.0 |
| | 有/无 MEC | 无法访问 | 18.0 | 40.0 | 38.0 | 88.0 | |
| | 差异 | | 0.0 | 3.0 | −2.0 | 3.0 | |

从上述测试结果可以明显获得如下结论：

- 对于正常公网业务，MEC 平台的引入带来约 0.25 ms 的时延，此时延主要来自 MEC 平台的处理时延；
- 相比于公网业务访问，业务本地化部署可以节省 60%~91%网络端到端时延，具体时延节省比例与公网业务部署位置和用户访问位置的距离有关；
- 对于本地服务器，采用本地访问方式（本地 IP 地址）相比于传统通过核心网迂回访问的方式（公网 IP 地址），网络端到端时延可节省 1.5 ms。换句话说，核心网处理的时延约为 1.25 ms。

同时可以看出，在 LTE 测试网络环境下，通过 MEC 技术可以使网络端到端的业务时延不超过 17 ms。即对于未来 5G 网络时延要求不小于 17 ms 的业务场景，MEC 技术可以直接满足。但是对于时延要求小于 17 ms 的更低时延业务场景，此时需要从物理层技术以及 D2D 技术等角度进行考虑。

除此之外，还针对 MEC 平台引入是否对终端的注册、业务发起、寻呼、切换等基本功能有影响进行了功能型测试。由于此类测试是后面吞吐量以及网络时延测试的前提条件，篇幅所限，不再赘述。

# |4.5　小结|

本地分流是实现 5G 网络业务应用本地化、近距离部署等目标的先决条件，也是 MEC 最基本的功能特性之一。本章首先从现网中的实际业务场景出发，给出了本地分流的技术需求以及现有 3GPP 的 LIPA/SIPTO 方案介绍。考虑到现有方案的局限性，本章详细介绍了基于 5G MEC 的本地分流技术方案以及基于 MEC 的本地分流方案在 4G 中的应用可行性分析与面临的问题。最后，考虑到 5G 技术还在研发中，本章基于 LTE 的测试验证环境，评估了基于 MEC 本地分流技术的性能。

未来面向 5G 多种业务场景，如何根据业务需求，制定高效的数据流识别方法、本地业务分流规则等成为基于 MEC 本地分流下一步首先要解决的技术问题。其次，在 MEC 本地分流场景下，如何实现本地数据流/内容的计费、合法监听以及差异化策略控制是基于 MEC 的本地分流方案落地部署必须要解决的问题。

## ▎参考文献▐

[1] Cisco. Cisco visual networking index: global mobile data traffic forecast Update[Z]. 2016.

[2] 3GPP. General packet radio service (GPRS) enhancements for evolved universal terrestrial radio access network (E-UTRAN) access (release 10): TS23.401[S]. 2011.

[3] 3GPP. Local IP access and selected IP traffic offload (LIPA-SIPTO)(release 10): TR23.829[S]. 2011.

[4] 3GPP. LIPA mobility and SIPTO at the local network (release 11): TR23.859[S]. 2011.

[5] 3GPP. System architecture for the 5G system V0.4.0: TS23.501[S]. 2017.

[6] 3GPP. Procedures for the 5G system V1.0.0: TS23.502[S]. 2017.

[7] 工业和信息化部电信研究院 TD-LTE 工作组. 4G 技术和产业发展白皮书[R]. 2014.

[8] AHMED E, GANI A, SOOKHAK M, et al. Application optimization in mobile cloud computing: motivation, taxonomies, and open challenges[J]. Journal of Network and Computer Applications, 2015(52): 52-68.

[9] Ericsson. More than 50 billion connected devices[R]. 2011.

[10] DINH H T, LEE C, NIYATO D. A survey of mobile cloud computing: architecture, applications, and approaches[J]. Wireless Communications and Mobile Computing, 2013, 13(18): 1587-1611.

[11] Ericsson. Ericsson mobility report[R]. 2013.

[12] LIU J, AHMED E, SHIRAZ M, et al. Application partitioning algorithms in mobile cloud computing: taxonomy, review and future directions[J]. Journal of Network and Computer Applications, 2015(48): 99-117.

[13] AHMED E, AKHUNZADA A, WHAIDUZZAMAN M, et al. Network-centric performance analysis of runtime application migration in mobile cloud computing[J]. Simulation Modelling Practice and Theory, 2015(50): 42-56.

[14] BECK M, WERNER M, FELD S, et al. Mobile edge computing: a taxonomy[R]. 2014.

[15] NUNNA S, KOUSARIDAS A, IBRAHIM M, et al. Enabling real-time context-aware collaboration through 5G and mobile edge computing. Information Technology-New

Generations (ITNG)[R]. 2015.

[16] 张建敏, 谢伟良, 杨峰义, 等. 移动边缘计算技术及其本地分流方案研究[J]. 电信科学, 2016, 32(7): 132-139.

[17] PATEL M. Mobile-edge computing introductory technical white paper[R]. 2014.

[18] 3GPP. General packet radio service (GPRS) enhancements for evolved universal terrestrial radio access network (E-UTRAN) access (release 10): TS23.401[S]. 2011.

[19] 张建敏, 谢伟良, 杨峰义, 等. 基于 MEC 的 LTE 本地分流技术[J]. 电信科学, 2017, 33(6): 154-163.

[20] ZHANG J M, XIE W L, YANG F Y, et al. Mobile edge computing and field trial results for 5G low latency scenario[J]. China Communications, 2016(13): 174-182.

第 5 章
# 基于 MEC 的缓存加速

基于 MEC 的缓存和加速是根据业务需求以及用户习惯等提前将用户所需内容缓存在本地供用户访问，从而达到有效提升移动互联网用户体验、节省运营商的网络资源、缓解回传压力等目标。本章将重点讨论基于 MEC 的缓存加速的具体实现方案，并详细分析基于 MEC 缓存加速的传输链路优化技术，并给出一些初步的测试验证结果。

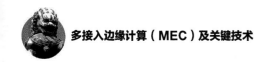

在现有移动网络中，终端用户为了获取部署在云端的互联网服务或者内容，其业务数据流需要经过终端、基站、回传网络、核心网以及业务服务器间的长距离传输，导致时延增加、用户体验下降。同时，移动数据流量的持续迅猛增长，使得接入网、回传网，尤其是核心网网关等频繁出现链路拥塞等问题，需要扩展回传网络带宽和核心网设备的处理能力，极大地增加了投资压力。

然而，在实际网络上，大量用户频繁访问的是相同业务数据（如热点视频、新闻等内容），不仅造成了回传带宽浪费，也加剧了网络拥塞、恶化了用户体验。因此，根据业务需求以及用户习惯等将部分内容缓存在本地供用户访问，从而有效降低业务时延、节省运营商传输网络资源是非常重要的。如第 2 章所述，MEC 技术将通用服务器部署在移动网络内部，为移动网络提供了计算、存储等能力，从而使得在移动网络边缘部署缓存加速能力成为可能。

本章将首先梳理已有的缓存与加速技术，然后讨论基于 MEC 的缓存加速的具体实现方案。此外，本章将聚焦上行业务的缓存加速，详细分析基于 MEC 缓存加速的传输链路优化技术，并给出一些初步的测试验证结果。

## | 5.1  缓存与加速技术介绍 |

移动网络的缓存和加速技术一直以来都是学术界的研究热点[1]。高速缓存作为 CDN（Content Delivery Network，内容分发网络）架构的补充特性，能够改善用户体验的服务质量（Quality of Service，QoS），减少整体网络流量，防止网络拥塞和拒绝服务（Denial of Service，DoS）攻击，并增加内容的可用性。

　　现有文献中，移动边缘计算缓存的一般架构如图 5-1 所示。该架构中，移动网络中部署有不同类型的基站，即移动网络是异构的，并且移动网络中的各个位置均可以部署高速缓存。

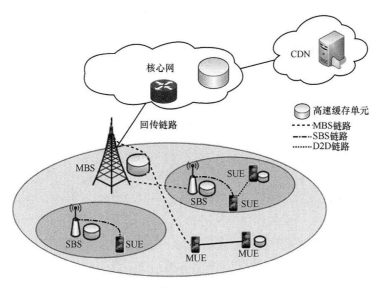

图 5-1　移动边缘计算缓存架构

　　本节将首先梳理现有的传统缓存加速策略，然后详细介绍已有的网络边缘缓存加速策略。

## 5.1.1　传统缓存加速策略

　　根据缓存指标可以将传统缓存加速策略分为五大类，如图 5-2 所示[1]。这些缓存策略研究了传输路径上的缓存方法，在网络层中增加了命名和缓存机制，并在网络的路由器上执行，从而减少了网络中所需的流量并降低时延。

　　（1）概率缓存策略（Probabilistic Caching）

　　概率缓存策略根据制定的决策为某个网络节点创建副本，这些副本的创建服从某一概率分布[2-3]，包括固定概率缓存（Fixed-Probabilistic Caching）和动态概率缓存（Dynamic-Probabilistic Caching）两种。

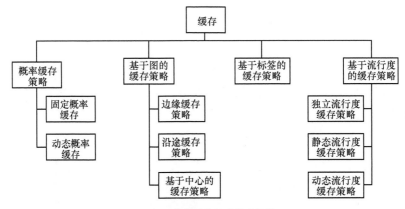

图 5-2　传统缓存加速策略概览

- 固定概率缓存：固定概率缓存策略基于先验知识定义固定概率，即对某个节点进行高速缓存的概率是固定不变的。在固定概率缓存中，缓存决策是独立进行的，不会涉及网络节点之间的协作，因此不会增加网络流量。出于同样的原因，固定缓存策略无法利用有关内容或网络拓扑的任何知识。因此在固定缓存策略中，会将缓存内容和缓存位置都纳入缓存决策中进行考虑。

- 动态概率缓存：与固定缓存策略相比，动态缓存策略对某个节点进行高速缓存的概率是动态变化的。动态缓存策略通过对内容和网络拓扑相关特征进行分析，进而对流量模式和网络结构做出相关决策。

（2）基于图的缓存策略（Graph-Based Caching）

由于 CDN 集成了高速缓存和转发机制，因此可以使用图矩阵存储缓存内容的节点信息。基于图的缓存策略主要利用传送路径上的节点信息内容对网络的拓扑做出一些缓存决策，主要包括以下 3 种策略。

- 边缘缓存策略（Edge Caching）：边缘缓存在传送路径中最后一个节点上缓存内容，使得传送的内容更靠近用户[4]。边缘缓存旨在减少从源内容进行遍历的跳数。因此，根据传输的内容请求，需要减少内容传递时间和引入网络中的流量。

- Leave-Copy Down（LCD）缓存策略：LCD 沿着传递路径逐渐缓存内容[5]。为此，每当内容请求到达时，LCD 就会将内容推进一步，使之更靠近用户。因此，LCD 需要捕获内容流行度，从而对受欢迎的内容进行缓存。这种类型的内容流行度被命名为基于路径的流行度。

- 基于中心的缓存策略（Centrality-Based Caching）：基于中心的缓存策略主要研究缓存策略中与图相关的基于中心性指标的适用性问题，待缓存内容的节点与节点的中心值有关，而不是直接指定确定节点[6]。基于中心的缓存策略根据某一中心性指标的值来确定高速缓存的大小。这些中心性指标包括位置中心性、亲密度中心性、图中心性、压力中心性等。一般使用拓扑管理器（Topology Manager，TM）计算并分配网络内节点的中心值。计算这些中心性指标时，可以基于最短路径路由机制，即一对节点之间的距离以跳数计量，也可以使用替代的路由机制计算。

（3）基于标签的缓存策略（Label-Based Caching）

基于标签的缓存策略增加了网络的内容多样性，并提供了稀疏内容的分布情况[7]。在基于标签的缓存策略中，节点可以缓存特定范围的内容。为此，每个节点都分配了一系列标签，这些标签是根据先验知识定义的。此外，每个节点还知道网络中剩余节点的标签范围。基于标签的缓存方式具体操作如下：如果内容的标签属于传递路径上的节点负责的标签范围，则缓存内容；否则，将内容转发给负责该内容的节点。因此，传递路径上的每个节点都需要执行某个散列函数。该散列函数可以应用于内容标识符或内容的序列号，其中，序列号表示缓存对象的块号。

（4）基于流行度的缓存策略（Popularity-Based Caching）

基于流行度的缓存策略主要依据内容的流行程度进行决策。内容的流行度与接收到的内容有关，请求数量越多则内容流行度越高。因此，执行缓存策略时，首先会缓存流行内容，同时流行度低的内容不会被缓存。

根据内容的流行度、传输路径以及网络节点的规模，内容流行度可以分为：基于路径的流行度和基于本地的流行度。在前者中，在首个内容请求到达时，至少需要选择一个传送路径上的节点进行缓存。而在后者中，不存在这样的要求。基于本地的流行度缓存策略可以根据在某一个节点上观察到的内容流行度直接进行缓存。基于本地的流行度策略又可以具体分为独立流行度、静态流行度以及动态流行度3 种策略[8-10]。

- 独立流行度缓存策略（Standalone Local-Based Popularity）

独立流行度缓存：在独立流行度缓存中，使用流行度计数器确定内容的流行程度。在其最简单的形式中，流行度计数器随着内容请求的到达而增加并且随着时间

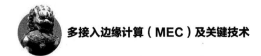

的流逝而逐渐减少。这是为了确保当对某一内容的请求数量减少时，其流行度计数器的值也相应减少甚至被替换掉。根据计算内容流行度的一系列准则，可以构造多种方程，这些方程统称为更新方程，用来更新流行度计数器的值[11]。

- 静态流行度缓存策略（Static-Popularity Caching）

在静态流行度缓存中，流行度计算需要定义缓存阈值。请求次数高于缓存阈值的内容被认为是受欢迎的，而请求次数低于缓存阈值的内容被认为是不受欢迎的[12]，不受欢迎的内容会从缓存决策中被排除。

- 动态流行度缓存策略（Dynamic-Popularity Caching）

动态流行度缓存策略是指在时间间隔 $\Delta T$ 期间关于网络内剩余内容的流行度。一种常见的技术是定义一个无限时间间隔。动态流行度可以隐式地或显式地应用，即可分为隐式动态流行度和显式动态流行度。在前者中，内容流行度被定义为内容请求与内容请求总和的比值，因此流行度具有一定的概率，且概率区间为[0,1]。在后者中，则是根据请求数构建的一个有序递减的内容列表来定义内容分流行度[13]。在显示动态流行度中，内容请求的数量由该内容的流行度计数器 $Rc$ 表示，并根据其在该列表中的位置来确定内容的流行度。显式动态流行度计算需要定义阈值 thr。然而，在这种情况下的阈值 thr 与静态流行度不同。例如，thr = 10 的阈值表明该有序列表的前 10 个内容是受欢迎的，而其余内容是不受欢迎的。

## 5.1.2　基于用户偏好的缓存加速策略

由于无线接入网络（RAN）中缓存容量较小，为了确保缓存的有效性，促进移动视频消费的巨大增长而没有相关的拥塞、时延和容量不足等问题，传统的方法是在大型缓存中存储数百万个视频。但在 MEC 场景下，由于终端用户数量巨大且分布广泛，因此传统策略具有一定的局限性。为了解决上述问题，在 RAN 的基站中引入了视频分布式缓存策略，如图 5-3 所示。该策略使得大多数视频请求都可以从 RAN 边缘基站的缓存中提供，而不必从 CDN 中获取并通过 RAN 回程传输，从而降低了传输时延，提高了用户体验。

视频分布式缓存策略根据视频的流行度并以用户为单位从而制定视频缓存策略。由于本地视频流行度与全局视频流行度显著不同，并且用户可能对特定视频类别表现出强烈的偏好，因此引入了基于用户偏好的缓存加速策略。用户偏好定义为用户请求特定视频类别的视频的概率，每个用户都维护一个 UPP（User Preference Profile，用户偏好文档）[14]。为了提高移动网络的视频容量和用户体验，根据活动用户的用户偏好文件内容，可以选择被动式缓存策略 R-UPP 和主动式缓存策略 P-UPP。

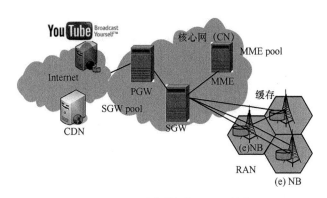

**图 5-3　RAN 边缘端视频 Cache 策略**

（1）R-UPP 反应式缓存策略

R-UPP 反应式缓存策略是基于活动用户的 UPP 提出的。对于请求缓存中不存在的视频，R-UPP 从 CDN 中获取视频并对其进行缓存。如果缓存已满，则 R-UPP 将根据活动用户的 UPP 使用 LLR（Least Likely Requested，最不可能被请求）集替换缓存中的视频，并且根据 LRU（Least Recently Used，最近最少使用）替换策略进行关联。即当存在高速缓存未命中时，计算高速缓存中视频的请求概率以及所请求的视频，从而形成 LLR 子集。计算新请求的视频概率与来自缓存的 LLR 视频子集的请求概率之间的差异，其中概率最小的视频需要被驱逐以释放新视频的空间；只有当请求概率的差异大于零时，才会实现缓存更新。如果找到 LLR 中具有相同大小和最小值的多个视频且只有一个需要驱逐，则使用 LRU 策略选择要替换的视频。上述方法确保高速缓存的视频被小区内当前活动用户再次请求的概率保持最高。

（2）P-UPP 反应式缓存策略

主动式缓存策略 P-UPP 会对视频进行预加载缓存，这些预缓存的视频一般是该单元活动用户的 UPP 最可能请求的视频。在开始时，每当 AUS（Active User Set，活跃用户集）由于用户到达或离开而改变时，计算视频请求概率，并且将属于最可能请求集（Most Likely Requested，MLR）的视频加载到高速缓存中。但是，如果AUS 频繁变化，这种主动策略可能会导致高计算复杂度，更重要的是，回程带宽会增大。一种混合解决方案由此产生，该改进方案仅当由于替换导致的预期高速缓存命中率超过预设阈值时才更新高速缓存。更具体地说，来自 MLR 集的每个视频都要被添加到缓存中，计算其请求概率与来自缓存的 LLR 视频子集的请求概率之间的差异，其中最小值需要被驱逐以释放空间；对于新视频，只有当请求概率的差异大于阈值时，才会实现缓存更新。另一种改进的 P-UPP 算法可以降低因缓存维护下载导致用户请求被阻止的风险。在这一方法中，用户请求会被允许临时重新分配带宽，这些带宽是先前分配给缓存维护下载的。为了确保为视频会话分配足够的带宽，如果用户在下载缓存时请求相关视频，则会向用户下载提升带宽从而维护会话。此外，如果高速缓存想要下载视频客户端中已有的视频，则将其复制到高速缓存用户和下载用户。

除了以上两种基于用户偏好的视频缓存策略，近期还出现一种结合了视频感知回程和无线信道调度技术的边缘缓存策略[14]。当缓存视频请求受阻时，两种技术相互协作，从而确保最大化并发视频会话数量，同时满足其初始时延要求并最大限度地减少停顿。实验结果表明，与没有 RAN 缓存相比，使用基于 UPP 的缓存策略的RAN 缓存以及视频感知回程调度的策略，可以将容量提高 300%；与使用传统缓存策略的 RAN 缓存相比，可以提高 50% 以上。结果还表明，使用基于 UPP 的 RAN缓存可以显著提高视频请求享有低初始时延的概率。在限制无线信道带宽的网络中，视频感知无线信道调度器的应用明显提升了视频容量（高达 250%）并显著降低了停顿概率。

## 5.1.3　基于学习的缓存加速策略

上文提到的基于用户偏好的方法中，需要根据内容流行度进行缓存分配，实际上，内容流行度是随时间变化且事先未知的。因此需要对实时内容流行度进行跟踪和估计，最近广受关注的机器学习算法非常适用于这样的估计过程。可以通过建立并使用基于内容流行度的历史数据训练模型，找到内容流行度的变化规律，最终进行高效的缓存分配。

通常采用机器学习中的强化学习设计缓存策略。强化学习是介于监督和非监督学习之间的一种机器学习方法。在监督学习中每个训练样本都有一个目标标签，而在无监督学习中则没有标签。在强化学习过程中，我们得到的是一种稀疏的且具有时延的标签，即奖励。利用得到的奖励对当前策略进行评价，通过不断迭代最终得到一个最优策略。下文将介绍两种基于强化学习的缓加速存策略。

（1）基于多臂赌博机的分布式缓存策略

一个典型的方案是基于多臂赌博机（Multi-Armed Bandit，MAB）的异构蜂窝网络分布式缓存策略[15]。MAB 是一种强化学习方法。假设需要不断重复地从 $K$ 个选项中选其中一个选项。每次做出一个选项后，都会获得一个数字作为反馈，即奖励，目标是在一段时间内使预期的总奖励最大化。这个就是原始的 $K$ 摇臂赌博机问题，其中的选项就是摇臂。通过反复的行动选择，可以把行动集中在最佳的摇臂上，使得奖励最大化。

考虑异构蜂窝网络的场景，即中央蜂窝基站与小型蜂窝基站（sBS）共存的蜂窝网络（如图 5-4 所示）。现在需要在各个 sBS 上布置分布式缓存，在本地预先提取和存储流行文件，以避免在到核心网络的有限容量回传链路中出现瓶颈。可以将要缓存的文件视为 MAB 问题的摇臂。由于可以在任何给定时刻缓存多个文件，因此将其建模为 CMAB（组合 MAB）问题比较合适。

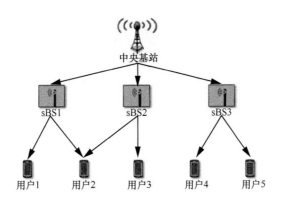

图 5-4　具有多个 sBS 的分布式缓存的系统模型

缓存策略的目标是在任何时刻 $t$ 根据其流行度选择最优文件集，以便来自用户的请求可以由缓存直接提供而无需访问核心网络。即使文件流行度是先验已知的，最佳的分布式缓存内容放置问题也是 NP 难的。而且实际上文件流行度分布往往不是先验已知的，而是会随着时间而改变的。

因此有必要在缓存过程中进行动态学习。正如 MAB 问题中众所周知的那样，在探索新摇臂（缓存新文件以估计其流行度）与利用已知摇臂（缓存历史已知高流行度的文件）之间存在权衡，在这里使用置信区间上界（Upper Confidence Bound，UCB）算法来学习文件的流行度。

（2）基于 Q 学习的缓存替换策略

Q 学习是一种典型的强化学习方法。可以利用该方法求解马尔可夫决策过程（Markov Decision Process，MDP）从而最终得到最优的缓存优化策略。马尔可夫性（无后效性）是指系统的下个状态只与当前状态信息有关，而与更早之前的状态无关，马尔可夫决策过程（MDP）也具有马尔可夫性，不同的是 MDP 考虑了动作，即系统下个状态不仅和当前的状态有关，也和当前采取的动作有关。

基于 Q 学习的缓存替换方法[16]根据用户对服务的兴趣替换存储在蜂窝网络中的缓存，使能基站（BS）中的服务数据（如图 5-5 所示），从而更有效地利用 BS 处的缓存空间。具体实现是将缓存替换问题建模为 MDP，然后采用 Q 学习的方法，根据服务流行度和 BS 之间的传输成本替换 BS 中的缓存服务数据。通过序列阶段博弈模型，可以证明该缓存替换策略的收敛性。

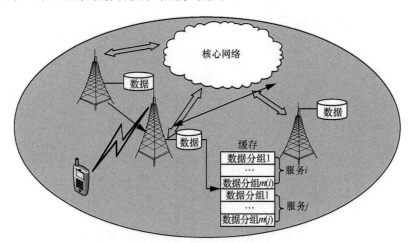

图 5-5　位于基站的多业务缓存

## 5.1.4　非协作式缓存加速策略

每个基站独立决定缓存的内容，而不需要基站之间协作，这就是非协作式缓存加速策略。和协作式缓存加速策略相比，这种类型的策略具有设计简单、开销小的优势。

一个典型的解决方案是基于同一蜂窝小区内用户视频偏好的缓存策略[17]。该方法基于特定蜂窝小区中的视频流行度来制定缓存策略，而不考虑缓存在其他小区中的影响。具体场景如下：在无线接入网络（Radio Access Network，RAN）的边缘节点处引入视频缓存，以解决视频数据请求的大量增长带来的拥塞、延迟和容量不足的问题。由于这种方法中每个边缘节点都具有缓存，将需要成千上万的缓存，于是可能导致 RAN 缓存命中率较低的问题。

幸运的是，数据表明全国视频流行度不反映本地视频流行度，不同蜂窝小区的视频流行度可能彼此不同，全国流行度的分布也不同，用户可能对特定视频类别具有强烈偏好。这些结果使得设计一个非协作的缓存加速策略来解决该问题会非常有效。可以根据用户喜欢观看的视频类别来定义和识别蜂窝小区中活跃用户的视频偏好，在每个蜂窝小区内部单独进行缓存的分配。

此外，也有策略需要考虑其他基站的情况，但是为了避免较大的系统开销，可以使用上文提到的基于学习的缓存策略，避免基站之间的协作，从而可以根据先前的数据请求和基站之间的传输情况来预测缓存操作的成本，而不需要额外的信息交互[16]。

## 5.1.5　协作式缓存加速策略

和上文提到的非协作式策略相反，在协作缓存策略中，通常包含一个主服务器和多个缓存设备，其中主服务器和缓存设备均服务于用户。缓存设备间可以转发用户请求信息，当所有协作的缓存设备都没有用户访问的请求内容时，缓存设备代表用户向主服务器获取相应请求内容。因此，缓存设备之间通过有效合作来保证系统性能。由于缓存设备资源受限，缓存内容及存储位置的选择至关重要。下文将介绍 3 种典型的协作式缓存加速策略，分别是基于启发式算法的缓存优化策略、基于设备选址算法的缓存优化策略以及基于三角网络编码算法的优化策略。

（1）基于启发式算法的缓存优化策略

启发式算法相对于精确的数学方法求解而言，有实现容易、精度高、收敛快等优点，并且在解决实际问题中展示了其优越性。在蜂窝网络边缘缓存流行内容不仅可以减少负载，还能够降低回传链路的成本[18]。在分布式缓存场景下，需要考虑基站缓存内容和冗余之间的权衡。这类算法的目标往往是最小化网络的总传输成本，包括无线接入网络（RAN）内的成本和通过回传链路传输到核心网络所产生的成本。然后通过一些启发式算法，比如改进的粒子群优化算法（PSO）得到给定系统配置下的最优冗余率。通过蒙特卡罗模拟分析重要系统参数的影响，发现最优冗余率主要受两个参数的影响，即 RAN 单位回程的成本比和文件流行度分布的陡度，因此可以将问题建模成一个最佳冗余缓存问题（ORCP）。

众所周知，在网络边缘缓存流行内容可以卸载回程流量，但会增加 BS 之间的流量，那么为了最小化总传输成本，在 RAN 中缓存的不同文件的最佳数量是什么？不同的 BS 可以存储相同的最流行文件，或者它们可以存储不同的文件。考虑两种极端情况，一方面，当 BS 都在系统中存储相同的最流行文件时，RAN 中的传输成本将为 0，因为在 BS 之间没有文件传输。但是这样，RAN 中缓存的不同文件总数最少，因此回程传输成本最高。另一方面，当 BS 存储彼此不同的文件时，在 RAN 中缓存的不同文件的总数最多。在这种情况下，由于大多数文件请求在 RAN 中满足，因此回程传输成本最低。然而，由于 BS 之间的文件传输，RAN 传输成本将是最高的。

为了在缓存和未缓存的内容之间取得良好的平衡，找到最小化系统中总传输成本的方案，需要考虑文件缓存的冗余率。上述 ORCP 的最佳解决方法是首先分别计算得到 RAN 和回传链路中的传输成本。为了解决这个离散优化问题，还要将其转换为连续问题，然后这种连续问题就可以通过粒子群优化算法来解决。

（2）基于设备选址算法的缓存优化策略

下面介绍一种基于设备选址变体的协作式缓存加速策略。在微基站带宽受限的情况下，可以采用一种联合考虑小基站缓存和路径的近似算法，从而提高缓存命中率[21]。

如图 5-6 所示，多基站协作缓存场景中包含一个宏基站和若干个小基站，所有小基站均与宏基站连接，相邻基站间使用正交频带。每个小基站被称作协助者，覆盖范围存在重叠部分。协助者不仅存在缓存容量限制，同时存在传输容量限制。连接到同一个基站上的用户被分为一类，每个用户请求内容存在差异。若协助者中没有缓存用户请求内容，则用户的请求将被发送给宏基站。

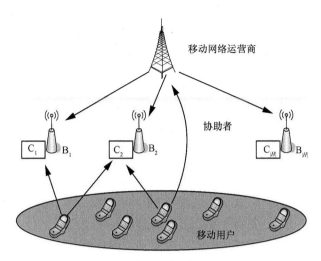

图 5-6　多基站协作缓存场景

为了提高协助者缓存命中率，可以将该问题转化为最优化问题。优化的目标是最小化宏基站传输文件大小，优化变量为缓存策略和用户路由策略。但是该问题是一个 NP 难问题，因此可以将该问题规约为一个设备选址问题的变体。传统规约方法只考虑了单个缓存内容，事实上还需要考虑多个缓存内容以及缓存大小和带宽容量受限问题。

图 5-7 为缓存和路由联合问题的一个实例，图 5-8 为将该实例规约到设备选址问题形式。设施选址问题可以利用近似算法进行求解，而设备选址问题可以根据下面 3 条规则规约到缓存和路由联合问题：规则 1，对于任意一个设施 $a_{h_i}$，若不服务任意一个 $b'$ 形式的用户，那么在协助者 $h$ 处缓存内容 $i$；规则 2，对于任意一个设施 $a_{h_i}$，若服务 $b$ 形式的用户，那么将用户 $k$ 对内容 $i$ 的请求发送给协助者 $h$；规则 3，其余请求全部发送给宏基站。

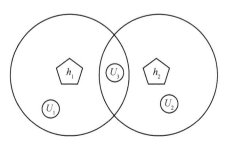

图 5-7　缓存和路由结合实例场景

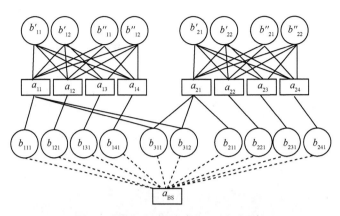

图 5-8　基于设备选址问题的内容缓存策略

（3）基于三角网络编码算法的缓存优化策略

除了近似算法外，还可以使用三角网络编码算法解决缓存内容存放位置问题。用户视频请求的大量增加，造成蜂窝网络数据量急剧上升。通过缓存受欢迎的视频文件能够有效减少基站数据下载量，降低基站负载。但是，高效的缓存内容位置存放仍然是一个 NP 完全问题。为了解决该问题，可以利用网络编码选择缓存内容存放位置，这样不仅增加了用户可用数据量，同时还保证了数据分布公平性[22]。

如图 5-9 所示，假设有一个基站服务于用户，基站上带有多个缓存设备，每个缓存设备服务于一定范围内的用户。需要缓存的视频数量大于缓存设备数量，因此需要根据视频受欢迎程度决定是否进行存储。当用户邻近的缓存设备上没有请求的视频层时，需要从中心服务器下载视频层，从服务器下载的开销大于从缓存设备下载的开销。

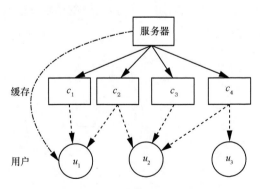

图 5-9　基站多缓存设备协作机制

为了降低问题复杂度，可以采用三角网络编码。三角网络编码是一种随机线性编码，每次编码选择最受欢迎的视频进行随机线性组合。三角网络编码限制了编码空间，不需要在用户端进行高斯消元检测，并且每个视频层接入时都需要先下载编号较小的视频层，因此三角网络编码十分适用于视频缓存位置问题。

在缓存内容放置算法中，每次选择一个用户，然后填充该用户邻近的缓存设备。用户选择方法依据如下 3 条规则。规则 1：选择度数最小的用户。用户度数指的是用户邻近缓存设备数量，用 $d_i$ 表示。规则 2：如果两个用户度数相同，那么已经填充的缓存设备数量较多的用户优先选择，填充数量用 $v_i$ 表示。规则 3：如果两个用户度数相同，并且填充过的缓存设备数量也相同，那么邻近缓存设备累积数量较小的优先选择，排名用 $r_i$ 表示。

在上述 3 条规则中，规则 1 的优先级>规则 2 的优先级>规则 3 的优先级。在缓存内容放置算法中，若存在空的缓存设备，那么根据规则 1~3 选择一个未被处理的用户。然后计算最大可解码视频层数 $g=d_i-v_i+r_i$，将该用户邻近的空缓存设备均填充为前 $g$ 个视频层编码。最后，将该用户标记为已处理用户。

总体上讲，在协作式缓存场景下，要解决的问题有两个：缓存内容选择以及缓存内容存放位置。为了解决这些问题，首先要确定缓存策略的优化目标。目前，最小化系统中总的传输成本是该场景下最常见的目标[6,9,18-20]，这一目标可能转化为其他的形式，例如减少冗余内容的缓存、最优化缓存的冗余率[18]、最大化缓存的命中率[18]、最小化带宽成本[6]等；除了最小化系统中总的传输成本的目标外，协作式缓存往往还伴有一些其他的优化目标，例如最大化内容传输效率[9]、最大化可以服务的请求的数量和质量[19]等。为实现这些优化目标，目前采用的方法有3 种，第一种方法是一些启发式的方法，例如用 PSO（粒子群优化）算法找到最优化缓存冗余率的缓存策略，这类算法相对于精确的数学方法求解而言，有实现容易、精度高、收敛快等优点，并且在解决实际问题中展示了其优越性。第二类算法是目前业界在研究了该场景的一些特性后提出的一些近似算法，如设备选址变体算法，这些算法往往基于贪心或者符合实际场景的假设对问题进行简化，近似求得最优解，实验表明这些近似算法往往也能取得很好的效果。最后一类是编码方法，例如将缓存内容进行编码，然后每个缓存设备根据用户喜好选用不同的编码，从而提高缓存命中率。

# | 5.2  基于 MEC 的缓存加速方案 |

本节将讨论基于 MEC 的缓存加速方案。具体地，通过将缓存加速服务（Traffic Caching and Accelerating Service，TCAS）部署在 MEC 平台上，提前缓存终端用户所需的热点内容，从而实现终端用户所需内容的就近访问，降低访问时延，如图 5-10 所示。

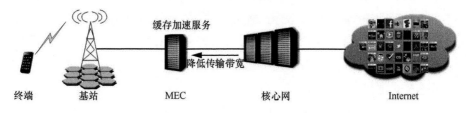

缓存加速服务

降低传输带宽

终端　　　基站　　　　　MEC　　　　核心网　　　　　　Internet

图 5-10　基于 MEC 的缓存加速方案

该方案的基本思路是 MEC 平台通过对业务数据分组进行解析，并根据特定的规则对热点的内容进行边缘缓存。此时，当有用户访问互联网内容时，TCAS 首先会对数据分组进行解析，对于命中内容，将通过缓存控制机制使数据分组直接以 IP 方式从缓存服务器下载。对于未命中内容，数据分组由 TCAS 发起从源服务器下载。

根据第 3 章所述，针对不同的业务应用场景，MEC 可部署在边缘级本地 DC、接入级本地 DC 甚至基站级，对应缓存加速服务也存在相应的部署位置。可以看出，MEC 越靠近终端用户，缓存加速服务对用户业务体验（Quality of Experience，QoE）的提升效果越明显，相应的网络传输资源要求和 MEC 设备的性能指标要求会有所降低。然而，MEC 部署越靠近网络边缘，所需的 MEC 数量也会随之增加，从而导致总成本以及管理复杂度的提升。

因此，缓存加速服务能力实际部署时需要根据网络热点情况以及不同阶段网络业务特点等进行网络业务分析（如基于业务 DPI 等手段），并综合传输资源、MEC 存储能力、命中率等因素，继而识别出 MEC 部署的合适位置及数量。

在 MEC 以及 TCAS 的部署位置确定后，如何为终端用户提供更丰富、更便捷的 MEC 本地缓存服务，成为 TCAS 设计中需要重点考虑的问题，主要包括以下几个方面：

- 如何高效地利用业务缓存资源（如虚拟存储介质）、处理资源（如虚拟 CPU 等）；
- 如何降低对 MEC 平台的要求，例如不额外增加传输资源、不增加与互联网业务链路等；

- 如何尽可能少或不对现有网络进行改造等；
- 如何降低对回传网络以及业务服务器的压力等。

基于上述讨论，下面将从业务缓存模式、业务缓存机制、缓存通道选择、缓存内容再生以及 TCAS 服务部署等几个角度，介绍方案设计与服务部署、基于 TCAS 的移动传输优化以及基于 MEC 的缓存加速服务概念验证 3 个方面。

## 5.2.1　业务缓存模式

业务缓存模式通常包括本地 DNS、重定向和透明代理 3 种，具体描述如下。

（1）本地 DNS

采用在 MEC 平台部署 DNS 服务（即 DNS 代理），将终端用户发起的访问缓存业务的 DNS 请求分流至 DNS 代理，由 DNS 代理以 TCAS 本地服务地址应答，以实现由 TCAS 为用户提供服务。

（2）重定向

通过在 MEC 平台设置分流规则，TCAS 对用户发起的已缓存的业务请求进行（重定向至 TCAS）响应，使得终端用户重新向 TCAS 发起业务请求，并提供服务。

（3）透明代理

按照事先设定的业务分流特征，将符合特征的用户业务请求转发至 TCAS，由其为用户提供服务，如其本地有缓存内容，立即对用户返回响应，否则向源服务器发起请求，之后再对用户做出响应。其详细业务流程如图 5-11 所示。

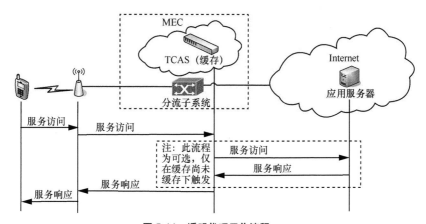

**图 5-11　透明代理工作流程**

可以看出，由于透明代理模式对终端用户是透明的，而且对已有网络配置无特别要求，缓存加速服务部署时可以优先选择。

## 5.2.2　高效业务缓存机制

给定了业务缓存模式，还需要确定 TCAS 为终端用户提供业务缓存服务时采取何种策略，即需要解决 TCAS 如何判断哪种业务内容需要缓存的重要问题。不适当的策略会对 TCAS 提供业务缓存加速效能带来不利影响，甚至适得其反。毕竟 MEC 分流处理、TCAS 缓存处理等都需要开销，出于成本考虑，基础资源（如存储、处理器等）都配置较低，若将所有的业务流都分流到本地，而大量业务又无缓存必要的话，这会导致处理缓存业务所需存储资源、处理资源、本地网络带宽等资源的"无谓"占用，使得 TCAS 服务效能大打折扣。例如，当 MEC 平台分流子系统将所有终端用户的所有业务请求均分流至 TCAS，由后者对用户所有业务进行缓存时，可能存在以下问题：

- 有的缓存内容并非频繁访问，但占据了 TCAS 的存储空间，影响频繁访问业务的缓存；
- 非频繁访问业务经由分流子系统分流到 TCAS，占用 TCAS 的处理资源，导致其他频繁访问业务的处理资源相对减少；
- 非频繁访问资源经 TCAS 环节，无形中也增加了处理时延，不利于用户业务感知的提升。

因此，需要在 MEC 分流子系统和 TCAS 之间建立一种协同工作机制，实现对频繁访问的业务或特殊要求的业务进行高效缓存。

具体而言，TCAS 可以向 MEC 分流子系统（TOF）进行终端业务访问识别规则配置，如设置 DNS 查询的业务流规则，符合分流规则的报文将被复制至 TCAS，由 TCAS 分析终端发起业务的 DNS 查询，通过设定业务访问频度阈值（Service Access Threshold，SAT），当某项业务访问频度达到设定的 SAT，则由 TCAS 向 TOF 下发锁定业务的分流规则，随后由 TOF 将锁定业务，请求分流到本地 TCAS，由其提供缓存服务。同时，TCAS 持续对已缓存的业务内容访问频度进行监测，若低于 $SAT \times p$，则清除缓存，其中 $p$ 取值范围为 $\{0, 1\}$。$p$ 可结合 TCAS 当前可用缓存能力动态决定。

除此之外，某些业务提供商出于商业角度考虑招揽客户，主动支付费用给 MEC 运营者来提升用户访问其提供业务的感知度。在这种场景下，就可在 TCAS 中针对特定业务进行事先缓存。当用户访问此种业务时，强制由 TOF 将访问此类业务的用户请求分流至本地 TCAS。需要说明的是，此类缓存业务排除在前述业务缓存动态调度的范畴之外。

基于上述机制，TCAS 能有效为终端用户提供业务就近访问，又能减少 MEC、TCAS 的不必要开销，留出尽可能多的资源为更多需要使用就近业务的终端用户提供服务。

## 5.2.3　业务缓存通道选择

在现有互联网络上，业务缓存实现通常是在服务使用者发起业务请求至业务缓存服务实体后，若本地不存在缓存内容，即由缓存服务器进一步向源业务服务器发起一个新的服务请求，代替客户从源服务器获得服务请求的内容，一方面将获取的内容存入本地存储中，供其他终端用户访问，另一方面向此前请求的客户返回服务响应。而上述过程中，由业务缓存服务器发起请求的源地址为业务服务器本身的地址，在 MEC 设备中，这样的报文是无法通过网络用户面的隧道进行封装再发往核心网的。因此就带来了如何打通业务缓存服务实体和业务源服务器之间通路的问题。而通常做法是，从 TCAS 服务实体规划一条链路直连外部网络（如 Internet），用以承载缓存服务实体和互联网业务源服务器之间的业务转发。实际上，TCAS 部署越靠基站侧，规划和建立上述业务链路难度越大，因此，如能利用网络已有传输通道实现 TCAS 业务缓存就再好不过了。

针对此问题，可以采用模拟移动终端用户的方式来实现。具体思路是，在 TCAS 发起新业务请求前，先向 TOF 注册特定业务的流规则如五元组等信息（此规则指示 TOF 在收到来自核心网侧的下行业务报文并匹配上它时，需将报文优先转发至 TCAS），然后向源业务服务器发起请求，之后在 TOF 收到源服务器的响应后，优先依据前述规则将响应报文转交给 TCAS 进行处理，之后再由 TCAS 向终端用户返回所需业务的响应。下面以 MEC/TCAS 部署在基站汇聚节点为例进行举例说明，如图 5-12 所示。

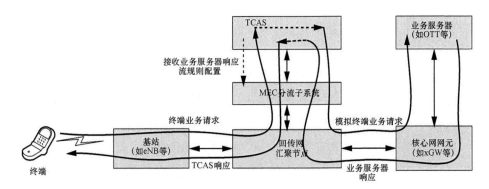

图 5-12　TCAS 模拟终端身份发起业务请求

## 5.2.4　缓存内容再生

终端用户访问的业务内容，尤其是视频文件的缓存，若不同用户终端支持的分辨率不同，而此部分内容需要缓存，就需要从源服务器上下载多份支持不同清晰度的视频文件版本，这势必带来对后端源服务器的压力以及传输和核心网转发业务数据的压力。因此，在 TCAS 中对某些业务缓存内容如视频仅下载一个超高清版本，通过对它进行再加工，如借助 TCAS 本地的硬件加速芯片实现视频转码处理，从而做到由 TCAS 为支持不同清晰度类型的终端用户直接提供服务，从而在提升用户感知的前提下减小对后端网络和源服务器的压力。

除此之外，TCAS 可以以服务链的形式存在。数据报文在边缘计算网络传递时，可以经过各种各样的业务节点，通过服务链进行业务缓存和加速等，提供给用户安全、快速、稳定的网络服务，主要包括代理类、TCP 加速类、安全类、DPI（深度分组检测）类等。

## 5.2.5　缓存服务部署

根据 TCAS 部署位置的不同，其需要支持的性能容量及组网方式会有所不同。下面将根据不同的部署位置对 TCAS 部署、性能及组网要求等进行简单说明。

（1）TCAS 部署于基站侧

MEC 平台提供虚拟化环境部署 TCAS，配置相对较少容量的存储资源（如固态盘、硬盘等）、处理资源（如 vCPU），具体如图 5-13 所示。

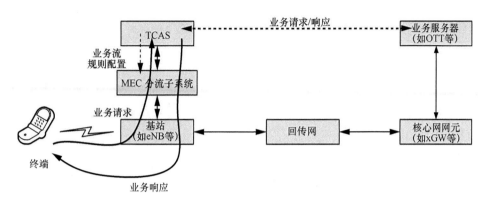

图 5-13　TCAS 部署于基站侧

（2）TCAS 部署在基站汇聚点

MEC 平台提供虚拟化环境部署 TCAS，它同时为诸多基站下的大量移动用户提供业务缓存服务。由于 TCAS 服务的用户规模相对基站侧更大一些，应配置较大容量的存储资源、处理资源。另外，考虑软件处理能力受限，拟通过增加硬件加速卡（如 TCAM、视频编解码卡等）来满足业务处理要求，具体如图 5-14 所示。

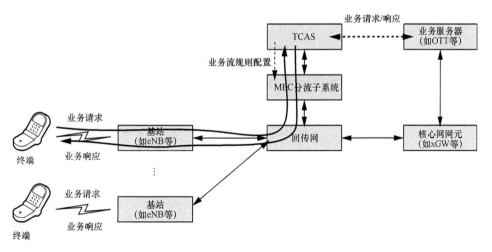

图 5-14　TCAS 部署于基站汇聚节点

（3）TCAS 部署在核心网侧

MEC 平台提供虚拟化环境部署 TCAS，它同时为来自诸多汇聚节点下基站的更大数量移动用户提供业务缓存服务（如图 5-15 所示）。由于 TCAS 服务的终端用户规模更大，需配置大容量存储资源、处理资源。同样地，也可通过增加硬件加速卡（如 TCAM、视频编解码卡等）来提升处理性能，满足业务处理要求。

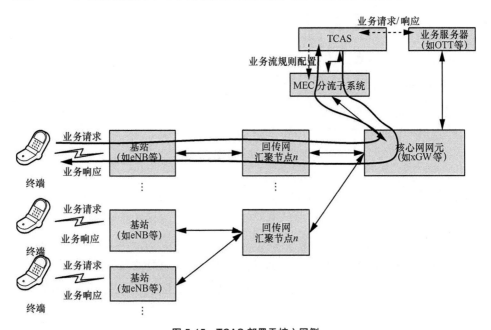

图 5-15　TCAS 部署于核心网侧

# | 5.3　基于 MEC 缓存加速的传输链路优化 |

　　第 5.2 节所述的 TCAS 服务主要是为了避免大量用户频繁访问相同业务数据（如热点视频、新闻等内容）带来的相同数据重复传输，造成回传带宽消耗过大甚至拥塞而导致用户体验变差的问题。除此之外，未来 5G 网络海量的终端连接需求，高密度、高并发连接的传输场景除了给移动接入网下行带来极大的压力外，移动接入网上行传输性能由于受到终端发送功率等限制，其上传速率受限将更为严重。下面将结合典型的云存储（网盘）业务进行详细介绍。

## 5.3.1　业务场景

　　随着互联网技术的高速发展，网盘作为一种新型的网络应用，通过云计算技术将个人、企业的各种信息存储在云端，实现信息的存储、备份、访问、共享，这种文件管理服务逐步替代了原来硬件存储的方式，成为主流的文件存储方式，目前主要包括个人网盘和企业级网盘。基于海量的存储能力，网盘可为个人用户生活中大量的高清音视频提供存储空间以及满足企业用户对企业内外信息存储、协同办公等要求。

值得注意的是，除了需要具备海量的存储空间，网盘的传输速率也成为影响用户体验的关键因素。尤其是对于移动网络，其无线传输的不稳定性直接会影响用户的业务体验。考虑到移动网络中上行速率受终端发射功率等限制，上行速率明显低于下载速率。因此，对于网盘业务，尤其是上传业务（云存储），上行传输速率的增强则显得尤为重要，如何提升其上传速率也成为移动网络重点关注的问题。

图 5-16 给出了目前通用的网盘存储框架，其中移动终端到云资源池的数据传输分别经历了无线网络和有线网络两种不同的传输环境，由于传统的 TCP 是针对有线网络环境设计的，整个链路的传输性能容易受到无线链路传输性能的制约，继而影响用户的业务体验。无线链路传输性能受限的具体原因如下[23]。

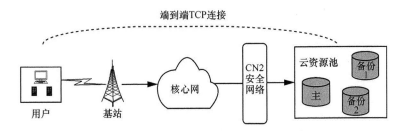

图 5-16　基于 TCP 的网盘存储框架

（1）链路时延大

移动通信网络中，从 UE 到业务服务器的端到端往返时延（Round Trip Time，RTT）通常较大。在 TCP 连接建立之初，会首先进入慢启动阶段。TCP 采用发送端与接收端同步的流量控制机制，发送端发送窗口大小的增长依赖于接收到的接收端反馈的应答消息（Acknowledgement，ACK）确认分组。移动网络环境中较大的 RTT 影响了发送窗口的增长，导致发送窗口达到最大值的时间较长，数据传输需要经历较长时间才能达到稳态速率，从而影响了 TCP 传输性能。因此，需要减小端到端时延，对移动终端的 TCP 连接请求进行快速响应以及对数据分组传输进行快速确认。

（2）链路不稳定

无线网络因受到无线信道衰变、干扰等因素的影响，其误码率通常要高于有线网络。TCP 根据数据分组的重传和丢失来判断网络拥塞，但其无法对数据分组丢失的原因进行分析，会将传输错误引起的数据分组丢失误判为网络拥塞，从而触发拥塞控制机制。传统的拥塞控制机制在高速无线网络中表现比较差。当其判断网络为轻度拥塞时，TCP 发送窗口大小就会缩减一半，降低 TCP 传输速率；若其判断网络为重度拥塞，TCP 发送窗口降为 1，进入慢启动阶段，快速重传的有效性大大减少，需要等待几秒钟、几分钟甚至更长时间来恢复所有的可用带宽。由于无线信道的不稳定性，这种拥塞控制机制严重影响了 TCP 传输性能，降低了网络吞吐速率。

此外，移动网络的窄带宽、可移动性等因素也会导致 TCP 传输性能的严重下降。

## 5.3.2 基于 MEC 缓存加速的网盘上传加速方案

为了优化移动网络环境下的 TCP 上传速率，提升用户体验，本节给出了一种基于 MEC 缓存加速的网盘上传加速方案。其主要思想是利用 MEC 边缘缓存的能力，将 MEC 与 TCP 技术相结合，通过部署基于 MEC 的 TCP 上行加速代理，可以在用户无感知的情况下，实现 TCP 的分段传输（无线网络与有线网络），有效提升用户上传速率，实现用户"秒传"的极致业务体验。

图 5-17 给出了面向网盘快速上传的 MEC 边缘加速服务的系统框架。其中"TCP 上行加速代理"部署于 MEC 主机，由 MEC 主机托管，利用 MEC 的存储和计算功能以及缓存和转发能力，通过将网盘上传业务的 TCP 连接分为有线网络与无线网络两段连接，减小无线网络段传输性能瓶颈对整个端到端传输的影响，提升用户上传速率。

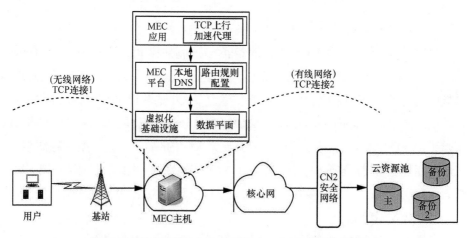

图 5-17　面向网盘快速上传（秒传）的 MEC 边缘加速服务应用

TCP 上行加速代理主要从以下几个方面对 TCP 传输性能进行优化。

（1）TCP 连接快速响应

由于从 UE 到服务器的往返时延通常较大，在 TCP 建立连接的三次"握手"过程中，需要耗费较长时延。TCP 上行加速代理对于 UE 发起的 TCP 连接请求能够直接给予响应，使得 UE 能够快速建立 TCP 连接。

（2）数据分组传输快速确认

TCP 上行加速代理对于 UE 上传的数据分组，可以立即返回 ACK 确认分组，同时将数据分组通过有线链路的 TCP 连接发往服务器，从而能充分利用无线链路的空口资源，显著提高云存储业务传输性能。

（3）数据分组缓存与快速重传

由于无线链路误码率高，易发生分组丢失现象。一旦发生分组丢失，从 UE 重传数据，需要消耗较长时延。TCP 上行加速代理依托 MEC 主机部署在无线接入网边缘，靠近 UE 端，能够充分利用 MEC 缓存和边缘计算能力，对数据分组进行缓存。当有数据分组丢失时，可以直接从 MEC 缓存中重传丢失的数据分组，而不需要从 UE 重传，从而加快数据传输速率并缩短重传时延。

基于 MEC 的 TCP 上行加速代理还可以用来实现不同服务器间的负载均衡，实现资源合理利用。同时，TCP 上行加速代理可实现不同用户的速率等级控制和差异化服务，在提升业务体验的同时提高提供精准服务、高价值服务和智能服务的能力。

此外，基于 MEC 平台的网络能力开放子系统，无线网络可向 TCP 上行加速代理实时开放其无线状态信息，从而可以充分利用无线网络的负载、链路质量、网络吞吐量和位置等信息，进一步提升 TCP 传输性能。例如，针对无线传输存在分组丢失、误码和重传的情况，将无线网络拥塞信息嵌入 TCP 分组头部，对无线网络环境下的 TCP 传输进行优化，避免因误判为网络拥塞而导致 TCP 传输性能下降[24]。

## |5.4　基于 MEC 的缓存加速概念验证 |

为了验证基于 MEC 的传输链路优化方案，本节将给出网盘应用的 TCP 上行加速测试结果。

测试网络环境如图 5-17 所示，MEC 主机中部署了 TCP 上行加速代理，基于 MEC 的 TCP 传输优化方案通过 TCP 上行加速代理可对 TCP 数据传输进行加速。传统 TCP 数据传输则由 MEC 主机直接透传给核心网进行处理。

在对两种方案进行测试时，选取相同大小的文件上传到同一个服务器，记录上传时间，计算平均上传速率，测试结果见表 5-1。

表 5-1　测试结果数据

| 方案 | 文件大小/MB | 达到稳态速率时间/s | 总上传时间/s | 平均上传速率/(Mbit·s⁻¹) |
|---|---|---|---|---|
| 基于 MEC 的传输链路优化方案 | 540.93 | 10 | 141.6 | 3.82 |
| 传统传输方案 | 540.93 | 77 | 255.0 | 2.12 |

通过测试可以发现，传统传输方案需要花费 77 s 左右的时间才能达到稳态上传速率，同时受无线链路不稳定、易受干扰等因素的影响，其上传速率在 800 kbit/s~2.3 Mbit/s 内波动，波动较大，平均上传速率为 2.12 Mbit/s。

基于 MEC 的传输链路优化方案中，由于其在无线接入网边缘部署的 MEC 主机中设置了 TCP 上传加速代理，借助 TCP 连接快速确认机制、数据分组快速确认与快速重传机制、数据分组缓存与快速重传机制等，在文件开始上传后只需 10 s 左右就能够达到稳态上传速率，花费时间大大减小，而且其上传速率在 3.3~4.3 Mbit/s 内波动，波动较小。此外，其平均上传速率可以达到 3.82 Mbit/s，相比于传统传输方案，其上传速率提高 80% 左右，上传时间缩短约 44%。因此，基于 MEC 的传输链路优化方案极大地提升了云存储应用的文件上传速率，可以保障用户的良好业务体验。

## | 5.5　小结 |

在传统的移动网络中，用户请求的内容必须从远离移动网络的 CDN 节点获取，导致传输时延过高以及网络拥塞等问题。基于 MEC 的缓存加速将用户所需的访问内容提前缓存至本地，从而能够降低用户访问时延、提升用户体验、节约回传带宽消耗。本节梳理了缓存与加速技术，并详细讨论了基于 MEC 的缓存加速方案和基于 MEC 缓存加速的传输链路优化方案。测试结果显示，相比传统传输方案，基于 MEC 缓存加速的传输链路优化方案可以在用户无感知的情况下，将上行传输速率提升 80% 左右，极大地改善了用户体验。

# | 参考文献 |

[1] IOANNOU A, WEBER S. A Survey of Caching Policies and Forwarding Mechanisms in Information-Centric Networking[J]. IEEE Communications Surveys & Tutorials, 2016, 18(4): 2847-2886.

[2] ARIANFAR S, NIKANDER P, OTT J. On content-centric router design and implications[C]// Re-Architecting the Internet Workshop, Nov 30, 2010, Philadelphia, PA, USA. New York: ACM Press, 2010.

[3] LAOUTARIS N, CHE H, STAVRAKAKIS I. The LCD interconnection of LRU caches and its analysis[J]. Performance Evaluation, 2006, 63(7): 609-634.

[4] SOURLAS V, PASCHOS G S, FLEGKAS P, et al. Caching in content-based publish/subscribe systems[C]//The 28th IEEE Conference on Global Telecommunications, November 30-December 4, 2009, Honolulu, HI, USA. New York: ACM Press, 2009: 1-6.

[5] ROSSI D, ROSSINI G. Caching performance of content centric networks under multi-path routing (and more)[R]. 2011.

[6] LI Z, SIMON G. Time-shifted TV in content centric networks: the case for cooperative in-network caching[C]//53rd IEEE International Conference on Communications (ICC), June 10-14, 2011, Kyoto, Japan. Piscataway: IEEE Press, 2011: 1-6.

[7] CHO K. WAVE: popularity-based and collaborative in-network caching for content-oriented networks[C]//IEEE Conference on Computer Communications Workshops (INFOCOM WKSHPS), April 27- May 2, 2014, Orlando, FL, USA. Piscataway: IEEE Press, 2012: 316-321.

[8] BADOV M, SEETHARAM A, KUROSE J, et al. Congestion-aware caching and search in information-centric networks[C]//1st ACM Conference on Information-Centric Networking, September 24-26, 2014, Paris, France. New York: ACM Press, 2014: 37-46.

[9] IOANNOU A, WEBER S. Towards on-path caching alternatives in information-centric networks[R]. 2014.

[10] XIE M, WIDJAJA I, WANG H. Enhancing cache robustness for content-centric networking[R]. 2012.

[11] LI J. Popularity-driven coordinated caching in named data networking[C]//The Eighth ACM/IEEE Symposium on Architectures for Networking and Communications Systems, October 29-30, 2012, Austin, TX, USA. New York: ACM Press, 2012: 15-26.

[12] DOMINGUES G D M B. Enabling information centric networks through opportunistic search, routing and caching[J]. Computer Science, 2013.

[13] LEE D, CHOI J, KIM J H, et al. LRFU: a spectrum of policies that subsumes the least recently used and least frequently used policies[J]. ACM SIGMETRICS Performance Evaluation Review, 1999, 27(1): 134-143.

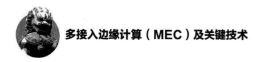
[14] AHLEHAGH H, DEY S. Video-aware scheduling and caching in the radio access network[J]. IEEE/ACM Transactions on Networking, 2014, 22(5): 1444-1462.

[15] SENGUPTA A, AMURU S D, TANDON R, et al. Learning distributed caching strategies in small cell networks[R]. 2014.

[16] GU J, WANG W, HUANG A, et al. Distributed cache replacement for caching-enable base stations in cellular networks[C]//IEEE International Conference on Communications, August 16-18, 2014, Sydney, Australia. Piscataway: IEEE Press, 2014: 2648-2653.

[17] BORST S, GUPTA V, WALID A. Distributed caching algorithms for content distribution networks[C]//The 29th Conference on Information, March 14-19, 2010, San Diego, CA, USA. New York: ACM Press, 2010: 1-9.

[18] JIANG W, FENG G, QIN S. Optimal cooperative content caching and delivery policy for heterogeneous cellular networks[J]. IEEE Transactions on Mobile Computing, 2016.

[19] YU R. Enhancing software-defined RAN with collaborative caching and scalable video coding[C]//2016 IEEE International Conference on Communications (ICC), May 22-27, 2016, Kuala Lumpur, Malaysia. Piscataway: IEEE Press, 2016: 1-6.

[20] WANG S, ZHANG X, YANG K, et al. Distributed edge caching scheme considering the tradeoff between the diversity and redundancy of cached content[C]//2015 IEEE/CIC International Conference on Communications(ICCC), October 22-24, 2015, Shenzhen, China. Piscataway: IEEE Press, 2015: 1-5.

[21] POULARAKIS K, IOSIFIDIS G, TASSIULAS L. Approximation caching and routing algorithms for massive mobile data delivery[C]//2013 IEEE Global Communications Conference (GLOBECOM), December 9-13, 2013, Atlanta, GA, USA. Piscataway: IEEE Press, 2013: 3534-3539.

[22] OSTOVARI P, KHREISHAH A, WU J. Cache content placement using triangular network coding[C]//2013 IEEE Wireless Communications and Networking Conference(WCNC), April 7-10, 2013, Shanghai, China. Piscataway: IEEE Press, 2013: 1375-1380.

[23] DU L H, WU X J. Study and implementation of TCP protocol accelerator based on SCPS-TP[J]. Radio Engineering, 2017, 47(9): 12-15.

[24] YU Y F, REN C M, RUAN L F, et al. Mobile edge computing in 5G communication system [M]. Beijing: Posts & Telecom Press, 2017.

# 第 6 章

# 基于 MEC 的无线网络能力开放

基于 MEC 的无线网络能力开放成为优化业务应用、提升用户体验、实现网络和业务深度融合的重要手段之一。通过开放接口的研究及标准化可以加速创新型业务应用的开发及上线，打造良好的 MEC 产业生态链。本章重点介绍了无线网络信息服务、位置信息服务、带宽管理信息服务及其开放接口与关键参数等，供读者参考。

MEC 为无线网络信息的感知获取提供了便利条件，通过开放接口将其提供给第三方业务应用，成为优化业务应用、提升用户体验、实现网络和业务深度融合的重要手段之一。本章首先介绍了基于 MEC 的网络能力开放概念及关键技术。其次结合 ETSI MEC 标准最新进展，针对无线网络信息服务、位置信息服务、带宽管理信息服务等，详细描述其开放接口与关键参数等，供读者参考。

## | 6.1　基于 MEC 的无线网络能力开放架构及关键技术 |

### 6.1.1　能力开放架构

基于通用化基础设施的 MEC 以及部署在上面的各种本地业务应用，构成了一个典型的 MEC 环境。同时，MEC 能够通过与无线侧的接口（或者监听无线侧的回传链路）获取用户相关的上下文信息，实现对用户控制过程、业务流的监控和实时解析，获取用户相关的网络状态以及业务特征。

此时，MEC 平台一方面可以根据业务规则，将业务流分发到相应的业务服务器。业务服务器可以获取用户当前的业务环境和业务特征，并依据当前的业务环境对业务数据进行处理和控制。另一方面，MEC 平台可以根据业务的 QoS（Quality of Service，服务质量）要求设置业务流转发规则，保证传输过程中业务的服务质量。

可以看出，MEC 平台能够提供的业务环境和业务特征以及对业务流转发的 QoS 控制，构成了 MEC 的基础网络能力。

除此之外，MEC 平台上可以部署多种服务，例如 ETSI 标准中定义的服务注册、发布以及订阅的框架以及注册于 MEC 平台的各种服务，统一构成了 MEC 的网络服务能力。MEC 应用可以与注册的服务进行交互，获取服务提供的信息，实现对用户业务数据的综合分析，并通过基础网络能力实现对用户业务的控制，提升用户体验。

综上所述，MEC 网络能力的开放包括基础网络能力的开放以及网络服务能力的开放。在 MEC 架构体系中，MEC 基础网络能力的开放是通过 MEC 服务的方式呈现，MEC 应用可以查询和订阅相应的基础网络能力服务。目前 MEC 基础网络能力服务主要有三大方面。

- 无线资源信息服务：用于提供无线网络相关的信息（包括无线网络信息、用户面的测量和统计信息、UE 上下文和无线承载信息、UE 相关信息的变化情况等）。
- 位置服务：用于提供位置相关的信息（包括特定 UE 的位置、所有 UE 的位置信息、某类 UE 的位置信息、某个区域的 UE 列表、所有无线节点的位置信息等）。
- 带宽管理服务：为某类应用的业务分配带宽和保证优先级，MEC 应用可以设置业务规则请求，为业务分配带宽和设置优先级。

如图 6-1 所示，上述服务以及随着网络演进可能出现的一些基础网络能力服务均部署在 MEC 平台上，且通过 MP1 接口与 MEC 应用进行交互。

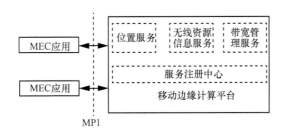

**图 6-1　MEC 网络能力开放基本架构**[1]

目前 ETSI 已经定义的 MP1 接口参考功能主要包括服务注册、服务发现、服务间通信。同时也可提供诸如应用可获得性检测、应用会话状态重定向、业务规则与

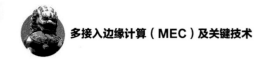
DNS 规则激活、永久存储的获得、时间获取等以及用于特定服务的功能。

可以看出，基于 MP1 接口，MEC 应用可以获取并使用基础网络能力和网络服务能力，实现了初步的 MEC 能力开放[2]。

## 6.1.2　关键技术介绍

如前所述，网络能力开放涉及两方面，一方面是可以开放的网络能力，另一方面是标准的网络能力开放接口。

对于网络能力开放接口，虽然 ETSI 定义了 MP1 接口的参考功能，但是并未对 MP1 接口进行标准化，导致各个厂商的具体实现方式不同。即便业界采用通用的 RESTful 接口作为接口方式，但是 RESTful 接口只约束了信息交互的方式，并未约束交互的具体内容，而这些内容体现了 MEC 平台的开放能力。虽然不排除 ETSI 或者其他标准组织对该接口进行标准化，但由于这些能力体现不同设备厂商的技术实力和设备竞争力，而且 MEC 可以通过随时上线新服务的方式增加新能力，这种具体能力标准化的可能性很小。但是，没有标准化的 MP1 接口将导致 MEC 应用与 MEC 平台绑定，如果更换 MEC 平台，则 MEC 应用需要修改，从而不利于构建网络能力开放生态环境。更进一步，一些 MEC 应用要求的网络能力和 MEC 可提供的网络能力并不完全一致，特别是部署于 MEC 平台的第三方应用，这些应用并非为 MEC 平台定制，因此需要更多从业务的角度描述对网络能力的要求。例如，视频内容应用需要知道当前网络为用户提供的可用带宽，当带宽发生变化时能够收到变化通知，以便能够实时为该用户调整视频源的编码速率，保证终端用户的体验。当然，对于此类非 MEC 平台定制的第三方业务应用，虽然可以为其在 MEC 平台专门增加一个服务用于该应用，但这种定制化的 MEC 服务成本很高，且也不利于 MEC 应用的快速上线。

为解决上述问题，可以引入能力开放功能，该功能除了为 MEC 应用提供标准抽象的接口之外，还能实现对 MEC 应用接口的适配。它将从应用角度描述的网络能力要求转化为针对 MEC 平台的接口能力，从而避免了接口不一致导致 MEC 应用不能充分利用 MEC 平台网络能力的问题以及能力要求不一致导致 MEC 应用修改或者 MEC 平台增加服务而导致的 MEC 应用无法快速上线的问题，如图 6-2 所示。

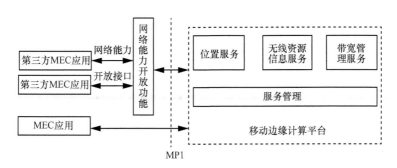

图 6-2　网络能力开放功能位置

如图 6-2 所示，在 MEC 平台与 MEC 应用之间增加网络能力开放功能。通过对典型业务场景的分析抽象，比如 ETSI 中提到的智能视频加速、视频流分析、虚拟现实增强、辅助计算、物联网、智能交通以及企业应用等场景，分析这些场景对网络能力的要求，并从业务应用的角度抽象出网络能力参数，形成网络能力开放的标准接口。在此基础上，将网络能力开放功能映射为 MEC 平台提供的网络能力。

需要注意的是，随着 MEC 技术的发展和 MEC 功能的不断增强，未来 MEC 可以开放的能力将会越来越多，相应地呈现在 MP1 接口的能力也会越来越丰富，此时网络能力开放功能需要将 MEC 应用的能力要求转化为对 MEC 平台粒度更细的能力要求。例如，如果在 MEC 中增加了深度内容解析的能力，则原来 MEC 针对用户业务管道能力的要求，可以进一步分解为针对不同用户业务的能力要求。同时，新业务可能从新的角度描述能力开放要求，这些新的能力开放要求需要映射到 MEC 平台可提供的网络能力上。更进一步，新业务的不断出现以及网络开放能力的持续增强，都要求网络能力开放功能能够快速适应这些变化，为新业务和新的网络能力提供支持。此时，如果网络能力开放功能依然采用传统硬编码逻辑的方式（包括需求收集、代码修改、测试到上线），导致上线时间延长，无法实现新应用的快速部署和新能力的快速应用。为了解决上述问题，可以对网络能力开放层采用动态编码逻辑技术，将 MEC 应用网络能力要求描述成为规则，并通过规则匹配执行规定的映射逻辑。

如图 6-3 所示，网络能力开放功能中包含有规则库，每条规则有两项内容：规则和执行的动作。对于来自 MEC 应用的业务网络能力要求，首先进行规则匹配（比如业务类型+速率），匹配之后执行对应的动作。动作采用动态逻辑实现，可以根据需要修改，不需要修改代码。

图 6-3　网络能力开放规则库结构

当 MEC 平台开放的网络能力发生变化时，可以通过管理面修改影响到规则执行的逻辑，逻辑修改之后即可生效，从而可以适应 MEC 平台能力的快速开放。当新增业务对应新的网络能力要求时，可以通过管理层增加新的规则和动作，实现将新的网络能力要求快速映射为 MEC 平台的网络能力。

综上所述，在上述 MEC 平台以及 MP1 接口的支持下，可以实现 MEC 典型的基础网络能力的开放。下面章节将结合 ETSI MEC 标准最新进展，针对现有典型的 MEC 服务，包括无线网络信息服务、位置信息服务、带宽管理服务等进行详细介绍。由于当前 5G 网络能力开放的相关标准还在继续完善中，目前 ETSI 所定义的网络能力开放中的相关参数主要参考 LTE 网络进行阐述。

## | 6.2　无线网络信息服务 |

无线网络信息服务（Radio Network Information Service，RNIS）可以提供给授权的 MEC 应用，并可在 MP1 参考点被发现。通过 RNIS，MEC 应用可以获取无线网络相关信息，主要包括[3]：

- 关于无线网络状况的最新无线网络信息；
- 基于 3GPP 规范的与用户平面相关的测量信息；
- 连接到与 MEC 主机相关联的无线节点的 UE 的信息，包括 UE 上下文和相关无线承载信息；
- 与连接到 Internet 的信息有关的更改。

RNIS 可由 MEC 应用程序和平台使用，以优化现有应用，并提供基于无线最新信息的新类型服务。其中，基于无线网络信息优化的一个典型例子是移动视频加速，通过获取无线网络可用带宽参考信息并反馈给视频服务器及时调整数据发送速率，既避免了由网络拥塞误判而导致的速率下降，尤其是视频观看体验下降的问题，同时又降低了网络拥塞出现的频次[4]。

## 6.2.1　无线网络信息服务 API

服务使用者通过 API 与 RNIS 进行通信以获取来自无线接入网的上下文信息。目前，无线网络信息 API 支持查询和订阅（发布/订阅机制）RESTful API 或 MEC 平台的消息代理。能力开放接口采用 HTTP/HTTPS 标准协议形式，并且遵循互联网业界通行的 REST（Representational State Transfer，表现层状态转换）接口设计风格。

REST 接口设计风格一般具有以下基本特点：

- URI（Uniform Resource Identifier，统一资源标识）表征资源，不表征对资源的操作，每项资源由一个 URI 来唯一标识，二者是一一对应的关系；
- 对资源的操作 CRUD（Create、Read、Update、Delete，获取、创建、修改和删除），分别对应 HTT 的标准方法：get 通常用来获取资源，post 用于新建资源（某些场景也可以用来更新资源集合），put 用于更新资源，delete 用于删除资源，这样就统一了操作的接口。
- 资源是可以被网络存储和传输的实体，可以是一条数据库记录、一段文本、一张图片或者一首歌曲。

在 REST API 中通常也使用数据来表征资源。当使用数据表征资源时，通常可以分为三大类：结构化数据、半结构化数据、非结构化数据。结构化数据通常指可以被关系型数据库所识别和使用的行数据；半结构化数据通常是带有自描述结构的数据，通常不能被数据库直接使用，常见的半结构数据有 XML、JSON、YAML 等；非结构化数据指数据本身不标识结构，例如图片、视频等。

MEC 无线网络信息服务所定义的 API，以 JSON 序列化格式表征数据，所以无线网络能力开放的信息描述均需要满足该序列化方式。

## 6.2.2　API 资源及格式定义

无线网络信息服务开放的资源 URL（Uniform Resource Locator，统一资源定位符）包含两部分 API root 和自定义资源结构；API root 结构如下：

//{apiRoot}/{apiName}/{apiVersion}

该结构支持 HTTP 或者 HTTPS 访问。通常情况下，出于安全考虑，使用 HTTPS

访问，并且支持标准的 HTTP 操作码。其中，API root 变量说明见表 6-1。

表 6-1　API root 变量说明

| 名称 | 说明 |
|---|---|
| apiRoot | 通常为主机名+端口+基本路径，服务的消费方通过服务发现过程从 SR 获得。也可通过订阅接口获得，即服务消费方上线后，订阅该服务 |
| apiName | 通常为该服务名，通过服务发现过程获得，对于无线网络信息服务，名称固定为{rni} |
| apiVersion | 使用的 API 版本 (当前 ETSI 定义为{v1}) |

资源 URI 结构定义及访问方法描述如图 6-4 和表 6-2 所示。

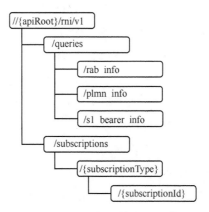

图 6-4　RNI API 的资源 URI 结构

表 6-2　RNI API 的资源访问方法描述

| 资源名 | URI | HTTP 方法 | 说明 |
|---|---|---|---|
| RAB information | /queries/rab_info | get | RAB 信息 |
| PLMN information | /queries/plmn_info | get | PLMN 信息 |
| S1Bearer information | /queries/rab_info | get | S1 承载信息 |
| all subscriptions for a subscriber | /subscriptions | get | 某消费者订阅列表 |
| all subscriptions for a subscriber based on type of subscription | /subscriptions/{subscriptionType} | get | 某消费者订阅的某种类型服务列表 |
| | | post | |
| existing subscription | /subscriptions/{subscriptionType}/{subscriptionId} | get | 退出订阅 |
| | | put | |
| | | delete | |
| notification callback | client provided callback reference | post | 通知反馈 |

## 6.2.3　无线信息查询 API

MEC 网络能力开放涉及的无线网络信息主要包含以下几个方面：

- 无线 RAB（Radio Access Bear，无线接入承载）信息，主要标识无线侧 RAB 承载的主要参数和状态；
- PLMN（Public Land Mobile Network，公共陆地移动网络）信息，主要标识当前小区的 PLMN 信息；
- S1 承载信息，主要标识 S1 侧承载的主要传输和 QoS 信息。

上述几类信息可以获知无线的承载状态、资源状态、小区参数等主要信息。这些信息一方面可以结合分流功能进行进一步的承载策略控制，例如使用 QoS 参数调整业务速率，获得空口承载参数；另一方面也可以基于一段历史统计信息，形成网络画像，为进一步的网络优化和调整提供参考。

### 6.2.3.1　RAB 信息查询 API

图 6-5 显示了服务消费者（例如 MEC 应用程序或 MEC 平台）请求 MEC 应用实例返回无线粒度的无线接入承载信息的过程。响应消息包含小区各类信息，比如小区标识、用户的 E-RAB（Evolved-RAB，演进的无线接入承载）、QCI（QoS Class Identifier，QoS 服务等级）、QoS 信息。RAB 信息的查询可以分多个维度，基于单个 RAB 或者 TEID（Tunnel Endpoint Identifier，隧道端点标识）的查询以及基于小区的 RAB 信息查询。基于单个 RAB 的查询可以返回该 RAB 的所有参数，基于小区的 RAB 查询则返回该小区下所有的 RAB ID 信息。

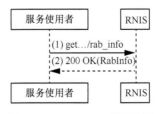

图 6-5　RAB info API 调用示例

基于单 RAB 查询中，单 RAB 查询索引参数可以为 E-RAB ID，也可以为其对应的 TEID。

- URL

//{apiRoot}/rni/v1/rab_info? erab_id =xxx 或者//{apiRoot}/rni/v1/rab_info? sgw_teid =xxx 或者//{apiRoot}/rni/v1/rab_info? enb_teid =xxx

- 格式：JSON
- HTTP 请求方式：get
- 输入参数：参数通过 URL 传递
- 输出参数示例：

```
Content-Type: application/json
{
    " app_ins_id":"1",
    " cell_id":"00000005",
    " erab_id":"3",
    " sgw_teid":"00000003",
    " enb_teid":"00000001",
    " qci":7,
    " arp":3,
    " ue_ambr":1000000,
    " mbr_dl":3000000,
    " mbr_ul":1000000,
    " gbr_dl": 2000000,
    " gbr_ul": 1000000,
    " mme_s1apid": 3,
    " enb_s1apid": 1
}
```

- URL
- //{apiRoot}/rni/v1/rab_info? cell_id =xxx
- 格式：JSON
- HTTP 请求方式：get
- 输入参数：参数通过 URL 传递
- 输出参数示例：

```
Content-Type: application/json
{
    " erab_id_list":
        [{
        " erab_id":"3"},
        {
        " erab_id":"4"},
```

```
        {
          " erab_id":"6"},
        {
          " erab_id":"7"},
        {
          " erab_id":"9"}
      ]
}
```

ETSI 定义的可供选择的 RAB 信息参数见表 6-3。

**表 6-3　RAB 信息参数**

| 参数名 | 数据类型 | 数量 | 说明 |
|---|---|---|---|
| app_ins_id | String | 0…1 | 应用实例标识 |
| cell_id | String | 0…N | E-UTRAN 小区标识 |
| ue_ipv4_address | String | 0…N | 用户 IPv4 地址 |
| ue_ipv6_address | String | 0…N | 用户 IPv6 地址 |
| nated_ip_address | String | 0…N | 转换后的 IP 地址 |
| gtp_teid | String | 0…N | GTP 隧道端点地址 |
| erab_id | String | 0…N | E-RAB 标识 |
| qci | Integer | 0…1 | QoS 等级标识 |
| erab_mbr_dl | Integer | 0…1 | 最大下行 E-RAB 速率 |
| erab_mbr_ul | Integer | 0…1 | 最大上行 E-RAB 速率 |
| erab_gbr_dl | Integer | 0…1 | 保障下行 E-RAB 速率 |
| erab_gbr_ul | Integer | 0…1 | 保障上行 E-RAB 速率 |

## 6.2.3.2　PLMN 信息查询 API

图 6-6 给出了服务消费者（例如 MEC 应用程序或 MEC 平台）查询以及接收与特定 MEC 应用实例相关的小区级 PLMN 信息。响应包含与请求的 MEC 应用程序实例关联的小区信息。PLMN 的查询通常基于小区级，部分也可以基于用户、承载或者 RAB，基于用户、承载或者 RAB 时，不建议直接设置 API 查询 PLMN，而建议仍旧通过小区查询 PLMN。

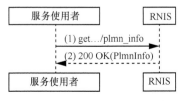

**图 6-6　PLMN 信息查询示例**

- URL

```
//{apiRoot}/rni/v1/plmn_info? cell_id =xxx
```

- 格式：JSON

- HTTP 请求方式：get

- 输入参数：参数通过 URL 传递

- 输出参数示例：

```
Content-Type: application/json
{
    " app_ins_id":"1",
    " cell_id":"1",
    " PLMN":{
        " mcc":"460",
        " mnc":"001"
    }
}
```

### 6.2.3.3　S1 承载信息查询 API

通过从 RNIS 获取的 S1 承载信息，服务消费者（例如 MEC 应用程序或 MEC 平台）可优化 MEC 应用程序的重定位，或者使用获取的信息用于管理相关应用程序实例的流量规则，例如根据某条 S1 承载的 QoS 状态进行流量管理。或者获得某个用户下所有的承载信息。图 6-7 给出了 MEC 应用程序或 MEC 平台发送查询以及接收 S1 承载信息。获得 S1 承载信息通常有两种方式，一种是通过 S1 侧 TEID 直接获得承载信息，另一种是通过 UE IP 获得 S1 侧所有的承载对应关系对。

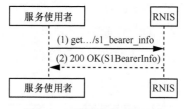

图 6-7　S1 承载信息查询示例

通过 TEID 获得承载信息，TEID 可以是 eNB 侧的 TEID，也可以是 GW 侧的 TEID。对于每条承载，分别在基站侧和网关侧有一对 TEID，通常通过监听 S1 信令可以获得这对 TEID 及相关参数。

- URL

//{apiRoot}/rni/v1/s1_bearer_info? Teid =xxx

- 格式：JSON

- HTTP 请求方式：get

- 输入参数：参数通过 URL 传递

- 输出参数示例（default-bear）：

```
Content-Type: application/json
{
    " app_ins_id":"1",
    "ue_ipv4_addr":"172.16.0.31",
    "ue_ipv6_addr":"NULL",
    " sgw_teid":"00000003",
    " sgw_ip":"192.168.0.2",
    " enb_teid":"00000001",
    " enb_ip":"192.168.0.33",
    " qci":7,
    " mbr_dl":0000000,
    " mbr_ul":0000000,
    " gbr_dl": 0000000,
    " gbr_ul": 0000000,
    " apn_ambr": 1000000
}
```

通过 UE 标识获得承载信息，大多数场景下针对同一个 PDN（Packet Data Network，分组数据网）查询即可，因为同类业务一般不会通过不同的 APN（Access Point Name，接入点名称）进行接入，因此获得了 PDN 下的承载信息即可满足某类业务的服务要求。当然基于 IMSI（International Mobile Subscriber Identification Number，国际移动用户识别码）或者 GUTI（Globally Unique Temporary UE Identity，全球唯一临时 UE 标识）的查询可以获得该 UE 所有 PDN 的承载信息，此场景仅面向 NAS 层非加密或者核心网侧参数开放场景进行。

- URL

//{apiRoot}/rni/v1/s1_bearer_info?ue_ipv4_addr  =xxx  或者 //{apiRoot}/rni/v1  /s1_bearer_info? ue_ipv6_addr =xxx

- 格式：JSON

- HTTP 请求方式：get

- 输入参数：参数通过 URL 传递

• 输出参数示例（mulit-bear）：

```
Content-Type: application/json
{
" app_ins_id":"1",
" bear_number":"2",
  [{
"ue_ipv4_addr":"172.16.0.31",
"ue_ipv6_addr":"NULL",
" sgw_teid":"00000003",
" sgw_ip":"192.168.0.2",
" enb_teid":"00000001",
" enb_ip":"192.168.0.33",
" qci":7,
" mbr_dl":0000000,
" mbr_ul":0000000,
" gbr_dl": 0000000,
" gbr_ul": 0000000,
" apn_ambr": 1000000},
{
"ue_ipv4_addr":"172.16.0.31",
"ue_ipv6_addr":"NULL",
" sgw_teid":"00000004",
" sgw_ip":"192.168.0.2",
" enb_teid":"00000002",
" enb_ip":"192.168.0.33",
" qci":3,
" mbr_dl":3000000,
" mbr_ul":1000000,
" gbr_dl": 2000000,
" gbr_ul": 1000000,
" apn_ambr": 0000000}
]
}
```

## 6.2.4 订阅、注销订阅 RNI 事件 API

订阅和取消订阅 RNI 事件通知是服务创建者需要实时获得无线网络状态和状态变更，并且在一定的场景下，需要这些事件变更作为触发源。例如进行无线网络优化时，可以根据特定终端的持续性小区切换或者位置更新通知进行数据采集，获得统计分析值。

若要接收有关选定的 RNI 事件的通知,服务使用者将创建对某些特定 RNI 的订阅。图 6-8 显示了服务使用者通过 RESTful 接口,订阅 RNI 事件通知的流程。

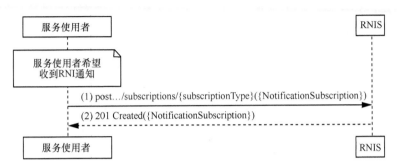

图 6-8　订阅流程

订阅 RNI 事件通知由以下步骤组成,当服务使用者想要接收有关 RNI 事件的通知时,它会创建对 RNI 的订阅。

(1)服务使用者发送包含 {NotificationSubscription} 的消息体的 post 请求。NotificationSubscription 表示感兴趣的 RNI 订阅类型的资源的数据结构。

(2)RNIS 用包含特定于该 RNI 的数据结构的消息体发送"201 Created"响应事件订阅。数据结构包含创建的资源的地址和订阅的 RNI 事件类型。事件订阅接口定义如下。

- URL

//{apiRoot}/rni/v1/subscription/{subscriptionType}

- 格式:JSON

- HTTP 请求方式:post

- 输入参数(subscriptionType=cell_change):

```
POST /rni/v1/subscription/ cell_change HTTP/1.1
Accept: application/json
Content-Type: application/json
Content-Length: nnnn
Accept: application/json
Host: example.com
{
    "subscription": {
    "appinstance": "0123",
```

```
    "expiry_time": "01 Fab 201810:16:23",
     "callbackreference":{"notify_url":"http://rnis.example.com/rni/v1/subscription/cell_
change / 172.16.10.1"}}
    }
```

- 输出参数示例：

```
HTTP/1.1 201 Created
Content-Type: application/json
Location:http://example.com/rni/v1/subscription/cell_change/11237
Content-Length: nnnn
Date: Apr, 01 Fab 201810:11:37 GMT
{
    "subscription": {
    "appinstance": "0123",
    "expiry_time": "01 Fab 201810:16:23",
    "resourceurl":"http://example.com/rni/v1/subscription/cell_change/11237"
    "callbackreference":{"notify_url":"http://rnis.example.com/rni/v1/    subscription    /cell_
change / 172.16.10.1"}}
    }
```

相应地，当服务使用者在订阅 RNI 事件后不再希望接收通知时，服务使用者将取消对 RNI 事件通知的订阅。图 6-9 显示服务使用者使用基于 REST 的过程删除 RNI 事件通知的订阅过程，相关接口定义如下。

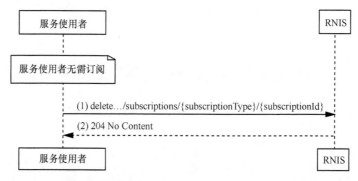

图 6-9　基于 REST 的过程删除 RNI 事件通知的订阅

- URL

```
//{apiRoot}/rni/v1/subscription/{subscriptionType}
```

- 格式：JSON

- HTTP 请求方式：delete

- 输入参数（subscriptionType=cell_change）：

DELETE /example.com/rni/v1/subscription/ cell_change/11237 HTTP/1.1

Accept: application/json

Host: example.com

- 输出参数示例：

HTTP/1.1 204 No Content

Date: Apr, 01 Fab 201810:11:37 GMT

RNIS 可以定义 RNI 事件订阅的过期时间，该时间可包含在订阅响应消息中。到期时，RNIS 将向拥有订阅的服务使用者发送通知，此时可以用两种方式对服务端进行通知，一种是 post 方式，通知服务端回调接口更新；另一种是当该接口调用关系不再需要维持时，直接删除回调接口（如图 6-10 所示）。

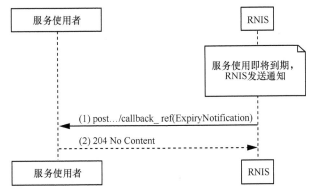

图 6-10　直接删除订阅流程

- URL

//{apiRoot}/rni/v1/subscription/cell_change/11237

- 格式：JSON

- HTTP 请求方式：delete

- 输入参数（subscriptionType=cell_change）：

DELETE /rnis.example.com/rni/v1/ subscription /cell_change/172.16.10.1 HTTP/1.1

Accept: application/json

Host: example.com

- 输出参数示例：

HTTP/1.1 204 No Content

Date: Apr, 01 Fab 201810:16:24

通常事件的订阅基于 UE 或者承载级别，也可以基于 eNB 级别、TA 级别等。

订阅事件的级别越大，所适用的范围将逐步局限，对本地差异化的服务带来的益处将越小。ETSI 推荐的订阅及注销订阅所提供的事件通知服务，主要包含：

- 小区变更事件通知；
- RAB 的建立、更新、释放等事件的通知；
- UE 测量报告通知；
- 载波聚合重配通知；
- S1 事件通知等。

### 6.2.4.1 小区变更通知 API

图 6-11 描述了 RNIS 服务通过 RNI 的事件通知，将小区的变化信息发送给服务消费者。通知消息包含 UE 以及源和目标小区的标识信息，小区变化后返回 204，原则上小区更新后位置信息仍然存在，因此只是个资源更新过程，此过程既可以使用 post 动作也可以使用 put 动作，如果操作成功应返回 200 OK。

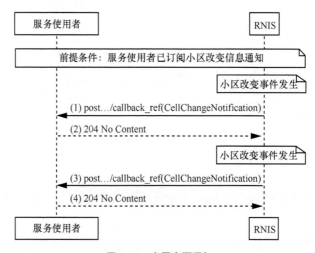

图 6-11 小区变更通知

- URL

//{apiRoot}/rni/v1/subscription/ cell_change/{ ue_ipv4_addr } 或者 //{apiRoot}/rni/v1/subscription/ cell_change/{ ue_ipv6_addr }

- 格式：JSON
- HTTP 请求方式：post
- 输入参数：

```
Content-Type: application/json
{
  " app_ins_id":"1",
  " cell_id":"1",
  " PLMN":{
        " mcc":"460",
        " mnc":"001"
  }
  "hostatus":3
}
```

- 输出参数示例：

```
200 OK
```

## 6.2.4.2　RAB 建立通知 API

图 6-12 是 RNIS 服务向服务消费者发送无线接入承载建立的通知，其中 RabEstNotification 包含了 RNI RAB 建立事件信息。ETSI 推荐的返回过程中，新建 RAB 返回 204，原则上新建的 RAB 是在原资源上增加了内容，因此只是资源更新过程，此过程既可以使用 post 动作也可以使用 put 动作，如果操作成功应返回 200 OK 或者 201 Created。

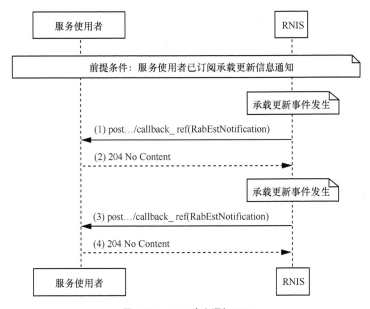

图 6-12　RAB 建立通知 API

- URL

//{apiRoot}/rni/v1/subscription/ RabEst/{ ue_ipv4_addr } 或 者 //{apiRoot}/rni/ v1/ subscription/ RabEst /{ ue_ipv6_addr }

- 格式：JSON
- HTTP 请求方式：post
- 输入参数：

```
Content-Type: application/json
{
    " app_ins_id":"1",
    " cell_id":"00000005",
    " erab_id":"3",
    " sgw_teid":"00000003",
    " sgw_ip":"192.168.0.2",
    " enb_teid":"00000001",
    " enb_ip":"192.168.0.33",
    " qci":7,
    " arp":3,
    " ue_ambr":1000000,
    " apn_ambr":0,
    " mbr_dl":3000000,
    " mbr_ul":1000000,
    " gbr_dl": 2000000,
    " gbr_ul": 1000000,
    " mme_s1apid": 3,
    " enb_s1apid": 1
}
```

- 输出参数示例：

201 Created

### 6.2.4.3  RAB 更新通知 API

图 6-13 是 RNIS 服务向服务消费者发送无线接入承载更新的通知，其中 RabModNotification 包含了 RNI RAB 修改事件信息。RAB 修改过程中主要包含安全参数更新、QoS 更新。其中，安全参数更新一般不作为可被应用使用的参数，因此该接口主要针对 QoS 更新场景。

- URL

//{apiRoot}/rni/v1/subscription/ RabModNotification/{ ue_ipv4_addr } 或者//{apiRoot}/rni / v1/ subscription/ RabModNotification/{ ue_ipv6_addr }

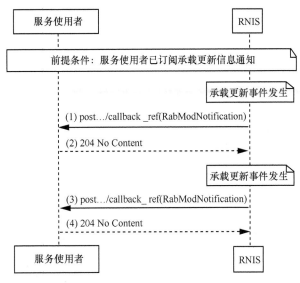

图 6-13　RAB 更新通知

- 格式：JSON
- HTTP 请求方式：post
- 输入参数：

```
Content-Type: application/json
{
    " app_ins_id":"1",
    " cell_id":"00000005",
    " erab_id":"3",
    " qci":6,
    " arp":3,
    " ue_ambr":1000000,
    " apn_ambr":0,
    " mbr_dl":4000000,
    " mbr_ul":3000000,
    " gbr_dl": 2000000,
    " gbr_ul": 1000000,
    " mme_s1apid": 3,
    " enb_s1apid": 1
}
```

- 输出参数示例：

```
200 OK
```

## 6.2.4.4  RAB 释放通知 API

图 6-14 是 RNIS 服务向服务消费者发送无线接入承载释放的通知，其中 RabRelNotification 包含了 RNI RAB 释放事件信息。

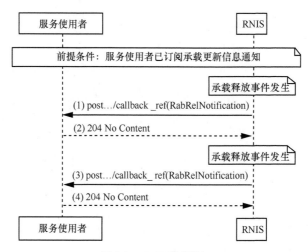

图 6-14  RAB 释放通知

- URL

//{apiRoot}/rni/v1/subscription/ RabMod/{ ue_ipv4_addr } 或 者 //{apiRoot} /rni/v1/ subscription/ RabMod /{ ue_ipv6_addr }

- 格式：JSON

- HTTP 请求方式：post

- 输入参数：

```
Content-Type: application/json
{
    " app_ins_id":"1",
    " cell_id":"00000005",
    " erab_id":"3",
    " qci":6,
    " arp":3,
    " ue_ambr":1000000,
    " apn_ambr":0,
    " mbr_dl":4000000,
    " mbr_ul":3000000,
    " gbr_dl": 2000000,
```

```
    " gbr_ul": 1000000,
    " mme_s1apid": 3,
    " enb_s1apid": 1
}
```

● 输出参数示例：

200 OK

## 6.2.4.5　UE 测量报告通知 API

图 6-15 是 RNIS 服务向服务消费者发送 UE 测量报告的通知，其中 MeasRep UeNotification 包含了 UE 测量报告的事件信息。

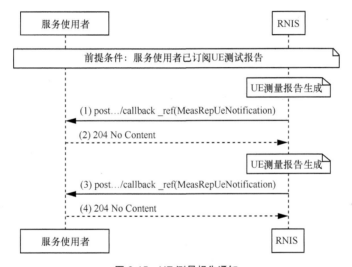

图 6-15　UE 测量报告通知

● URL

//{apiRoot}/rni/v1/subscription/measreq/{　ue_ipv4_addr　}　或　者　//{apiRoot}/rni/v1/subscription/measreq /{ ue_ipv6_addr }

● 格式：JSON

● HTTP 请求方式：post

● 输入参数：

```
Content-Type: application/json
{
    " app_ins_id":"1",
    " cell_id":"00000005",
    " PLMN":{
```

```
        " mcc":"460",
        " mnc":"001"
    }
    " rsrp":35,
    " rsrq":20,
    " sinr":20,
    "eutranNeighbourCellMeasInfo":{
        " cell_id":"00000006",
        " PLMN":{
            " mcc":"460",
            " mnc":"001"
        }
        " rsrp":40,
        " rsrq":35,
        " sinr":17
    }
}
```

- 输出参数示例：

```
200 OK
```

### 6.2.4.6 载波聚合重配置的通知 API

图 6-16 是 RNIS 服务向服务消费者发送承载聚合重配置的通知，其中 CaReConf Notification 包含了承载聚合重配置事件信息。

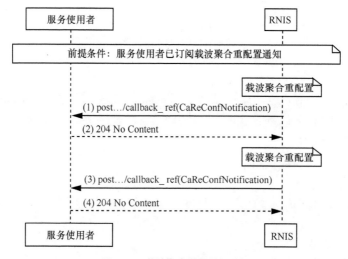

图 6-16 载波聚合重配置的通知

- URL

//{apiRoot}/rni/v1/subscription/CaReConf/{ ue_ipv4_addr } 或 者 //{apiRoot}/rni/v1/subscription/CaReConf/{ ue_ipv6_addr }

- 格式：JSON

- HTTP 请求方式：post

- 输入参数：

```
Content-Type: application/json
{
   " app_ins_id":"1",
   " timestamp":67824503,
   " CellInfo":{
        " cell_id":"00000005",
        " PLMN":{
             " mcc":"460",
             " mnc":"001"
        }
   " SecondaryCellAdd":{
        " cell_id":"00000007",
        " PLMN":{
             " mcc":"460",
             " mnc":"001"
        }
   " SecondaryCellRemove":{
      " cell_id":"00000006",
      " PLMN":{
             " mcc":"460",
             " mnc":"001"
      }
   "CarrierAggregationMea":{
      " Srvcell_id":"00000006",
      " Srvrsrp":35,
      " Srvrsrq":20,
      " Neicell_id":"00000006",
      " Neirsrp":40,
      " Neirsrq":35
   }
}
```

- 输出参数示例：

```
200 OK
```

### 6.2.4.7　S1 承载变更通知 API

图 6-17 是 RNIS 服务向服务消费者发送 S1 承载的通知，其中 S1 Bearer Notification 包含了 S1 承载事件信息。S1 承载通知与 RAB 通知有相近之处，RAB 建立时会建立对应的承载信息，因此该接口可以复用 RAB 通知接口。

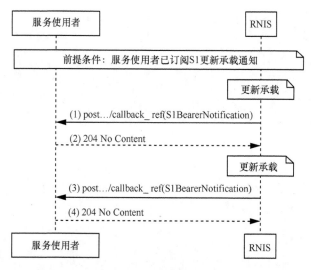

图 6-17　S1 承载变更通知

- URL

//{apiRoot}/rni/v1/subscription/s1bearnotification/{ ue_ipv4_addr } 或者//{apiRoot}/ rni/ v1/ subscription/s1bearnotification/{ ue_ipv6_addr }

- 格式：JSON
- HTTP 请求方式：post
- 输入参数：

```
Content-Type: application/json
{
    " app_ins_id":"1",
    " cell_id":"00000005",
    " PLMN":{
        " mcc":"460",
        " mnc":"001"
    }
    " S1BEARINFO":{
```

```
            " sgw_teid":"00000003",
            " sgw_ip":"192.168.0.2",
            " enb_teid":"00000001",
            " enb_ip":"192.168.0.33",
            " qci":7,
            " mbr_dl":0000000,
            " mbr_ul":0000000,
            " gbr_dl": 0000000,
            " gbr_ul": 0000000,
            " apn_ambr": 1000000
        }
    }
```

• 输出参数示例:

200 OK/204 NO CONTENT

## 6.2.5　基于 RNIS 的典型服务过程

本节主要通过分析 RAB 更新这个典型的场景,对能力开放过程进行简要的描述。基于 MEC 的网络能力开放典型流程,主要分为服务注册、服务订阅、服务通知及针对服务变更控制信息的执行过程。

首先,MEC 平台管理系统完成能力开放相关的功能实体的实例化,在 RAB 改变过程中涉及的功能实体为 TOF(Traffic Offloading,数据分流)、服务 APP、RNIS 以及 SR(Service Register,服务注册)。其中 TOF 为数据分流单元,服务 APP 为 MEC 服务实体,RNIS 为无线网络能力开放实体,SR 为服务注册中心。

各个功能实体注册完成后,向 SR 发起服务注册,告知 SR 服务的状态、能力、通信地址等相关信息。SR 接收到后完成校验并回复响应。服务 APP 作为提供具体服务的实例,订阅 TOF 服务和 RNIS 服务,获得 TOF 服务的状态和通信参数后,则可以完成相应服务流量向 TOF 的下发动作;在获得 RNIS 服务状态的通信参数后,向 RNIS 服务订阅 RAB 事件变更通知。然后服务 APP 从 RNIS 获得某用户 RAB 承载的信息(包含 QoS 信息),根据 QoS 信息进行本地的 QoS 策略执行(例如视频转码、流量整形等)。当 RAB 改变时,RNIS 通知服务 APP 变更后的承载信息,服务 APP 根据变更后的信息,更新本地 QoS 策略及执行。基于 RNIS 的典型服务过程如图 6-18 所示。

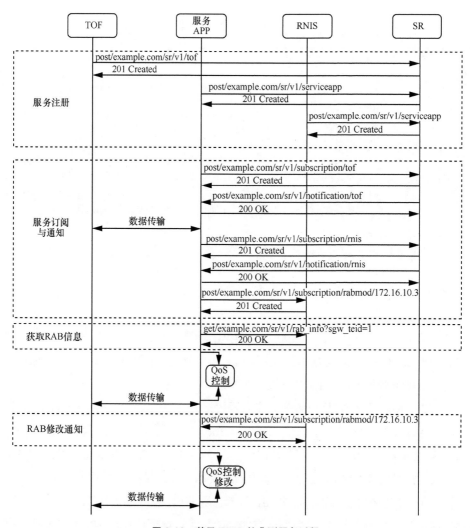

图 6-18　基于 RNIS 的典型服务过程

# |6.3　位置信息服务|

## 6.3.1　位置信息服务类型

位置服务在 ETSI 中定义的 MP1 参考点上注册和被发现。目前，位置服务支持位置检索机制，即每个位置仅报告一次位置信息。同时支持位置订阅机制，即对于每个位置请求可多次报告位置，或者周期性地，或者基于特定事件，例如位置改变，报告位置信息。除此之外，位置服务支持匿名位置报告，即没有相关的 UEID 信息，例如统计集合。通常的位置服务既可支持地理位置（例如地理坐标），也可支持逻辑位置（例如小区）。

目前，位置服务支持下列位置信息[5]：

- 与 MEC 主机相关联的无线节点当前服务的特定 UE 的位置信息；
- 与 MEC 主机相关联的无线节点当前服务的所有 UE 的位置信息；
- 与 MEC 主机相关联的无线节点当前服务的特定种类 UE 的位置信息；
- 某一特定位置的 UE 列表；
- 进出某一特定位置的特定 UE；
- 目前与 MEC 主机相关的所有无线节点的位置信息。

## 6.3.2　获取某个特定 UE 的位置信息 API

图 6-19 是位置信息消费者通过位置 API 获取某个特定 UE 的位置信息。

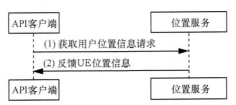

**图 6-19　获取某个特定 UE 的位置信息**

（1）MEC 应用通过向表示 UE 位置的资源发送请求来查找 UE 位置，该资源包括 UE(s)标识符，例如 UE IP 地址。

（2）如果接受 UE 位置查找，则位置服务返回响应需要包含与请求中用户标识相关联的用户信息的数据实例，数据实例可以直接包含位置信息，如果没有直接包含位置信息，则可以从单独的接入点信息中获得，此时需要进行两步查询。ETSI 推荐的查询方式如下。

**步骤 1**　查询获得区域标识和接入点标识

```
Request
GET /exampleAPI/location/v1/users/acr%3A10.0.0.1 HTTP/1.1
Host: example.com
Accept: application/json
Response
HTTP/1.1 200 OK
```

Date: Sun, 01 Jan 2017 00:38:59 GMT
Content-Type: application/json
Content-Length: nnnn
{"userInfo": {
"address": "acr:10.0.0.1",
"accessPointId": "00101000000000000000000000000001",
"zoneId": "zone01",
"resourceURL":
"http://example.com/exampleAPI/location/v1/users/acr%3A10.0.0.1"
}}

**步骤 2  通过接入点标识获得位置信息**

Request
GET
/exampleAPI/location/v1/zones/zone01/accessPoints/00101000000000000000000000000001
HTTP/1.1
Host: example.com
Accept: application/json
Response
HTTP/1.1 200 OK
Date: Sun, 01 Jan 2017 00:38:59 GMT
Content-Type: application/json
Content-Length: nnnn
{"accessPointInfo": {
"accessPointId": "00101000000000000000000000000001",
"locationInfo": {
"latitude": "80.123",
"longitude": "70.123",
"altitude": "10.0",
"accuracy": "0"
},
"connectionType": "Macro",
"operationStatus": "Serviceable",
"numberOfUsers": "15",
"interestRealm": "LA",
"resourceURL":
"http://example.com/exampleAPI/location/v1/zones/zone01/accessPoints/ap001"
}}

## 6.3.3  获取某个位置下 UE 所有信息 API

图 6-20 是位置信息消费者通过位置 API 获取某个位置下所有 UE 信息的流程。

图 6-20　获取某个位置下 UE 所有信息

（1）MEC 应用程序通过向表示 UE 信息的资源发送请求来查找特定区域中的 UE 信息，该资源包括位置区域信息。

（2）如果接受 UE 信息查找，则定位服务返回消息体包括位置区域中 UE 列表的响应。ETSI 推荐的查询方式如下：

```
Request
GET /exampleAPI/location/v1/users HTTP/1.1
Host: example.com
Accept: application/json
Response
HTTP/1.1 200 OK
Date: Sun, 01 Jan 2017 00:38:59 GMT
Content-Type: application/json
Content-Length: nnnn
{"userList": {
"user": [
{
"address": "acr:10.0.0.1",
"accessPointId": "001010000000000000000000000000001",
"zoneId": "zone01",
"resourceURL":
"http://example.com/exampleAPI/location/v1/users/acr%3A10.0.0.1"
ETSI
17 ETSI GS MEC 013 V1.1.1 (2017-07)
},
{
"address": "acr:10.0.0.2",
"accessPointId": "001010000000000000000000000000001",
"zoneId": "zone01",
"resourceURL":
  "http://example.com/exampleAPI/location/v1/users/acr%3A10.0.0.2"
},
{
"address": "acr:10.0.0.3",
```

```
"accessPointId": "001010000000000000000000000000002",
"zoneId": "zone01",
"resourceURL":
"http://example.com/exampleAPI/location/v1/users/acr%3A10.0.0.3"
},
{
"address": "acr:10.0.0.4",
"accessPointId": "001010000000000000000000000000004",
"zoneId": "zone02",
"resourceURL":
"http://example.com/exampleAPI/location/v1/users/acr%3A10.0.0.4"
},
{
"address": "acr:10.0.0.5",
"accessPointId": "001010000000000000000000000000005",
"zoneId": "zone02",
"resourceURL":
"http://example.com/exampleAPI/location/v1/users/acr%3A10.0.0.5"
}
],
"resourceURL":
"http://example.com/exampleAPI/location/v1/users"
}}
```

## 6.3.4　UE 位置订阅 API

图 6-21 是应用程序获取特定 UE 或一组 UE 的最新数据位置信息的过程。在一个时间段内，帮助应用程序跟踪 UE（s）。在此过程中，位置服务将继续报告订阅信息，直到订阅被取消为止。

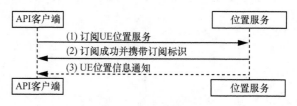

图 6-21　UE 位置订阅

（1）MEC 应用程序通过向表示 UE 信息的资源发送请求来查找特定区域中的 UE 信息，该资源包括位置区域信息。

（2）如果接受 UE 信息查找，则定位服务返回消息体包括位置区域中 UE 列表的响应。

```
Request
POST /exampleAPI/location/v1/subscriptions/userTracking HTTP/1.1
Content-Type: application/json
Content-Length: nnnn
Accept: application/json
Host: example.com
{"userTrackingSubscription": {
"clientCorrelator": "0123",
"callbackReference": {"notifyURL":
"http://clientApp.example.com/location_notifications/123456"},
"address": "acr:10.0.0.1",
"userEventCriteria" : "Transferring"
}}
Response
HTTP/1.1 201 Created
Content-Type: application/json
Location:
http://example.com/exampleAPI/location/v1/subscriptions/userTracking/subscription123
Content-Length: nnnn
Date: Sun, 01 Jan 2017 00:38:59 GMT
{"userTrackingSubscription": {
"clientCorrelator": "0123",
"resourceURL":
"http://example.com/exampleAPI/location/v1/subscriptions/userTracking/subscription123",
"callbackReference": {"notifyURL":
"http://clientApp.example.com/location_notifications/123456"},
"address": "acr:10.0.0.1",
"userEventCriteria" : "Transferring"
}}
```

# | 6.4　带宽管理服务[6] |

## 6.4.1　注册和去注册带宽管理服务

MEC 应用程序实例注册到 BWMS（Bandwidth Management Service，带宽管理

服务），如图6-22所示，包括以下步骤。

（1）MEC应用实例向BWMS发送注册请求，携带其带宽要求（带宽大小\优先级）。

（2）BWMS响应注册和初始化结果。

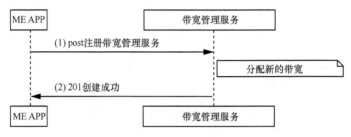

图6-22　带宽管理服务注册

MEC应用程序实例从BWMS中注销，如图6-23所示，包括以下步骤。

（1）MEC应用程序实例向BWMS发送注销请求。

（2）BWMS回应取消登记。

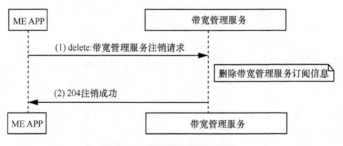

图6-23　带宽管理服务去注册

## 6.4.2　更新所请求的带宽信息

MEC应用程序实例更新对BWMS的请求带宽要求，如图6-24所示。

（1）MEC应用程序实例发送更新BWMS上特定带宽分配的请求。

（2）BWMS对更新批准做出响应。

## 6.4.3　获取所配置的带宽分配信息

MEC应用程序实例从BWMS获得其配置的带宽，如图6-25所示。

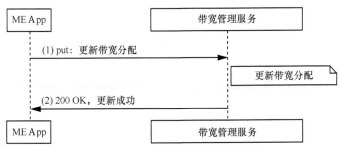

图 6-24　更新所请求的带宽信息

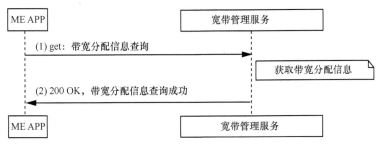

图 6-25　获取所配置的带宽分配信息

（1）MEC 应用程序实例发送请求，以便在 BWMS 上获得其配置的带宽分配。

（2）BWMS 响应带宽分配信息。

# |6.5　小结|

　　基于 MEC 的网络能力开放为创新型业务应用的开发及上线、打造良好的 MEC 产业生态链提供了基础。由于当前 5G 网络能力开放的相关标准还在继续完善中，因此目前 ETSI 所定义的网络能力开放中相关参数主要参考 LTE 网络。后续将随着 5G 相关标准的持续完善，并基于统一的 RESTful 接口进一步丰富并细化相关能力以及网络参数。

　　除此之外，当前网络能力开放的接口和参数仍旧呈现出不成熟的一面。开放接口的交互形式和参数仍旧基于无线网络和核心网的传统参数，尚未做到以业务为中心抽象组合能力开放参数。这种现状一定程度上带来了业务与网络融合的障碍。但是随着技术和架构的不断演进，与越来越多的业务场景结合的网络能力开放将逐步成熟。

# | 参考文献 |

[1] ETSI. Mobile edge computing (MEC); framework and architecture V1.1.1: GS MEC 003[S]. 2016.

[2] ETSI. Mobile edge computing (MEC); general principles for mobile edge service APIs, V0.6.0: GS MEC 009[S]. 2016.

[3] ETSI. Mobile edge computing (MEC); radio network information API, V0.3.0: GS MEC 012[S]. 2016.

[4] ETSI. Mobile edge computing (MEC); service scenarios, V1.1.1: GS MEC-IEG 004[S]. 2015.

[5] ETSI. Mobile edge computing (MEC); location service API, V0.1.4: GS MEC 013[S]. 2016.

[6] ETSI. Mobile edge computing (MEC); bandwidth manager API, V0.2.2: GS MEC 015[S]. 2016.

第 7 章

# MEC 场景下的移动性管理

终 端移动导致终端的数据到应用的路径变化、负载平衡以及性能不满足
等导致的应用迁移、终端在 MEC 覆盖区与非 MEC 覆盖区间的切换是
MEC 场景下 3 种典型的移动性问题，其用户会话以及应用的连续性保证，成
为 MEC 落地部署的关键。本章将详细分析 MEC 场景下会话连续性以及应用
连续性的解决方案，并对可能面临的挑战进行了总结讨论。

本章首先归纳总结了 MEC 场景下移动性管理面临的问题，并梳理给出了所涉及的技术点。其次，详细介绍了基站间切换、UL CL 或 BP 分支点功能添加删除、边缘 UPF 切换、集中 UPF 重选以及 MEC 应用迁移等问题。最后针对 MEC 场景下移动性管理可能面临的挑战进行了总结讨论。

## |7.1 移动性问题描述 |

如第 3 章所述，MEC 场景下移动性主要包含如下 3 种场景[1-3]，如图 7-1所示。

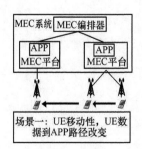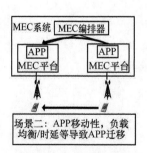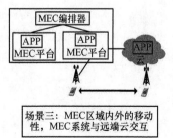

图 7-1　MEC 场景下的移动性分类

- 场景一：终端移动切换导致终端数据到应用的路径变化。
- 场景二：负载平衡、性能不满足等导致应用迁移。

- 场景三：终端在 MEC 覆盖区域与非 MEC 覆盖区间移动时，MEC 系统与其他系统的交互。

因此，针对上述场景，如何保证用户会话以及业务的连续性，成为 MEC 落地部署的关键问题之一[4-7]。

基于上述三大类移动性场景，并结合 5G 网络架构，图 7-2 详细给出了终端用户移动可能导致的移动性问题。

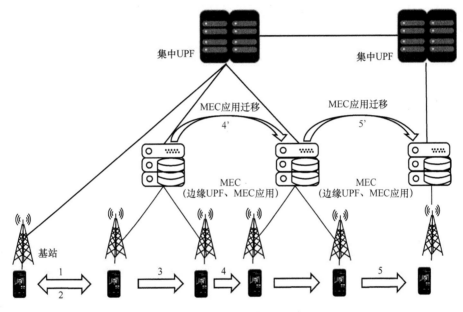

图 7-2　MEC 场景下移动性示意图

（1）同一集中 UPF 下，用户从非 MEC 覆盖区进入 MEC 覆盖区

该场景下，终端用户由非 MEC 覆盖区下基站切换至 MEC 覆盖区内基站，此时涉及基站间切换以及边缘 UPF 中 UL CL 或者 BP 分支点功能的添加。

（2）同一集中 UPF 下，用户从 MEC 覆盖区进入非 MEC 覆盖区

该场景下，终端用户由 MEC 覆盖区下基站切换至非 MEC 覆盖区内基站，此时涉及基站间切换以及边缘 UPF 中 UL CL 或者 BP 分支点功能的删除。

（3）同一集中 UPF 下，用户在同一 MEC 覆盖范围下跨基站切换

该场景下，终端用户在同一 MEC 覆盖范围内的基站间发生切换，由于未涉及边缘 UPF 间的切换，因此仅涉及基站间切换。

（4）同一集中 UPF 下，用户在不同 MEC 覆盖范围下跨基站切换

该场景下，终端用户由于从一个 MEC 覆盖区切换至其他 MEC 覆盖区，除了底层的基站间切换外，还包括边缘 UPF 的切换以及跨 MEC 切换导致的 MEC 业务应用迁移。

（5）用户在不同的集中 UPF 间切换

该场景下，终端用户从一个集中 UPF 的覆盖区切换至其他集中 UPF 覆盖区，此时除了底层的基站间切换外，还包括集中 UPF、边缘 UPF 的重选以及对应 UL CL 或 BP 分支点功能的添加。

基于上述分析，MEC 场景下的移动性管理问题可以归纳为如下几个技术点：

- 基站间切换，不涉及集中 UPF 重新分配；
- 基站间切换，涉及 UL CL 或 BP 分支点功能的添加与删除；
- 基站间切换，涉及边缘 UPF 间切换；
- MEC 应用连续性；
- 基站间切换，涉及集中 UPF 重选。

下面将针对上述所列问题逐一进行分析讨论。

## | 7.2 基站间切换（无集中 UPF 重选）|

本节主要介绍同一集中 UPF 场景下基站间的切换流程，跨集中 UPF 的切换将在第 7.5 节中讨论分析。由于目前 3GPP 主要支持基于 Xn 口以及基于 N2 口的切换[8]，简单起见，下面将以基于 Xn 口的切换为例进行相关流程介绍。

图 7-3 给出了同一集中 UPF 场景下基站间的切换流程。可以看出，终端用户由于其移动性导致其发生基站间切换，即从源 NR-RAN（新空口基站）切换到目标NR-RAN，其具体流程如下所述。

（1）目标 NG-RAN 至 AMF：通过 N2 接口发送路径倒换请求消息，通知其终端用户已进入目标小区并提供需要倒换的 PDU 会话列表。

（2）AMF 至 SMF：发送 PDU 会话管理上下文更新请求消息，携带 N2 会话信息、PDU 会话拒绝原因、用户位置信息等。

（3）SMF 至 UPF：通过 N4 接口发送会话修改请求消息，携带接入侧和核心网侧隧道信息。

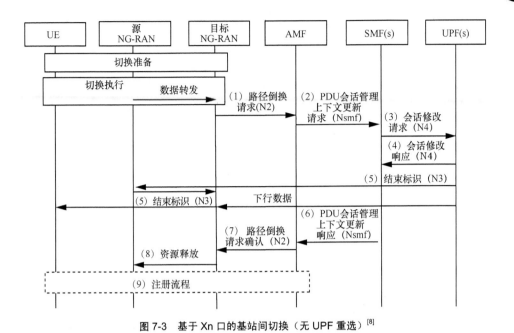

图 7-3　基于 Xn 口的基站间切换（无 UPF 重选）[8]

（4）UPF 至 SMF：通过 N4 接口发送会话修改响应消息，携带核心网侧隧道信息。

（5）UPF 至源 NG-RAN：通过 N3 接口发送一个或多个结束标识数据分组给源 NG-RAN，源 NG-RAN 收到后发送至目标 NG-RAN，便于数据分组重排序。此后，UPF 将下行数据分组直接发送至目标 NG-RAN。

（6）SMF 至 AMF：发送 PDU 会话管理上下文更新响应消息，携带核心网侧隧道信息。

（7）AMF 至目标 NG-RAN：通过 N2 接口发送路径倒换请求确认消息。

（8）目标 NG-RAN 至源 NG-RAN：目标 NG-RAN 确认切换成功后发送资源释放消息至源 NG-RAN。

（9）终端用户在特定条件下发起移动性注册更新过程。

可以看出，上述基于 Xn 口的基站间切换以及基于 N2 口的基站间切换是第 7.1 节所述的 5 种移动性问题的基础，其中，由于移动性问题（3）中未涉及边缘 UPF 间切换以及 MEC 本地应用的迁移，所以仅需通过上述基站间切换就可以满足其移动性需求。除此之外，另外几种移动性问题还需要其他流程配合，进而实现其 MEC 场景下的移动性管理。由于篇幅所限，这里仅介绍了基于 Xn 口的切换，更为

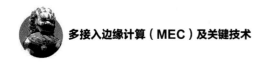

详细的切换信令以及基于 N2 口的切换见参考文献[1]中相关内容。

# |7.3 UL CL 或 BP 分支点功能的添加与删除 |

当终端用户从非 MEC 覆盖区进入 MEC 覆盖区，或者从 MEC 覆盖区移出至非 MEC 覆盖区，此时终端用户在进行基站间切换的同时，SMF 会根据需求完成支持 5G MEC 的 UL CL 或者 BP 分支点功能的添加与删除[9]。

## 7.3.1 UL CL 或 BP 分支点功能添加

此时包含两类场景，一类是终端切换进入 MEC 覆盖区时同时插入边缘 UPF 并激活对应的 UL CL 或者 BP 分支点功能；另一类是终端用户已经进入 MEC 覆盖区，但某时刻需要根据业务应用需求添加对应的 UL CL 或者 BP 分支点功能。与之对应的 UL CL 或者 BP 分支点功能的删除也存在两种不同的场景，下面将分情况进行讨论。

### 7.3.1.1 切换触发添加 UL CL 或者 BP 分支点功能

图 7-4 给出了当终端用户由于发生基站间切换从非 MEC 移动至 MEC 覆盖区时，此时 AMF 没有改变，但 SMF 根据 PCF 策略需要同时插入边缘 UPF 以及对应的 UL CL 或者 BP 分支点功能。图 7-4 中 I-UPF 对应为 UL CL 或者 BP 分支点功能以及对应的会话锚点，具体流程说明如下。

（1）目标 NG-RAN 至 AMF：通过 N2 接口发送路径倒换请求消息，通知其终端用户已进入目标小区并提供需要倒换的 PDU 会话列表。

（2）AMF 至 SMF：发送 PDU 会话管理上下文更新请求消息，携带 N2 会话信息、PDU 会话拒绝原因、用户位置信息等。

（3）SMF 至 I-UPF：通过 N4 接口发送会话建立请求，携带目标 NG-RAN 隧道信息、核心网 PDU 会话锚点侧隧道信息等。如果 SMF 已经分配好 I-UPF 侧的上下行隧道信息，则会在上述消息中同时携带。

（4）I-UPF 至 SMF：通过 N4 接口发送会话建立响应，且如果是 UPF 给 I-UPF 分配隧道信息，则 I-UPF 侧上下行隧道信息会随该响应消息反馈至 SMF。

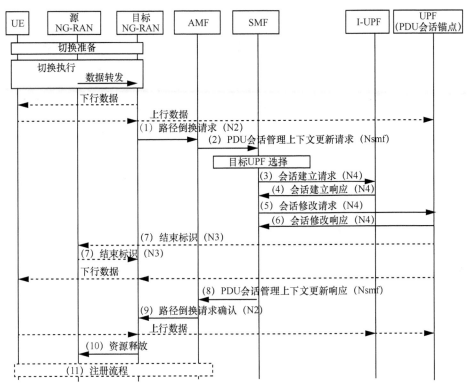

**图 7-4　切换触发添加 UL CL 或者 BP 分支点功能[8]**

（5）SMF 至 UPF（PDU 会话锚点）：通过 N4 接口发送会话修改请求消息，携带下行所需的 I-UPF 侧隧道信息。

（6）UPF（PDU 会话锚点）至 SMF：通过 N4 接口发送会话修改响应消息。

（7）UPF 至源 NG-RAN：通过 N3 接口发送一个或多个结束标识数据分组给源 NG-RAN，源 NG-RAN 收到后发送至目标 NG-RAN，便于数据分组重排序。此后，后续 PDU 会话锚点则通过 I-UPF 将下行数据发送至目标 NG-RAN。

（8）SMF 至 AMF：发送 PDU 会话管理上下文更新响应消息，携带核心网侧隧道信息。

（9）AMF 至目标 NG-RAN：通过 N2 接口发送路径倒换请求确认消息。

（10）目标 NG-RAN 至源 NG-RAN：目标 NG-RAN 确认切换成功后发送资源释放消息至源 NG-RAN。

（11）终端用户在特定条件下发起移动性注册更新过程。

可以看出，基于上述 Xn 口的基站间切换完成的同时完成边缘 UPF（具备 UL CL 或者 BP 功能以及边缘锚点）的插入，可以实现用户从非 MEC 覆盖区至 MEC 覆盖区的切换，并完成 MEC 业务应用访问所需的本地灵活路由功能的支持。

### 7.3.1.2 业务应用触发添加 UL CL 或者 BP 分支点功能

上述边缘 UPF（具备 UL CL 或者 BP 功能以及边缘锚点）的插入是 SMF 根据 PCF 策略在终端用户切换进入 MEC 覆盖区时完成的。除该场景外，还存在用户虽然刚开始在 MEC 覆盖区，但并没有发起本地业务需求，此时终端用户的会话是在基站与集中 UPF 直接建立的。当终端发起 MEC 本地业务时，此时 SMF 可能会根据 PCF 预先配置的策略，在现有会话的基础上为用户选择合适的边缘 UPF 并进行 UL CL 或者 BP 分支点功能的添加激活，从而实现 MEC 本地业务应用的访问。其中 UL CL 或者 BP 分支点功能的添加流程如图 7-5 所示，即在已有 PDU 会话基础上，SMF 根据 PCF 策略等触发 UL CL 或者 BP 分支点的添加流程。具体添加过程说明如下。

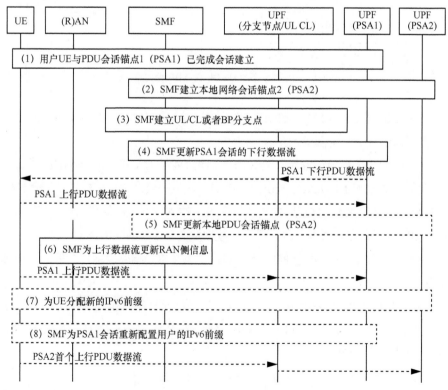

图 7-5 业务应用触发添加 UL CL 或者 BP 分支点功能[10]

（1）终端用户已经完成一个 PDU 会话的建立，且选择 PSA1 作为其会话锚点。

（2）SMF 根据需求（例如新的业务流、PCF 策略等）决定建立新的 PDU 会话锚点，此时 SMF 选择合适的 UPF 并通过 N4 接口建立新的 PDU 会话锚点 PSA2。对于 IPv6 多归属方案，此时 SMF 还需要为用户分配新的 IPv6 前缀对应 PDU 会话锚点 PSA2。

（3）SMF 选择合适的 UPF 并通过 N4 接口为 PDU 会话添加 UL CL 或者 BP 分支点功能，并提供所需的上行数据流转发规则以及相应的核心网侧隧道信息，用于实现不同数据流转发至会话锚点 PSA1 或者 PSA2。除此之外，SMF 也会提供接入网侧隧道信息用于下行数据转发。对于 IPv6 多归属方案，此时 SMF 需提供根据 IPv6 前缀实现不同数据流（分别对应 PSA1 和 PSA2）的过滤规则。在 UL CL 方案中，SMF 需提供对应的数据流过滤规则（目标 IP 地址，目标 IP 地址与端口号等）用于面向 PSA1 和 PSA2 的数据流分流。

值得注意的是，由于一个 UPF 可以同时支持 PDU 会话锚点和 UL CL 或 BP 分支点功能，因此当会话锚点 PSA2 和 UL CL 或 BP 分支点功能部署在同一 UPF 上时，步骤（2）和步骤（3）可以合并处理。

（4）SMF 通过 N4 接口更新会话锚点 PSA1 的信息，主要包括 UL CL 或 BP 节点连接核心网侧的隧道信息，用于来自会话锚点 PSA1 的下行数据流的发送。

同样，当会话锚点 PSA1 和 UL CL 或 BP 分支点功能部署在同一 UPF 上时，步骤（3）和步骤（4）可以合并处理。

（5）SMF 通过 N4 接口更新会话锚点 PSA2 的信息，主要包括 UL CL 或 BP 节点连接核心网侧的隧道信息，用于来自会话锚点 PSA2 的下行数据流的发送。

当会话锚点 PSA2 和 UL CL 或 BP 分支点功能部署在同一 UPF 上时，步骤（5）可以省略。

（6）AMF 根据 N11 收到的 SMF 信息通过 N2 接口更新 RAN 侧连接核心网 UPF（UL CL 或者 BP 节点）的隧道信息，保证上行数据流的发送。当采用 UL CL 方案时，如果在插入 UL CL 功能与 RAN 间已经存在 UPF 时，则此时只需要 SMF 通过 N4 接口更新已有 UPF 的信息即可，无需更新 RAN 侧信息。

（7）当采用 IPv6 多归属方案时，SMF 需要通过 IPv6 路由通告报文通知 UE 会话锚点 PSA2 可用的 IPv6 前缀。

（8）当采用 IPv6 多归属方案时，SMF 可以通过 IPv6 路由通告报文重新配置 UE 原有 IPv6 前缀。

可以看出，上述两种添加 UL CL 或者 BP 分支点功能流程基本相同，唯一区别是一种主要由基站间切换引起，另一种由业务应用需求触发。结合对上述 MEC 场景下的移动性问题（1）的描述，当终端用户通过基站间切换进入 MEC 覆盖区时，通过业务应用或者 PCF 策略等触发 SMF 完成 UL CL 或者 BP 分支点功能的添加，从而实现了从非 MEC 区域到 MEC 区域的切入以及本地业务应用访问所需的本地分流等规则的建立。

## 7.3.2　UL CL 和 BP 分支点功能删除

如前所述，UL CL 或者 BP 分支点功能的删除存在切换时同时删除，或者根据业务应用需求在非切换时进行 UL CL 或者 BP 分支点功能的删除，具体介绍如下。

### 7.3.2.1　切换触发删除 UL CL 或者 BP 分支点功能

图 7-6 给出了当终端用户由于发生基站间切换，从 MEC 移动至非 MEC 覆盖区时，此时 AMF 没有改变，但 SMF 根据 PCF 策略需要删除边缘 UPF 以及对应的 UL CL 或者 BP 分支点功能。图 7-6 中 I-UPF 为 UL CL 或者 BP 分支点功能以及对应的会话锚点，具体流程说明如下。

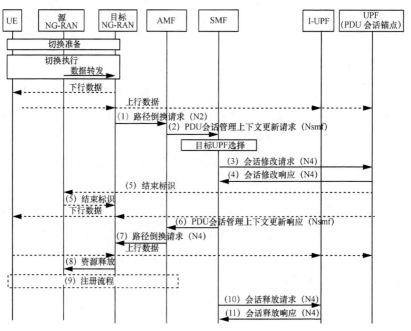

图 7-6　切换触发删除 UL CL 或者 BP 分支点功能

（1）目标 NG-RAN 至 AMF：通过 N2 接口发送路径倒换请求消息，通知其终端用户已进入目标小区并提供需要倒换的 PDU 会话列表。

（2）AMF 至 SMF：发送 PDU 会话管理上下文更新请求消息，携带 N2 会话信息、PDU 会话拒绝原因、用户位置信息等。

（3）SMF 至 UPF（PDU 会话锚点）：通过 N4 接口发送会话修改请求消息，携带接入侧隧道信息。

（4）UPF（PDU 会话锚点）至 SMF：通过 N4 接口发送会话修改响应消息，携带核心网侧隧道信息。

（5）UPF 至源 NG-RAN：通过 N3 接口发送一个或多个结束标识数据分组给源 NG-RAN，源 NG-RAN 收到后发送至目标 NG-RAN，便于数据分组重排序。此后，后续 PDU 会话锚点则通过 I-UPF 将下行数据发送至目标 NG-RAN。

（6）SMF 至 AMF：发送 PDU 会话管理上下文更新响应消息，携带核心网侧隧道信息。

（7）AMF 至目标 NG-RAN：通过 N2 接口发送路径倒换请求确认消息。

（8）目标 NG-RAN 至源 NG-RAN：目标 NG-RAN 确认切换成功后发送资源释放消息至源 NG-RAN。

（9）终端用户在特定条件下发起移动性注册更新过程。

（10）SMF 至 I-UPF：通过 N4 接口发送会话释放请求，携带释放原因。

（11）I-UPF 至 SMF：通过 N4 接口发送会话释放确认。

可以看出，对于 MEC 场景下的移动性问题（2），即当终端用户从 MEC 覆盖区移出到非 MEC 覆盖区时，SMF 需要更新 RAN 侧以及集中 UPF 侧隧道信息，释放 UL CL 以及 BP 分支点，并通过会话释放请求完成相关会话释放，从而使得终端用户在非 MEC 覆盖区无法进行本地边缘业务的访问。若采用 IPv6 多归属方案，则需同时通知 UE 停止使用之前本地分流所使用的 IPv6 前缀。

## 7.3.2.2　业务应用触发 UL CL 或者 BP 分支点功能的删除

除了终端用户移动切换导致的 UL CL 或者 BP 分支点功能删除外，也存在即使终端用户未发生切换，但其特定的 MEC 业务应用已完成或者超过时间限制等，此时可能会根据 PCF 策略完成其 UL CL 和 BP 分支点功能的删除。此时 SMF 需要更新 RAN 侧及集中 UPF 侧隧道信息，从而释放 UL CL 以及 BP 分支点，如图 7-7 所

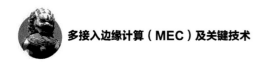

示。对于采用 IPv6 多归属方案，则需同时通知 UE 停止使用之前本地分流所使用的 IPv6 前缀。详细的删除流程说明如下。

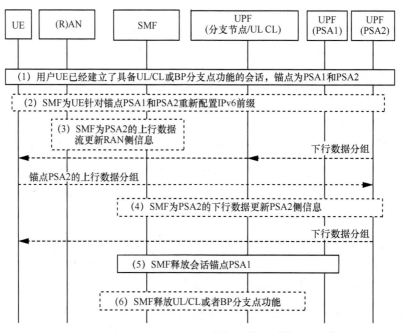

图 7-7    UL CL 和 BP 分支点功能删除[10]

（1）UE 已经建立了具备 ULCL 和 BP 分支点功能的 PDU 会话，会话锚点分别为 PSA1 和 PSA2，如图 7-5 所示。假设某个时间由于 UE 移动或者数据流完成需要移出原有 PDU 会话锚点 PSA1。

（2）当采用 IPv6 多归属方案时，SMF 需要基于 IPv6 路由通告报文通知 UE 停止使用对应会话锚点 PSA1 的 IPv6 前缀，UE 后续所有数据流需采用对应锚点 PSA2 的 IPv6 前缀。

（3）如果决定删除 UL CL 或 BP 分支点功能，则 SMF 需要更新 RAN 侧连接核心网的隧道信息，更新为 PSA2 的地址；当采用 UL CL 方案时，如果在将要删除的 UL CL 节点与 RAN 间已经存在 UPF，则此时只需要 SMF 通过 N4 接口更新已有 UPF 的信息即可，无需更新 RAN 侧信息。

（4）SMF 通过 N4 接口为下行数据流发送更新 PSA2 侧隧道信息，当采用 UL CL 方案时，如果在将要删除的 UL CL 节点与 RAN 间已经存在 UPF，则此时只需要将

PSA2 侧对应的隧道信息更新连接上述 UPF 所需的隧道信息即可。

（5）SMF 通过 N4 接口释放 PSA1 会话锚点。当采用 IPv6 多归属方案时，SMF 也同时会释放对应的 IPv6 前缀。

（6）如果步骤（3）、步骤（4）执行完成，则 SMF 释放 UL CL 或 BP 分支点。

基于上述流程，即使终端用户未发生切换，依然可以根据其业务应用需求以及 PCF 策略等触发 SMF 完成 UL CL 或者 BP 分支点功能的删除，使得终端用户无法完成本地边缘业务的访问。

综上所述，在同一集中 UPF 场景下，当终端用户在 MEC 覆盖区与非 MEC 覆盖区间相互移动切换时（对应移动性问题（1）、（2）），通过基站间切换流程以及 UL CL 或者 BP 分支点功能的添加和删除，从而实现终端用户的移动以及本地 MEC 应用的访问。

# | 7.4　边缘 UPF 间切换 |

相比于移动性问题（1）～（3），在问题（4）中，由于终端用户在两个 MEC 覆盖区之间切换，此时除了基站间切换外，还涉及边缘 UPF 间的切换以及可能导致的 MEC 应用迁移。因此，下面以 Xn 口切换为例，重点介绍边缘 UPF 间的切换流程。此时 AMF 没有改变，但 SMF 根据 PCF 策略需要改变其边缘 UPF，图 7-8 中源 UPF 和目标 UPF 分别可以对应源 UL CL 或者 BP 分支点功能、会话锚点以及目标 UL CL 或者 BP 分支点功能、会话锚点。具体流程说明如下。

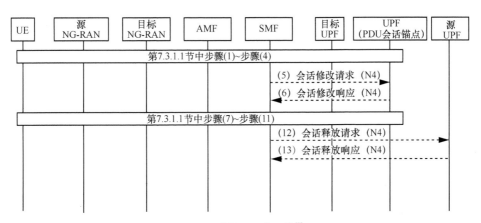

图 7-8　边缘 UPF 间切换[8]

步骤（1）~步骤（4）与图 7-4 中步骤（1）~步骤（4）相同，即 SMF 根据终端用户移动以及 PCF 策略等向目标 UPF 发起会话建立请求，并收到目标 UPF 的会话建立响应。

（5）SMF 至 UPF（PDU 会话锚点）：通过 N4 接口发送会话修改请求消息，携带下行所需的目标 UPF 侧隧道信息。

（6）UPF（PDU 会话锚点）至 SMF：通过 N4 接口发送会话修改响应消息。

步骤（7）~步骤（11）与图 7-4 中步骤（7）~步骤（11）相同，主要完成 PDU 会话管理上下文更新以及路径倒换。

（12）SMF 至源 UPF：通过 N4 接口发送会话释放请求，携带释放原因。

（13）源 UPF 至 SMF：通过 N4 接口发送会话释放确认。

基于上述步骤，终端用户可以完成在同一集中 UPF 场景下，不同 MEC 覆盖区之间的切换。可以看出，上述切换仅仅是用户完成了与新的边缘 UPF 会话的建立以及对应 UL CL 或者 BP 分支点功能的添加，由此而导致的 MEC 应用迁移将会在后续章节进行详细叙述。

# | 7.5 集中 UPF 重选 |

为了保障会话以及业务的连续性，3GPP 提出了 3 种不同的模式，包括 SSC 模式一、SSC 模式二、SSC 模式三，具体介绍如下。

（1）SSC 模式一：PDU 会话建立时选择的 PDU 会话锚点（UPF），不会因为终端用户的移动而发生改变，即用户的 IP 地址保持不变。对于采用 SSC 模式一的会话，可以根据 IPv6 多归属方案或者 UL CL 方案分配或者释放额外的会话锚点，对应 IPv6 多归属方案时分配的额外 IPv6 前缀也会改变。

（2）SSC 模式二：当终端用户仅有一个 PDU 会话锚点且采用 SSC 模式二时，用户离开原 UPF 区域，网络会触发释放原有 PDU 会话，并指示终端用户选择新的 UPF 与同一数据网络建立新的 PDU 会话。当终端用户仅有一个 PDU 会话具备多个 PDU 会话锚点（IPv6 多归属以及 UL CL 方案），此时额外的 PDU 会话锚点会被释放并重新分配。

（3）SSC 模式三：在 SSC 模式三下，网络允许在新的 PDU 会话（新的 PDU 会话锚点接入同一数据网络）建立完成前依然保持用户与原 PDU 会话锚点间的 PDU 会话，此时用户同时拥有两个 UPF 会话锚点和 PDU 会话，最后可以释放掉原 PDU 会话。

对于基于 IPv6 多归属或 UL CL 方案一个会话有多个锚点的场景，当采用 SSC 模式三时，这些额外的会话锚点会被释放或者重新分配。

基于上述分析可以看出，对于基于 IPv6 多归属以及 UL CL 的 MEC 本地业务接入方案，无论其 PDU 会话采用何种模式，其额外增加的本地会话锚点均会被释放或者重新分配。然而，针对基于 LADN 的本地边缘网络接入方案，可以通过 SSC 模式三，保证业务的连续。

综上所述，当终端用户移动导致集中 UPF 发生重选的时候，其 UL CL 或者 BP 分支点功能的添加过程会在 AMF 与新的目标集中 UPF 的建立会话过程中，由 SMF 根据 PCF 策略等直接完成。下面以 SSC 模式二为例进行集中 UPF 重选的说明，如图 7-9 所示。

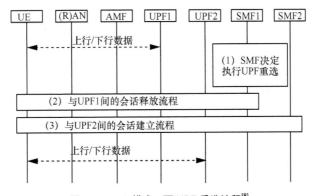

图 7-9　SSC 模式二下 UPF 重选流程[8]

针对第 7.1 节所述的移动问题（5），当终端用户进行集中 UPF 重选时，SMF 在建立与目标 UPF 间的 PDU 会话时（步骤（3）），会根据终端移动、业务应用以及 PCF 策略等进行 UL CL 或者 BP 分支点功能的添加，从而实现边缘 MEC 业务的访问。如果源 UPF 和目标 UPF 下都存在 MEC 业务应用，则此时还可能会涉及 MEC 应用迁移。

## | 7.6　MEC 应用连续性 |

在前述移动性问题（3）中，终端用户虽然经历了不同的基站间切换，但其依然在同一 MEC 覆盖范围内，此时无需进行 MEC 应用迁移。然而对于移动性问题（4）和（5），终端用户的移动导致其在不同的 MEC 覆盖范围下进行切换，除了涉及底层网络中的基站以及边缘 UPF 间的切换外，由不同 MEC 应用覆盖范围以及终端用户切换后导致的业务应用访问时延增加等问题，此时需要进行跨 MEC 平台间的业务应用迁移，从而避免 MEC 间切换导致的业务中断，满足 MEC 业务连续性的需求[11]。以车联网场景为例，用户高速移动以及业务低时延的要求，给 MEC 业务连续性提出了很大的挑战。

## 7.6.1 MEC 应用迁移分类

针对需要迁移的 MEC 业务应用，需要从该 MEC 业务应用是否专门服务于该用户以及是否需要携带用户状态信息两个角度进行考虑。

首先，根据 MEC 业务应用服务属性可以分为专用型业务应用和共享性业务应用。

- 专用型业务应用：此类 MEC 业务应用实例专门服务特定用户，当终端用户移动至其他 MEC 覆盖范围下，该 MEC 业务应用实例需要迁移至目标 MEC 主机上。
- 共享型业务应用：此类 MEC 业务应用实例并非专门服务于特定用户，而是同时服务于多个用户（如多播业务等）或者 MEC 覆盖范围内所有用户（如广播业务等）。当终端用户移动至其他 MEC 覆盖范围内时，如果该 MEC 业务应用已经在目标 MEC 主机上进行实例化，则无需再进行该 MEC 业务应用的实例化操作，仅需将该 MEC 业务应用中用户的上下文信息传递至目标 MEC 主机即可。例如，某用户订阅了共享型的 MEC 广播类业务，当用户移动至其他 MEC 覆盖范围内时，用户的上下文信息可以从源 MEC 主机转发至目标 MEC 主机，从而在新的位置继续使用该 MEC 广播类业务。同时考虑到即使终端用户已移出源 MEC 覆盖范围，但还需服务其他用户，所以无需对其 MEC 业务应用实例进行终结。

除此之外，根据 MEC 业务应用是否需要存储用户上下文信息，将其分为无状态业务应用和有状态业务应用，介绍如下。

- 无状态型业务应用：此类业务应用无需记录或者存储服务状态以及用户相关

数据，新的服务会话与之前服务会话的上下文信息无关。

- 有状态型业务应用：此类业务应用可以记录服务会话相关状态信息，该状态信息可以存储在终端用户应用或者 MEC 业务应用实例中，便于在服务会话状态转化时保证业务连续性。

可以看出，在 MEC 业务应用迁移时，无需将无状态型业务应用的上下文信息传递至运行在目标 MEC 主机上的 MEC 应用实例，但有状态型业务应用的上下文信息则必须传递至目标 MEC 主机，以便于 MEC 业务应用的连续性保障。

## 7.6.2　MEC 应用连续性

本节以终端用户从源 MEC 平台（Source-MEC Platform，S-MEP）覆盖范围移动至目标 MEC 平台（Target MEC Platform，T-MEP）覆盖范围触发 MEC 应用迁移为例进行说明。图 7-10 给出了 MEC 业务应用迁移的总体流程。

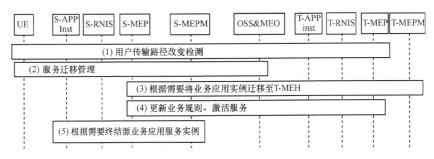

**图 7-10　MEC 应用迁移流程总览[11]**

（1）用户传输路径改变检测：由于终端用户移动导致底层基站间甚至 UPF 间切换，此时终端用户可能还在源 MEC 覆盖范围内，或者移入目标 MEC 覆盖范围内。用户传输路径改变可以通过对 IP 地址、无线网络信息服务（Radio Network Information Service，RNIS）等进行检测，从而触发 MEC 业务应用进行迁移。

（2）服务迁移管理：当检测到用户访问 MEC 业务的传输路径发生变化时，可通过与运营支撑系统与边缘计算编排器（Operation Support System & Mobile Edge Orchestrator，OSS&MEO）协商进行 MEC 业务应用的迁移。

（3）业务应用实例迁移：根据需要将终端用户的 MEC 业务应用从 S-MEP 迁移

至 T-MEP。

（4）更新业务规则，激活服务：完成 T-MEP 上 MEC 业务应用的规则更新与激活。

（5）根据需要终结 S-MEP 上的 MEC 业务应用实例。

总的来讲，当源 MEC 平台或者目标 MEC 平台检测到业务数据传输路径变化时，此时根据需要由 OSS&MEO、源/目标 MEC 管理平台（Mobile Edge Platform Management，MEPM）、源/目标 MEC 平台、源/目标 MEC 应用实例进行配合，完成 MEC 业务应用的迁移及源业务应用实例的终结。

### 7.6.2.1　MEC 应用实例迁移

如前所述，MEC 业务应用分为无状态型与有状态型，下面将针对两种不同类型的业务应用实例迁移分别进行讨论。

**1. 无状态型 MEC 业务应用实例迁移**

由于无状态型 MEC 业务应用无需记录服务状态以及用户的上下文信息，因此无需在源业务应用实例（S-APP，Source APP）与目标业务应用实例（T-APP，Target APP）间同步应用上下文信息，此类业务的迁移流程如图 7-11 所示，具体说明如下。

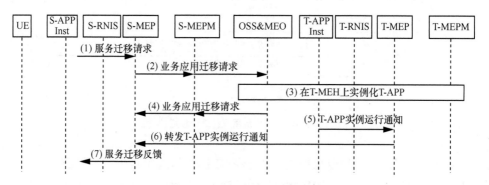

图 7-11　无状态类 MEC 业务应用实例迁移流程

（1）服务迁移请求：运行在 S-MEP 上的 S-APP 为用户提供 MEC 业务应用，该 S-APP 使用了源 RNIS（Source RNIS，S-RNIS）服务。其中，S-MEP 可以收到 S-APP 基于 S-RNIS 信息触发的服务迁移请求，从而触发在 S-MEP 与 T-MEP 的业务应用实例迁移。

（2）业务应用迁移请求：S-MEP 通过 S-MEPM 向 MEO 发送业务应用迁移请求，同时携带业务应用标识等信息。

（3）MEO 根据从 MEPM 收到的业务应用实例迁移请求消息，选择合适的目标 MEC 主机（Target MEC Host，T-MEH）并发送业务实例化请求至 T-MEPM，并根据参考文献[12]的业务流程完成 MEC 业务应用实例化。

（4）MEO 在业务应用实体化成功完成后，通过 S-MEPM 向 S-MEP 发送业务应用迁移响应。

（5）新创建的 T-APP 实例向 T-MEP 发送业务应用实例运行通知。

（6）T-MEP 将收到的业务应用实例运行通知消息转发至 S-MEP。

（7）S-MEP 发送服务迁移响应。

可以看出，上述无状态类 MEC 业务应用实例迁移流程适用于单用户专用型业务应用以及未在目标 MEC 运行的多用户共享型业务应用的迁移。

**2. 有状态型 MEC 业务应用实例迁移**

不同于无状态型MEC业务应用实例迁移，有状态型业务应用迁移需要在S-MEP和 T-MEP 间同步用户的上下文信息，具体流程如图 7-12 所示。

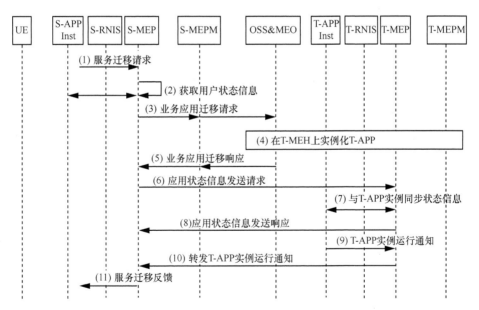

图 7-12　有状态类 MEC 业务应用实例迁移流程

（1）服务迁移请求：运行在 S-MEP 上的 S-APP 为用户提供 MEC 业务应用，该 S-APP 使用了 S-RNIS 服务。其中，S-MEP 可以收到 S-APP 基于 S-RNIS 信息触发的服务迁移请求，从而触发在 S-MEP 与 T-MEP 的业务应用实例迁移。

（2）S-MEP 收到服务迁移请求，如果识别为有状态型业务应用，则触发 S-APP 实例获取该用户的状态信息。

（3）业务应用迁移请求：S-MEP 通过 S-MEPM 向 MEO 发送业务应用迁移请求，同时携带业务应用标识等信息。

（4）MEO 根据从 MEPM 收到的业务应用实例迁移请求消息，选择合适的 T-MEH 并发送业务实例化请求至 T-MEPM，并根据参考文献[12]的业务流程完成 MEC 业务应用实例化。

（5）MEO 在业务应用实体化成功完成后，通过 S-MEPM 向 S-MEP 发送业务应用迁移响应。

（6）S-MEP 将业务应用状态信息发送请求以及获取的业务应用状态信息发送至 T-MEP。

（7）T-MEP 将接收到的业务应用状态信息发送至 T-APP 实例，完成状态信息的同步。

（8）T-MEP 向 S-MEP 发送业务应用状态信息发送响应，标识状态信息完成同步。

（9）新创建的 T-APP 实例向 T-MEP 发送业务应用实例运行通知。

（10）T-MEP 将收到的业务应用实例运行通知消息转发至 S-MEP。

（11）S-MEP 发送服务迁移响应。

可以看出，上述有状态类的 MEC 业务应用实例迁移流程同时适用于单用户专用型业务应用以及多用户共享型业务应用的迁移。

值得注意的是，在 MEC 业务应用实例的迁移中，对于未在 T-MEP 运行的业务应用需要进行业务应用的实例化，并在完成迁移后终结源专用型业务应用实例或者清除共享型业务应用的用户上下文信息。下面将针对涉及的 MEC 业务应用实例化以及不同类型业务应用实例的终结流程进行介绍。

### 7.6.2.2　MEC 应用实例化

图 7-13 给出了 MEC 应用实例化流程，具体说明如下。

（1）OSS 向 MEO 发送业务应用实例化请求。

（2）MEO 检查该业务应用实例配置参数、批准该请求。同时 MEO 选择合适的 MEC 主机，并向其 MEPM 发送应用实例化请求消息。

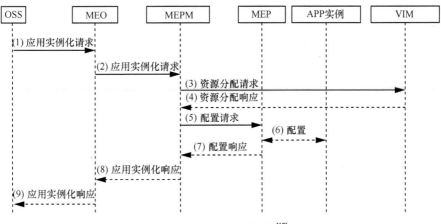

图 7-13　MEC 应用实例化[12]

（3）MEPM 向虚拟化设施管理（Virtualization Infrastructure Manager，VIM）单元发送资源请求消息，携带业务应用实例化所需的计算、存储、网络等资源要求信息。

（4）VIM 根据资源分配请求消息分配相关资源。如果业务应用镜像文件存在，则 VIM 会加载包含应用镜像文件的虚拟机，完成虚拟机的运行以及应用的实例化，并向 MEPM 反馈资源分配响应消息。

（5）MEPM 向 MEP 发送配置请求消息，可携带业务规则、DNS 规则等信息。

（6）MEP 完成业务应用的相关配置，并需等待该业务应用运行正常。

（7）MEP 发送配置响应消息至 MEPM。

（8）MEPM 发送业务应用实例化响应消息至 MEO。

（9）MEO 发送业务应用实例化响应消息至 OSS，完成实例化过程，同时携带业务应用实例标识。

基于上述流程，新的业务应用实例化需要经过实例化请求、资源请求、资源分配、镜像加载运行等一系列过程才最终完成业务应用的实例化。与之对应，当该业务应用无用户服务时，会根据 MEO 等终结其业务应用实例。

## 7.6.2.3　MEC 应用实例终结

如前所述，当用户移出当前 MEC 覆盖范围且完成 MEC 应用实例迁移后，此时需终结源应用实例。然而对于共享型业务应用，由于其还需服务于其他用户，其源业务应用实例无法终结，仅需删除其用户上下文即可。因此，下面将针对专用型和共享型两类业务应用分别进行讨论。

## 1. 专用型业务应用实例终结

图 7-14 给出了专用型业务应用实例的终结流程，由于此时 S-APP 实例无需服务于其他用户，所以需要由 MEO 发起应用实例删除操作，并取消其资源占用，具体流程说明如下。

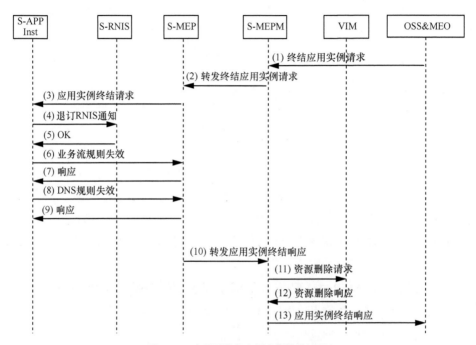

**图 7-14　专用型业务应用实例终结流程**

（1）S-MEPM 接收到终结应用实例请求，该请求可来自 MEO 或者 T-MEP。

（2）S-MEPM 将上述终结应用实例请求消息转发至 S-MEP 开始应用实例化终结流程。

（3）S-MEP 向 S-APP 发送应用实例终结请求。

（4）S-APP 向 S-RNIS 发送消息退订 RNIS 通知。

（5）S-APP 成功退订后，收到来自 S-RNIS 的确认消息。

（6）S-APP 向 S-MEP 发送消息，使相关业务流规则失效。

（7）S-MEP 完成业务流规则配置后，反馈给 S-APP 响应消息。

（8）S-APP 向 S-MEP 发送消息，使相关 DNS 规则失效。

（9）S-MEP 完成 DNS 规则配置后，反馈给 S-APP 响应消息。

（10）S-MEP 触发该应用实例资源释放过程，并向 S-MEPM 转发应用实例终止响应。

（11）S-MEPM 向 VIM 发送资源删除请求，请求删除该应用实例所分配资源。

（12）VIM 在成功删除资源后向 S-MEPM 反馈资源删除响应。

（13）S-MEPM 向终结应用实例请求的发起方发送响应消息，完成应用实例化终结。

**2. 共享型业务应用实例终结**

基于上述分析可知，考虑到共享型业务引用还需服务其他用户，因此其应用的实例化终结主要是指特定用户的上下文信息删除，下面将根据发起终结应用实例的功能实体不同分别进行介绍。

• T-MEP 发起应用实例终结

当 MEC 业务应用已经成功迁移至目标 MEC 主机且正常运行时，此时 T-MEP 可以向 S-MEP 发起应用实例终结请求，如图 7-15 所示，具体流程如下。

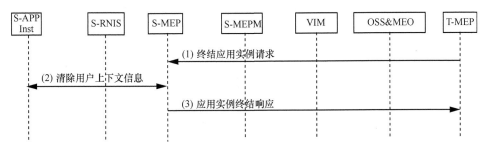

图 7-15　T-MEP 发起的共享型应用实例终结流程

（1）S-MEP 接收来自 T-MEP 发送的应用终结请求消息，S-MEP 检查该应用实例是否服务于其他用户。

（2）如果此时还有其他用户订阅了该 MEC 业务应用，则 S-MEP 则不能终结该应用实例。此时，S-MEP 会向该应用实例发送清除用户上下文信息的消息，删除用户的上下文信息。

如果未发现其他用户订阅该 MEC 业务应用，则可以采用前述专用型业务应用实例终结流程终结该应用实例。

（3）当 S-APP 完成用户上下文信息的删除，S-MEP 完成 MEP 上用户上下文信息的删除后，S-MEP 向 T-MEP 反馈应用实例终止响应，标识用户上下文信息已经

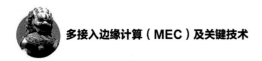

被清除完成。

- MEO 发起应用实例终结

不同于由 T-MEP 发起，当 MEO 发起应用实例终结流程时，会通过 S-MEPM 进行相关终结流程，如图 7-16 所示。

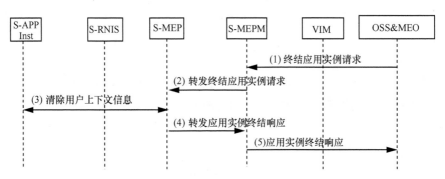

图 7-16　MEO 发起的共享型应用实例终结流程

（1）MEO 向 S-MEPM 发送应用实例终结请求。

（2）S-MEPM 将上述终结应用实例请求消息转发至 S-MEP 开始应用实例化终结流程。S-MEP 收到该消息后，检查该应用实例是否服务于其他用户。

（3）如果此时还有其他用户订阅了该 MEC 业务应用，则 S-MEP 不能终结该应用实例。此时，S-MEP 会向该应用实例发送清除用户上下文信息的消息，删除用户的上下文信息。

如果未发现其他用户订阅该 MEC 业务应用，则可以采用前述专用型业务应用实例终结流程终结该应用实例。

（4）当 S-APP 完成用户上下文信息的删除，S-MEP 完成 MEP 上用户上下文信息删除后，S-MEP 向 T-MEP 反馈应用实例终止响应，标识用户上下文信息已经被清除完成。

（5）S-MEPM 向 MEO 发送应用实例终结响应。

### 7.6.3　MEC 应用连续性面临的挑战

综上所述，结合底层网络的切换以及 MEC 应用的迁移可以一定程度上保证 MEC 会话的连续性以及业务应用的连续性。众所周知，MEC 最大的优势是降低时延，这也使得 MEC 成为解决 5G 低时延高可靠业务需求的关键技术之一。然而 MEC 部署的位置越低，越容易发生终端用户移动而导致的 MEC 平台间切换以及业务应用的迁移，因此要最大程度地降低 MEC 应用迁移带来的时延，满足低时延高可靠业务的需求。结合目前国内外研究情况来看，还存在如下问题需要进一步研究。

（1）应用迁移预测

由于业务应用迁移涉及在 MEC 平台间进行应用实例化、用户状态同步等过程，为了使用户切换至目标 MEC 覆盖范围内能无缝地继续使用其业务应用，MEC 平台需要根据终端用户的移动性规律、上下文信息等预测业务应用需要迁移的目标 MEC 平台，并选择合适时间进行迁移从而降低业务迁移导致的时延，例如车辆在高速路上行驶或者用户根据特定参观路线进行博物馆、展馆参观等场景。

（2）应用迁移成功率提升

应用迁移预测成功的情况下可以一定程度地降低应用迁移导致的时延增加。然而，终端用户的移动存在一定的随机性，尤其是工业物联网、自动驾驶等场景下终端用户的高速移动性更增加了预测的难度与失败率。因此，如何提升应用迁移预测的成功率成为提升应用迁移成功首先要解决的问题之一。此时可以考虑根据终端用户的位置、移动性、上下文等状态信息选择一组目标 MEC 平台，尽可能地实现对终端用户的“包围”，避免用户随机性移动导致的预测失败以及时延增加。然而，上述方法是以牺牲 MEC 资源为代价的，因此如何在预测成功率以及资源占用方面进行均衡考虑也是值得关注的研究方向之一。

# | 7.7　小结 |

通过 MEC 场景下的移动性管理，从而保证 MEC 业务的连续性成为 MEC 重点关注的技术之一，受到了产业界和学术界的重点关注。本章从 MEC 场景下典型的移动性问题出发，归纳总结梳理了基站间切换、边缘 UPF 间切换、UL CL 或者 BP 分支点功能切换等问题。并重点针对如何保障 MEC 应用的连续性问题进行了分析讨论。然而，为了降低 MEC 应用迁移导致的时延增加，还有很多问题与挑战需要进一步解决。

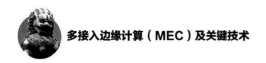

# ┃ 参考文献 ┃

[1]  PATEL M. Mobile-edge computing introductory technical white paper[R]. 2014.

[2]  ETSI. Mobile edge computing (MEC); terminology V1.1.1: GS MEC 001[S]. 2016.

[3]  ETSI. Mobile edge computing (MEC); technical requirements V1.1.1: GS MEC 002[S]. 2016.

[4]  ETSI. Mobile edge computing (MEC); framework and architecture V1.1.1: GS MEC 003[S]. 2016.

[5]  ETSI. Mobile edge computing (MEC); service scenarios, V1.1.1: GS MEC-IEG 004[S]. 2015.

[6]  3GPP. Feasibility study on new services and markets technology enablers-network operation V14.1.0: TR22.864[S]. 2016.

[7]  IMT-2020（5G）推进组. 5G 网络架构设计白皮书[R]. 2016.

[8]  3GPP. Procedures for the 5G system V15.2.0: TR23.502[S]. 2018.

[9]  3GPP. Study on architecture for next generation system V1.2.1: TR23.799[S]. 2016.

[10] 3GPP. System architecture for the 5G system V0.4.0: TS23.501[S]. 2017.

[11] ETSI. Mobile edge computing (MEC); end to end mobility aspects, V1.1: GR MEC 018[S]. 2017.

[12] ETSI. Mobile edge computing (MEC); system, host and platform management, V1.1.1: GR MEC 010-2[S]. 2017.

第 8 章

# 基于 MEC 的固移融合

MEC 已经从最早地仅支持移动网络扩展至对移动网络、Wi-Fi 以及有线宽带接入的支持。考虑未来 5G 将会是一个 LTE、5G、Wi-Fi 以及固定接入等多个网络共存的时代，本章将结合固移融合标准化进展情况，重点分析讨论如何基于 MEC 实现多网络间协同以及内容智能分发，从而降低移动网络回传压力，提升并保证多网络用户的业务一致性体验。

固移融合长时间以来都是通信领域的热门话题。本章将首先介绍基于 MEC 的固移融合的研究背景，然后梳理 5G 融合核心网的研究和标准化进展，最后将详细讨论基于 MEC 的固移融合技术方案。

## | 8.1　固移融合的目标 |

固定网络和移动网络都是为末端用户提供接入服务的网络。长期以来，两张网络一直是独立地进行规划、建设、运营和演进，都取得了巨大的成功。伴随着两张网络的共存和发展，特别是随着 WLAN（Wireless Local Area Network，无线局域网络）的迅速普及，人们开始思考如何同时利用两张网络来为用户提供服务，期望能够通过固移融合来提升网络性能、降低网络成本。在 4G 时代，3GPP（3rd Generation Partnership Project，第三代合作伙伴计划）就已经开始进行移动核心网对非 3GPP 接入的支持的研究及标准化工作[1]，同时，ETSI 也开展了固移融合的专项研究[2]。本章将讨论 5G 时代基于 MEC 的固移融合。

固移融合的目标是高效地为用户提供一致性的、更好的业务体验。

"高效"包含两点内涵：一是要求网络架构和功能的融合，用户在不同网络中的行为由融合后的核心网功能负责统一的控制和管理，而不是通过复杂的核心网互操作实现；二是要求物理设施的共享，包括传输资源、机房资源、虚拟化基础设施资源等，从而节约运营商的网络建设与运维成本。

"一致性的业务体验"要求一致性网络资源和一致性业务资源。一致性网络资源指的是用户在网络中发起业务时，所能利用的网络资源是相同的，包括空口资源、回传资源等；一致性业务资源指的是用户在不同网络中发起业务时，所能访问的业务资源是相同的，业务资源主要是指 CDN（Content Delivery Network，内容分发网络）资源。

"更好的业务体验"要求融合网络支持多接连聚合以及流量疏导和无损切换，从而提高系统容量、优化网络性能、提升用户体验。

如果固定网络和移动网络的核心网实现了功能和架构的融合，并且支持多连接，那么一致性的、更好的业务体验就能够得到保证。本章第 8.2 节将首先讨论融合核心网，包括 5G 融合核心网的研究和标准化进展，并提出了基于 MEC 的 5G 融合核心网架构。

由于融合核心网无论在标准成熟度，还是在实际网络部署上，都还有很多问题需要解决。因此，针对固定网络、移动网络仍然独立部署的场景，本章中提出了基于 MEC 的多网协同管理和业务智能分发方案，分别解决一致性网络资源和一致性业务资源问题。这两部分内容将在本章的第 8.3 节和第 8.4 节中进行讨论。

## | 8.2　融合核心网 |

5G 系统架构研究之初，业界已经形成了融合核心网的共识。3GPP 在技术报告 TR23.799 "Study on Architecture for Next Generation System" [3]中给出了 5G 系统的架构需求。

- 支持 5G-NR、E-UTRA 演进和非 3GPP 接入，不支持 GERAN 和 URTRAN。非 3GPP 接入中，支持 WLAN 接入（包括不可信的 WLAN）和固定接入。
- 允许核心网和 RAN 独立演进，最小化核心网与无线接入网之间的依赖关系。

并且在技术报告中，对于 AN-CN（Access Network-Core Network，接入网—核心网）的接口达成了如下协定。

- 支持可信的和不可信的独立的非 3GPP 接入。
- 分别使用 NG2 和 NG3 接口将独立非 3GPP 接入连接到 5G 系统的用户平面功能和用户平面功能。

3GPP 在 R15 阶段正式开启了 5G 标准的制定，TS23.501[4]中明确了 5G 系统架构的基本原则，其原则之一为："最小化接入网（Access Network，AN）与核心网（Core Network，CN）之间的依赖关系。5G 系统架构被定义为具有通用 AN-CN 接口的融合核心网，该通用 AN-CN 接口集成了不同的接入类型，例如 3GPP 接入和非 3GPP 接入"。

由于时间关系，在 R15 阶段，除了 NR，5G 仅支持不可信的非 3GPP 接入。对于可信非 3GPP 接入（主要是指可信 WLAN 和固定接入）的支持，SA2 在 Study Item "Wireless and Wireline Convergence for the 5G System Architecture（5WWC）"[5]5 中开展了研究。

为了更好地实现 5G 核心网对非 3GPP 接入的支持，特别是对固定接入的支持，3GPP 在 5G 标准制定之初就与 BBF（Broadband Forum，宽带论坛）进行了密集的沟通。2017 年 2 月，3GPP 与 BBF 举办了联合研讨会，围绕 5G 系统架构特别是 5G 融合核心网进行了交流。在本次研讨会上，运营商详细地梳理了对 5G 固移融合的期望[6]，主要包括以下 3 个方面。

（1）实现网络功能融合，而不仅仅是固定网络和移动网络共享基础设施。具体地，控制平面应实现统一认证、安全、策略、切片和 QoS 框架，用户面应实现统一传输。

（2）核心网应能够天然地支持有线接入网络和无线接入网络，而不是通过（核心网）互操作实现融合。具体表现在：

- 尽可能地减少有线网络和无线网络在架构上的区别；
- 核心网与接入网解耦；
- 固定接入网需要支持 N2 和 N3 接口；
- 5G-RG 作为 5G 用户，需要支持 N1 接口。

（3）可信任的（Trusted）和不可信任的（Untrusted）的有线接入都需要考虑。3GPP 与 BBF 基于对上述期望的认可，对两个组织的标准化工作进行了规划，其原则[7]是：

- 3GPP 与 BBF 的标准时间线保持一致，并定期进行交流；
- R15 阶段进行固移融合的研究工作，R16 阶段进行标准化工作。

具体地，3GPP 与 BBF 的标准化工作规划如图 8-1[6]所示。在 3GPP-BBF 联合研讨会结束后，3GPP 和 BBF 分别启动了固移融合的研究项目 5WWC 和 5G-FMC。

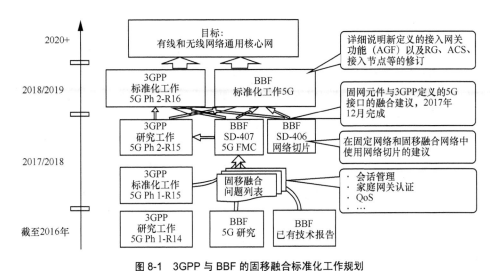

图 8-1　3GPP 与 BBF 的固移融合标准化工作规划

## 8.2.1　5G 融合核心网标准化工作的框架

综合 3GPP 与 BBF 的固移融合标准进展，图 8-2 给出了的 5G 融合核心网标准化工作的框架。

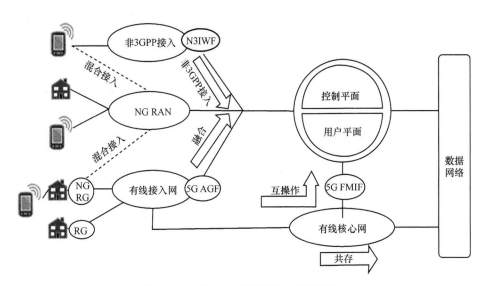

图 8-2　5G 融合核心网标准化工作的框架

3GPP 的固移融合标准化工作关注于如何解耦接入网和核心网，从而使得 5G 的融合核心网能够天然地支持不同的接入技术。5G 融合核心网所支持的接入技术可以分为 3 类：NG-RAN（包括 NR 和 E-UTRA）、固定接入以及除了固定接入外的其他非 3GPP 接入（主要是指 WLAN，为了简便起见，下文简称非 3GPP 接入）。非 3GPP 接入可以进一步细分为可信非 3GPP 接入和不可信 3GPP 接入。前者指的是移动运营商和非 3GPP 接入运营商是同一个运营商或者两者签订有合作契约、互被认为是可信的，后者指的是移动运营商和非 3GPP 接入运营商是两个独立的运营商。

3GPP 在 R15 中已经对 5G 核心网支持不可信非 3GPP 接入进行了标准化[4,8-9]。不可信非 3GPP 接入通过 N3IWF（Non-3GPP InterWorking Function，非 3GPP 互操作功能）网元接入 5G 核心网，N3IWF 分别通过 N2 和 N3 接口连接至 5G 核心网的控制面功能和用户面功能。

5G 核心网支持固定接入和可信非 3GPP 接入的研究是在 Study Item "5WWC" 中开展的。截止到本章撰写时，由于 R15 阶段第一个版本的 5G 标准是 3GPP 工作的重中之重，而分配给 5WWC 的时间极其有限，因此其研究进展较为缓慢，并于 2017 年底转入 R16 阶段继续进行研究。目前，5WWC 的进展主要集中在对固定接入的支持。具体地，固定接入中，主要讨论的是支持 N1 接口的 5G-RG（5G Residential Gateway，5G 家庭网关），而传统 RG 如何接入 5G 核心网则暂时没有展开讨论。

与 3GPP 的角度不同，BBF 聚焦于固定接入，其关注的是固定接入与固网核心网以及 5G 核心网之间的关系。在其固移融合研究项目 SD-407 中，BBF 提出了 3 种固移融合的网络模型，分别为融合模型（Integration Model）、互操作模型（Interworking Model）和共存模型（Coexistence Model）。

融合模型中，5G 核心网为固定接入提供原本由有线核心网提供的功能，这与 3GPP 的融合核心网的思路是一致的，即未来核心网是统一的，移动网络和固定网络只是接入技术有所区别而已。为了实现融合模型，需要对家庭网关做一些修改（新的家庭网关称为 5G-RG），并且需要在固定接入网与 5G 核心网之间增加新的网络功能来适配网络接口，这个新的网络功能称为 5G 接入网关功能（5G Access Gateway Function，5G AGF）。

互操作模型用于为传统 RG 提供 5G 服务的场景。由于传统 RG 不支持 5G NAS 协议，当需要为传统 RG 提供 5G 服务时，有线核心网通过新增的 5G 固定移动互操作网络功能（5G Fixed Mobile Interworking Function，5G FMIF）接入 5G 核心网来获取 5G 服务，从而实现业务层面上的融合。

共存模型指的是传统固网、融合模型以及互操作模型等多种网络形态同时存在时的网络模型。共存模型要求运营商能够对基础设施资源进行统一的管理和配置，例如带宽、VLAN（Virtual Local Area Network，虚拟局域网）标签等。

除了支持用户通过不同接入技术接入 5G 核心网之外，5G 固移融合还支持用户同时通过多种接入技术接入 5G 核心网。这种场景 BBF 称为混合接入（Hybrid Access），它能够提升用户速率、网络资源利用率和系统可靠性。

R15 中已经支持 UE 同时通过 NG-RAN 和独立非 3GPP 接入连接至 5G 核心网，此时 UE 将建立多个 N1 实例（承载于 NG-RAN 的 N1 实例和承载于非 3GPP 接入的 N1 实例）。除此之外，UE 也将支持同时通过 NG-RAN 和固定接入连接 5G 核心网，相关内容同样地将在 5WWC 和 SD407 项目中进行研究。

除了增强 5G 核心网支持混合接入，另一个混合接入的关键技术是"流量管理"，即 5G 核心网如何支持 3GPP 接入和非 3GPP 接入之间的接入流量疏导、切换和分裂（Access Traffic Steering，Switching and Splitting，ATSSS）[10]。接入流量疏导指的是为新的数据流选择一个接入网络，并在该接入网上传输该数据流的过程。接入流量切换指的是将正在进行中的数据流的所有流量搬移到另一个接入网，并且在搬移过程中保证数据流连续性的过程。接入流量分裂指的是将一个数据流的流量在多个接入网上分裂传输的过程。当对某个数据流进行流量分裂时，该数据流的一部分流量通过一个接入网进行传输，而另一些流量通过另一个接入网进行传输。

3GPP 接入与非 3GPP 接入之间的 ATSSS 在 R15 的 Study Item"Study on Access Traffic Steering, Switch and Splitting support in the 5G system architecture"[11]中进行研究，第一阶段将关注 3GPP 接入与不可信非 3GPP 接入之间的 ATSSS。在 5G 系统能够支持可信非 3GPP 接入和固定接入之后，即 5WWC 相关成果标准化后，该项目会继续研究 3GPP 接入与可信非 3GPP 接入以及固定接入之间的 ATSSS。

关于 ATSSS，BBF 尚未展开相关研究。

固移融合的场景中，除了支持 RG 接入 5G 核心网，3GPP 和 BBF 也在研究如何使得隐藏在 RG 后方的末端设备（例如通过 WLAN 连接到 RG 的手机或者其他终端）能够通过 5G-RG 和固定接入网与 5G 核心网建立自己的 N1 接口。此时从 5G 核心网的角度看，该设备是一个可见的 3GPP 用户终端。特别需要说明的是，3GPP

在其研究范畴中明确说明该末端设备可以有 UICC（Universal Integrated Circuit Card，通用集成电路卡），也可以没有 UICC。

至此，本节简要说明了 5G 融合核心网标准化工作的框架。接下来将分别讨论 3GPP "5WWC" 和 BBF "SD-407" 项目的工作内容。

## 8.2.2　3GPP 固移融合网络架构

### 8.2.2.1　支持固定接入

为了支持固定接入，5G 核心网需要满足如下需求。

- 支持 5G-RG 通过 NG-RAN（Next Generation RAN，下一代接入网）或 W-5GAN（Wireline 5G Access Network，有线 5G 接入网）接入 5G 核心网，或者支持 RG 通过有线接入网接入 5G 核心网。支持 N1 接口的 RG 和不支持 N1 接口的 RG 都可以研究。

- 支持末端设备，无论是否带有 UICC，都能够通过 5G-RG 或 RG 接入 5G 核心网。

- 支持 5G-RG 同时通过 NG-RAN 和有线 AN 接入 5GC（5G Core，5G 核心网）的混合接入场景。5G 系统需要能够既支持 5G-RG/FN-RG（Fixed Network RG，固定网络家庭网关）通过单一接入方式，即 NG-RAN 或有线接入进行连接，又支持通过两种接入方式进行连接。在第二种场景中，流量可以在两种接入中进行分裂或者切换。

5WWC 中主要考虑两大类场景，第一类场景中家庭网关为 5G-RG，第二类场景中家庭网关为 FN-RG，其网络示意图分别如图 8-3 和图 8-4 所示。

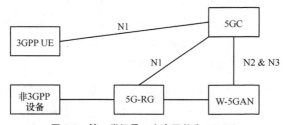

图 8-3　第一类场景：家庭网关为 5G-RG

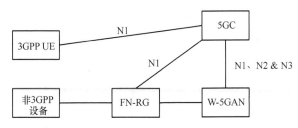

图 8-4　第二类场景：家庭网关为 FN-RG

图 8-3 中，5G-RG 是一种能够作为 3GPP UE 接入 5G 核心网的新型家庭网关，它支持 5G 的安全框架和机制，并能够与 5G 核心网交互 N1 信令。并不是所有的 3GPP 流程都适用于 5G-RG，也就是说 5G-RG 可以不支持所有的 3GPP 流程，例如 5G-RG 可以不支持移动性管理相关流程。当然，5G-RG 需要支持 BBF 定义的其他功能。W-5GAN 是通过 N2 和 N3 接口连接至 5G 核心网的有线接入网。5G-RG 和 W-5GAN 之间的接口并不是由 3GPP 负责制定的，但是为了实现固移融合，该接口需要满足如下要求。

- 该接口应能支持 N1 消息的传输，W-5GAN 应能够在 5G-RG 和 5G 核心网之间中继转发 N1 消息。
- 该接口应支持传输 AS 参数（如 5G-GUTI、S-NSSAI 等）。
- 用户面支持多个 PDU 会话。
- 应支持 QoS 流。
- 对于每一个用户面的数据分组，都应支持 QFI 和 RQI 参数的传输。

图 8-4 中，FN-RG 为传统家庭网关，由 BBF 在 TR123i5[12]中定义，它不支持 N1 信令。FN-RG 在固网中的角色，与 UE 相对于 5GC 的角色是相似的，都是接入网的用户侧终端设备。由于 FN-RG 不支持任何 3GPP 流程，因此 W-5GAN 需要支持互操作功能来使得 FN-RG 能够接入 5G 核心网。如图 8-4 所示，W-5GAN 的互操作功能通过 N1、N2 和 N3 接口与 5G 核心网交互。

截止到本章撰写时，5WWC 主要的工作进展集中于图 8-3 所描述的第一类场景。具体地，根据接入网络以及末端设备能力的不同，可将第一类场景细化为 6 种具体的网络架构，如图 8-5~图 8-10 所示。

图 8-5 给出的是当家庭网关为 5G-RG 且末端设备不支持 N1 接口时，使用有线接入网的 5G 系统的非漫游架构。由图 8-5 可见，W-5GAN 由两个功能元素组成，有线接入网和固定接入网关功能（Fixed Access Gateway Function，FAGF）。FAGF 通过

N2/N3 接口分别连接 AMF 和 UPF，从而为 5G-RG 提供到 5G 核心网的连接，此时 5G-RG 本质就是 3GPP 用户终端。此外，图 8-5 中所有的末端设备均不支持 N1 接口。

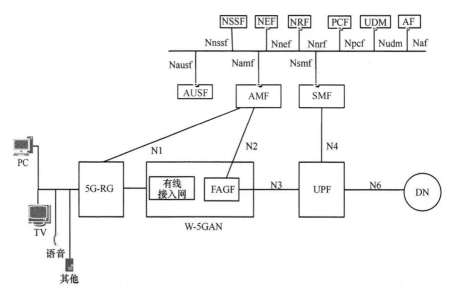

图 8-5　使用有线接入网的 5G 系统的非漫游架构（5G-RG、末端设备不支持 N1 接口）

与图 8-5 不同，图 8-6 中的末端设备为 3GPP UE，它能够与 5G 核心网建立 N1 接口。图 8-6 中，末端设备的 N1 接口是通过有线接入网建立的，而不是通过 NG-RAN 建立的，并且该 N1 接口与末端设备是否带有 UICC，或者是否已通过 NG-RAN 与 AMF 建立了 N1 接口无关。

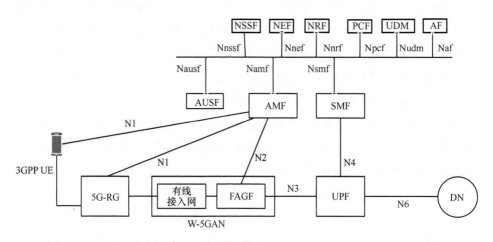

图 8-6　使用有线接入网的 5G 系统的非漫游架构（5G-RG、末端设备为 3GPP UE）

　　图 8-7 给出的是当家庭网关为 5G-RG 且末端设备不支持 N1 接口时，使用 NG-RAN 的 5G 系统的非漫游架构。这种网络架构有一个更为人熟知的名字"固定无线接入（Fixed Wireless Access）"，用于为固网基础设施缺乏的区域提供宽带服务。

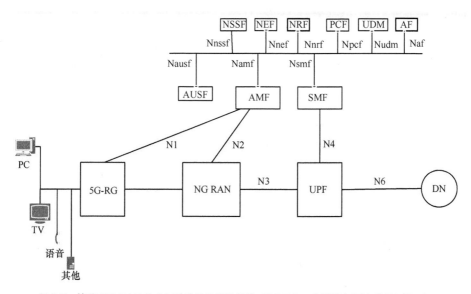

**图 8-7　使用 NG-RAN 的 5G 系统的非漫游架构（5G-RG、末端设备不支持 N1 接口）**

　　图 8-8 给出的是当家庭网关为 5G-RG 且末端设备为 3GPP UE 时，使用 NG-RAN 的 5G 系统的非漫游架构。同样地，图 8-8 中末端设备的 N1 接口是通过 5G-RG 和 NG-RAN 建立的。

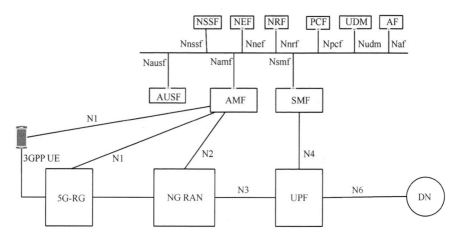

**图 8-8　使用 NG-RAN 的 5G 系统的非漫游架构（5G-RG、末端设备为 3GPP UE）**

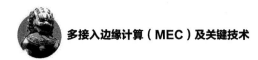

如图 8-9 和图 8-10 所示，5G-RG 能够同时通过多个接入网络进行注册、建立 PDU 会话以及数据传输。此时，5G-RG 将建立多个 N1 实例（承载于 NG-RAN 的 N1 实例和承载于固定接入的 N1 实例）。末端设备的 N1 接口如何处理及实现尚不明确，需要进行进一步研究。

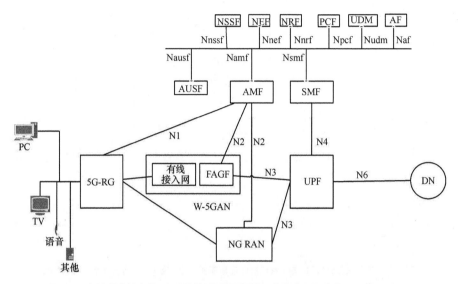

图 8-9　支持混合接入的 5G 系统的非漫游架构（末端设备不支持 N1 接口）

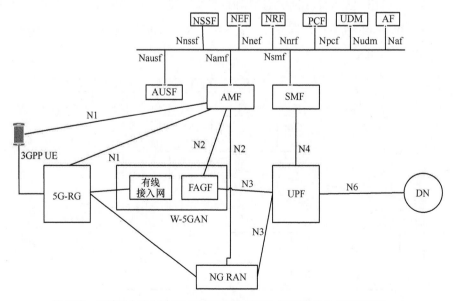

图 8-10　支持混合接入的 5G 系统的非漫游架构（末端设备为 3GPP UE）

## 8.2.2.2　支持可信非 3GPP 接入

顾名思义，可信非 3GPP 接入网络使用的接入技术并不是由 3GPP 制定的，例如 WLAN，但是它的北向接口支持 N2/N3 接口协议，从而能够接入 5G 核心网。该接入网或由 5G 移动运营商运营，或由 5G 移动运营商所信任的第三方运营，因此被认为是"可信的"。

5WWC 首先研究了网络架构相关问题。图 8-11 给出了使用可信非 3GPP 接入的 5G 系统的非漫游架构。

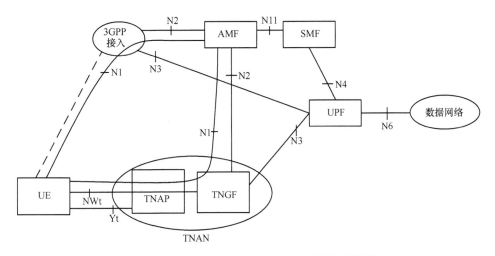

**图 8-11　使用可信非 3GPP 接入的 5G 系统的非漫游架构**

如图 8-11 所示，可信非 3GPP 接入网（Trusted Non-3GPP Access Network，TNAN）由两类网络功能组成：可信非 3GPP 接入点（Trusted Non-3GPP Access Point，TNAP）和可信非 3GPP 网关功能（Trusted Non-3GPP Gateway Function，TNGF）。

TNAP 使用户终端能够通过非 3GPP 的无线或者有线的接入技术接入 TNAN。例如，对于 IEEE 802.11WLAN，TNAP 对应 WLAN 的接入点，负责终结用户终端的 IEEE 802.11 链路。

TNGF 与 FAGF 的作用类似，都是为 TNAN 提供 N2/N3 接口，从而使得 UE 能够通过 TNAN 接入 5G 核心网。TNGF 分为用户面功能 TNGF-UP 和控制面功能 TNGF-CP，并提供如下的具体功能：

• 终结 N2 和 N3 接口（分别终结于 TNGF-CP 和 TNGF-UP）；

- 终结 EAP-5G 信令，当用户试图通过 TNAN 注册到 5G 核心网时提供认证；
- 执行 AMF 选择流程；
- 透明传递 UE 和 AMF 之间的 NAS 信息；
- 处理与 SMF 的会话管理信令以支持 PDU 会话和 QoS；
- 透明传递 UE 和 UPF 之间的 PDU 数据单元；
- 提供 TNAN 内部的本地移动性锚点；
- 支持 TNAN 间的移动性。

图 8-11 给出的是逻辑架构，实际网络在部署时，TNAN 可包括多个 TNAP 和多个 TNGF，如图 8-12 所示。每一个 TNGF 都可通过 N2/N3 接口与 5G 核心网建立连接。同时，TNGF 之间可以通过 Tn 接口进行通信以支持 TNGF 之间的移动性管理。TNGF 之间的移动性也可由 5G 核心网来支持。

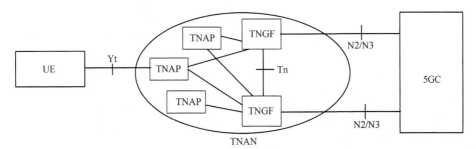

图 8-12　TNAN 包含多个 TNAP 和 TNGF 的部署场景

## 8.2.3　BBF 固移融合网络架构

如第 1.1.2 节所述，BBF 在 SD407 项目中研究了固移融合场景中的融合模型、互操作模型和共存模型。本节将会对这 3 种模型的标准化进展进行梳理与介绍。

### 8.2.3.1　融合模型

BBF 讨论的融合模型的目标场景本质上与 3GPP 在 5WWC 项目中研究的第一类场景是一致的。融合模型使得运营商能够用一个融合的核心网来同时为固定接入和移动接入服务。融合核心网不仅能够简化网络架构，还能提供固网和移动网络之间的移动性管理以及用户的一致性业务体验。

融合模型中，为了接入 5G 核心网，需要对家庭网关做一些修改，新的家庭网

关称为 5G-RG，此外，还需要在固定接入网与 5G 核心网之间增加 5G AGF 来适配
网络接口。

图 8-13 给出了融合模型的网络架构。图 8-13 中，5G-RG 通过 W-5GAN 与核心
网建立 N1'接口，末端设备如手机、电脑、机顶盒等都通过 5G-RG 和 W-5GAN 接
入 5G 核心网。W-5GAN 由传统的有线接入节点和适配功能 5G AGF 组成。5G AGF
可分为 AGF-CP 和 AGF-UP，分别通过 N2'接口和 N3'接口连接到 AMF 和 UPF。需
要说明的是，图 8-13 中使用的 N1'、N2'和 N3'接口是为了支持固定接入而对 3GPP
已定义的 N1、N2 和 N3 接口进行修改得到的。

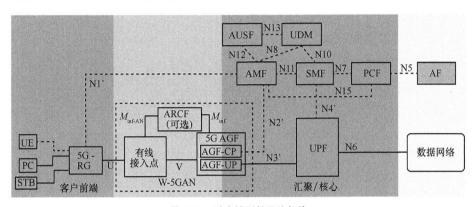

**图 8-13　融合模型的网络架构**

图 8-14 给出的是末端设备有 N1 接口的融合模型的网络架构。末端设备的 N1
接口是通过 5G-RG 和 W-5GAN 连接到 5G 核心网的，该接口具体的建立流程尚待
进一步的研究。

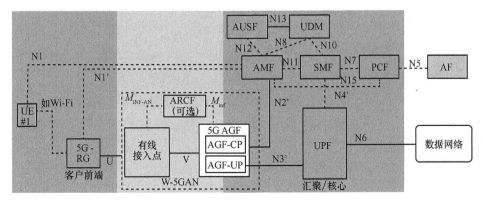

**图 8-14　融合模型的网络架构——末端设备有 N1 接口**

融合模型中的 5G-RG 需要具备 WAN（Wide Area Network，广域网）和 LAN（Local Area Network，局域网）接口，这与 3GPP 定义的 5G 用户终端是不同的。具体地，5G-RG 需要满足如下要求：

- 5G-RG 必须使用 S-NASSI 进行标识，S-NASSI 对应于固定接入；
- 5G-RG 必须在 WAN 接口使用 IPv4 地址和 IPv6 前缀；
- 5G-RG 必须要支持 DHCPv6 前缀授权功能；
- SMF 必须要支持 DHCPv6；
- 5G-RG 必须要因特网接入进行 IPv4 网络地址端口转换；
- 5G-RG 对于 WAN 接口应支持 DHCPv6 NA；
- 5G-RG 应支持 DHCPv4；
- 5G-RG 应支持无状态 DHCPv6。

5G AGF 必须能够支持多播复制。

图 8-15 给出的是混合接入场景的融合模型。3GPP 在 R15 中已支持 UE 同时通过 NG-RAN 和不可信非 3GPP 接入建立数据连接，且每个接入上都会建立 N1 接口，以便管理不同接入上的 PDU 会话。两个 N2 接口终结于同一个 AMF，而两个 N3 接口可以连接到不同的 UPF（不同接入上激活了不同的 PDU 会话）上。

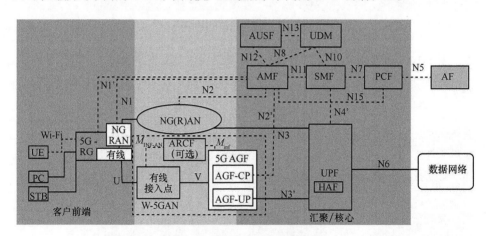

图 8-15　混合接入场景的融合模型

混合接入场景的融合模型中，通过 NG-RAN 建立的是 N1、N2 和 N3 接口，通过有线接入建立的是 N1'、N2'和 N3'接口。N1 接口负责管理 NG-RAN 接入，N1'接口负责管理固网接入。特别地，与通过 NG-RAN 和不可信非 3GPP 接入进行混合接入不同，图 8-15 给出的模型中，N3 和 N3'接口附着于同一个 UPF，这种网络架构有一个优势，它能够为多个接入上承载的流量提供统一的策略。

图 8-16 给出了末端设备有 N1 接口时的混合接入场景的融合模型。此时，末端设备的 N1 接口信令，可通过 5G-RG 的 N1 或 N1'接口进行传输。

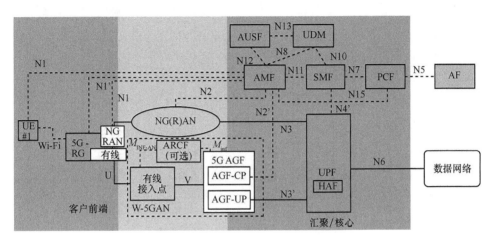

图 8-16　混合接入场景的融合模型——末端设备有 N1 接口

### 8.2.3.2　互操作模型

互操作模型与融合模型的驱动力不同。互操作模型中，移动网络和固定网络是两张独立的网络，固网运营商通过核心网互操作使得其用户能够通过接入 5G 核心网来访问 5G 服务。互操作模型中，家庭网关为传统的固网家庭网关 FN-RG，而不是 5G-RG。FN-RG 不支持与 5G 核心网网络功能建立直接的连接。

在互操作模型中，已部署的有线网络不需要做改动，有线核心网通过 5G FMIF 与 5G 核心网交互。5G FMIF 负责有线网络与 5G 核心网之间的互操作，它可分为 FMIF CP 和 FMIF UP，分别支持控制面的 N1、N2 接口和用户面的 N3 接口。

图 8-17 给出的互操作模型中，有线网络部署有独立的 AAA 和 BPCF，适用于移动网络和固定网络属于两个不同网络运营商的场景。当固网用户想要接入移动运营商的数据网络（图 8-17 中的 DN1）时，固网和移动网络之间需要通过 5G FMIF 进行交互。

图 8-18 所示的互操作模型中，末端设备有它自己的 N1 接口，且该 N1 接口将由有线网络和 FMIF-CP 进行传输。这种场景中，5G FMIF-CP 不需要支持 N1 接口。

与 3GPP 一样，末端设备的 N1 接口如何进行建立和传输尚待进一步的研究。

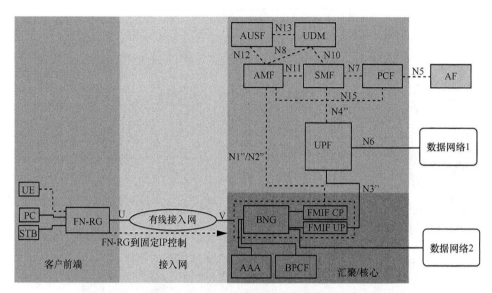

图 8-17　带有 AAA 和 BPCF 的互操作模型

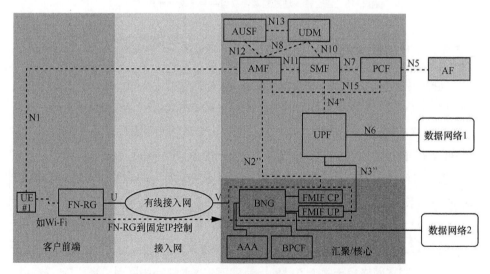

图 8-18　带有 AAA 和 BPCF 的互操作模型——末端设备有 N1 接口

图 8-19 给出的是 AAA 和 BPCF 集成至 5G 核心网的互操作模型。5G 核心网中，AUSF 和 UDM 分别负责用户的认证鉴权和信息管理，PCF 负责策略控制。该模型适用于固网和移动网络属于同一个运营商的场景。此外，与图 8-18 类似，图 8-20

给出了末端设备可建立独立 N1 接口且 AAA 和 BPCF 集成至 5G 核心网的互操作模型。

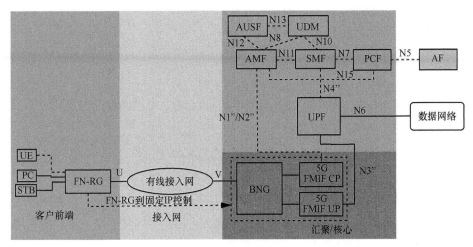

图 8-19　AAA 和 BPCF 集成至 5G 核心网的互操作模型

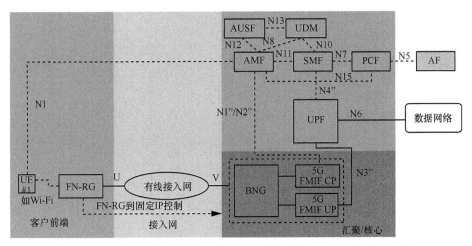

图 8-20　AAA 和 BPCF 集成至 5G 核心网的互操作模型——末端设备有 N1 接口

### 8.2.3.3　共存模型

共存模型利用 BBF 的 TR-101[13]/TR-178[14] 中已有的以太网机制将不同类型的用户前端设备（如家庭网关）连接到不同的服务边界。同时，它也能提供单个用户前端设备连接到不同服务边界的能力。共存模型使得本节中讨论到的多个模型（融合模型、共存模型、传统固网）能够同时部署，甚至能够支持更多的服务同时部署，例如 IPTV（交互式网络电视）等。

共存模型所使用的主要机制包括：

- U 参考点处的基于用户 VLAN 和/或以太网类型协议 ID 的多址连接；
- V 参考点处的基于 VLAN 标签的多址连接。

共存模型的主要驱动力是：

- 运营商可以重用已有的接入设施和接入点来逐步地部署融合模型；
- 融合模型能够在不影响现有用户的情况下进行部署。

图 8-21 给出了共存模型网络架构的示意图。图 8-21 中，用户前端设备包括 5G-RG、FN-RG 和其他用户设备。U 参考点处的接入技术可以是 DSL、PON 或其他私有技术。V 参考点处是 TR-101 带标签的以太网，可以是天然的 IEEE 802.3 接口，也可以使用其他底层传输技术进行发送。服务边界包括 AGF、BNG 和 FMIF 等。

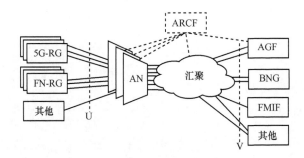

图 8-21　共存模型网络架构示意图

　　传统固网、融合模型和互操作模型共用基础设施要求接入侧的资源能够被管理和配置。接入侧的资源包括接入网的带宽、VLAN 标签值和过滤器。VLAN 标签值包括 U 参考点处（FN-RG 和 5G-RG）和 V 参考点处（AGF 和 BNG）使用的 VLAN 标签。共享模型的资源管理和配置可以是静态的，也可以是动态的。BBF 定义了一个可选的动态资源管理功能，称为接入网络资源控制功能（Access Network Resource Control Function，ARCF），它具备管理以太网虚连接等功能。

　　共存模型的关键是支持已部署的固网与 5G 固定接入网共存。因此，AGF 与 5G-RG 之间的协议交互必须要利用或者适配已有的固定接入网的特征。例如：

- 线路 ID 信息和特征的广告；
- IP 地址和 MAC 地址的反欺骗能力；
- 广播限制；

- 基于接收标签的 VLAN 分类；
- 上行数据分组的监控和标记。

## 8.2.4　基于 MEC 的 5G 融合核心网

第 1.1.2 节、第 1.1.3 节和第 1.1.4 节中给出的 5G 融合核心网架构是逻辑架构，并没有考虑固定网络和移动网络的实际部署架构。

实际网络中，固定网络的网络架构相对简单，在经过多年的发展和建设后，固网网关 BNG 已经下沉至城域网，部分发达的省市甚至下沉到城域边缘（县市），形成了分布式网关的网络架构。因此，对于固定网络的用户，其数据经过短距离的固网传输后即可进入公网，从而能够快速地访问公网业务，而且随着固网 CDN 资源的不断下沉，固网用户的用户体验得到了进一步的优化。

与固网不同，移动网络的核心网长期以来实施的是集中建设、集约运维的策略。以 4G 为例，每一个省部署一套核心网系统来支撑整个省域内的移动网络，部署的位置通常是在省会城市的区域级机房。也就是说，一个省的移动网络只有一个 PGW 出口。对于移动用户来说，不论它访问的业务部署在什么地理位置，其数据请求必须先通过回传网络传输至省会城市的核心网，经 PGW 后才能进入 Internet 公网，因此移动网络的时延性能与固网相比有着先天的短板。

实际网络中移动网络网关比固网网关的网络位置更高。如果要实施固移融合，由于融合核心网的本质是支持固定接入的移动核心网，此时对于固网而言，相当于将其分布式的、下沉的网关变为了集中式的、上收的网关，显然这是不合逻辑的。不仅会增加固网业务的传输时延，更会导致针对已有固网架构部署的 CDN 失去意义。因此，可以认为基于集中式的移动网络架构，是无法有效实施固移融合的。

幸运的是，为了支持边缘计算，5G 网络采用了分布式网关的架构。如第 3 章所述，5G 核心网将支持用户面网关 UPF 的分布式灵活部署（如 UPF 下沉）以及多个 UPF 级联。基于 5G 网络的新架构，图 8-22 给出了基于 MEC 的 5G 融合核心网架构。图 8-22 中，根据网元部署位置可将整个网络分为 3 个层次：用户侧、边缘侧和中心侧。用户侧包括网络的用户终端设备，例如移动网络中的 UE、固定网络中的 RG 等；边缘侧包括靠近用户部署的网络功能，部署的位置不高于城域网，主要包括负责接入和汇聚的网络功能，例如移动接入网、边缘 UPF、非 3GPP 接入网络、

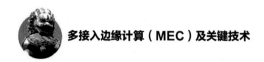

固定网络等；中心侧主要包括用于集中管控的网络功能，包括移动核心网、固定核心网中的 AAA 和 BPCF 网元等，部署的位置通常是城域网之上的区域级机房或数据中心。

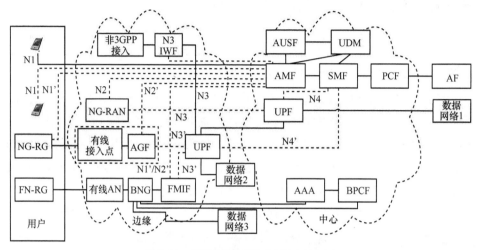

图 8-22　基于边缘计算的 5G 融合核心网

基于 MEC 的 5G 融合核心网架构的基本原则是作为用户面融合点的网关必须部署在网络边缘侧。图 8-22 中，不论是 5G 接入、非 3GPP 接入还是固定接入，用户面的终结节点都是边缘 UPF，即 N3IWF、TNGF、FAGF 以及 FMIF 的 N3 接口都连接到边缘 UPF。非 3GPP 网络和固定网络所服务的业务流量都将从边缘 UPF 传输到 Internet 公网。对于 5G 网络来说，边缘 UPF 是边缘计算相关业务流量的网关出口，而普通的 5G 业务依然是通过中心 UPF 访问 Internet 公网。

# ┃8.3　多网协同管理┃

## 8.3.1　技术路线

多接入场景中，用户终端有多个网络可以选择，例如 WLAN、5G 和固网。如果能够根据网络实时状态，为用户或者业务灵活地、动态地选择接入网络，并为用户提供不同网络间的移动性管理，那么用户体验以及网络整体的利用率和效率将会得到明显改善。

显然，为了实现多接入场景中的一致性网络资源，需要一个集中式的多网协同网络功能。实现该网络功能的技术路线有两种。

- 融合核心网。如果多个接入网络是由一个融合核心网进行控制和管理的，那么核心网就可以实现承载级的多网协同。5G 核心网的设计目标就是融合核心网，目前已能支持 NG-RAN 和不可信非 3GPP 接入，并且能够通过用户路由选择策略（User Routing Selection Policy，URSP）来为特定用户、特定业务选择 PDU 会话的服务网络。此外，3GPP 也开展了接入流量疏导、切换和分裂（ATSSS）的研究，使得未来的 5G 核心网能够支持 PDU 会话的接入网络选择、切换以及在多个网络之间的分裂传输。

- 独立于接入网络的高层网络功能。如果不同接入网络之间是独立的，那么要实现多网协同，就需要一个独立于接入网络的高层网络功能在用户终端和远端服务器之间进行交互。IETF 提出了一种称为"多接入管理服务（Multiple Access Management Service，MAMS）[15]"的 Internet 草案，用户终端和边缘计算服务器之间使用 MAMS 的控制面协议协商业务数据流量的传输路径，用户面使用 MPTCP、GRE 等多链路聚合协议，实现了业务在多接入环境下的灵活路由。

第一种技术路线本质上是核心网控制面功能的融合，技术层面上需要解决多接入适配、统一安全架构、统一会话管理等问题，实现难度大、标准化时间长；应用层面上，由于历史原因，即便不同网络属于同一个运营商，这些网络也是由不同专业部门进行规划、建设和运维的，不论是网络基础设施还是专业技术储备，都很难在短时间内进行整合。因此，客观地讲，融合核心网是一个长期目标，是多网络共存、协同的演进方向。

第二种技术路线中，多网协同网络功能与底层承载网络技术进行了解耦，即多网协同是通过高层的网络协议协商实现的，不需要对现有的网络进行改动，因此其实现的复杂度相对较低。

本章主要讨论第二种技术路线。首先简要介绍 MAMS 协议并分析其存在的问题；然后提出了一种基于 MEC 的多网协同管理框架；最后针对多接入环境中的业务连续性问题，提出了一种多接入用户信息管理服务以及基于该服务的 TCP 快速切换方法。

## 8.3.2  多接入管理服务 MAMS

MAMS 是一个可编程的框架，它提供了一种多接入环境中基于业务需求灵活选择网络路径的机制。MAMS 利用网络智能感知能力获取网络和链路状态信息，并基于这些信息动态地调整业务流量在多个网络路径上的分布以及用户面数据的处理方法。网络路径选择和配置消息通过用户面数据进行传输，因此不会影响底层接入网络的控制面信令协议。例如，对于由 LTE 和 WLAN 组成的多接入网络，用户终端使用 LTE 和 WLAN 信令流程分别建立 LTE 连接和 WLAN 连接，MAMS 控制面消息将作为 LTE 或 WLAN 的用户面数据进行传输。MAMS 是一个宽泛的、可编程的框架，提供了智能选择、灵活组合接入路径和核心网路径的能力，并且对于多路径传输的业务流量，MAMS 允许根据业务需求选择和配置具体的用户面协议。

参考文献[15]给出了 MAMS 框架的需求、解决方案原则、功能架构和协议流程。MAMS 不依赖于任何接入网络类型或用户面协议（例如 TCP、UDP、MPTCP[16-17]、GRE[18]等），而是基于客户端和网络能力提供了一种协商和配置用户面协议的方法，是在多接入场景中对用户面协议的一种补充。进一步地，MAMS 允许客户端和服务器进行网络状态信息交互，并且通过网络智能来优化用户面向协议的性能。

MAMS 一个重要目标是确保它与底层接入网络没有依赖关系或者依赖关系最小，实际实现上 MAMS 功能元素形成了一个多网络传输路径上的 IP 叠加层。这使得 MAMS 能够支持底层网络的演进以及新型接入技术的集成。

MAMS 提供了轻量级的多接入聚合方案，并支持灵活的功能部署，且不需要网络设备进行硬件改造升级，可通过操作系统软件更新来实现快速部署。

### 8.3.2.1  背景与动机

通常，用户终端设备支持多种接入网络技术，如 LTE、Wi-Fi 等。不同网络技术在不同场景中表现出不同的特性。例如，在服务用户数较少时，Wi-Fi 能够为用户提供很高的数据传输速率，但是由于采用了基于竞争的调度方式，当服务用户数变多时，Wi-Fi 数据传输速率将会明显下降。与 Wi-Fi 不同，LTE 网络的容量更多地受限于昂贵的授权频谱资源，而在大用户数的场景中，由于 LTE 使用了授权频谱和集中式的调度方式，用户的服务质量能够得到更好的保证。也就是说，应用的 QoS 与网络路径的选择有关。

　　此外，现在网络架构中，接入网和核心网是紧耦合的关系，网络部署方案也会影响特定应用的路径选择。例如，通常地，对于企业网，由于 WLAN 由企业自建，用户能够通过 WLAN 访问企业内部网络服务，包括打印机、视频会议系统、办公系统等，而企业范围内 LTE 网络只能用于接入公共网络。

　　由此可见，用户的业务体验依赖于网络路径的选择。因此，为了保证在不同场景下用户的最优业务体验，需要为用户的数据传输灵活地选择和组合接入网和核心网。

## 8.3.2.2　技术需求

　　MAMS 的技术需求包括以下几个方面。

　　（1）与接入技术无关

　　MAMS 框架与接入网使用的底层技术无关。

　　（2）支持常用的传输部署

　　网络路径选择和用户数据分布对于传输部署（如 E2E IPSec、VPN、NAT 等）是透明的。

　　（3）上下行接入路径的选择相互独立

　　用户终端上行链路和下行链路使用的接入技术可以是不同的。

　　（4）核心网络的选择与上下行接入技术无关

　　根据应用需求、本地策略以及 MAMS 控制面协商的结果，客户端可以灵活选择核心网，而且该选择与使用的接入技术无关。

　　（5）网络路径选择自适应

　　MAMS 需要具备确定网络路径质量的能力，例如接入链路的时延和容量。MAMS 基于网络链路质量、网络策略等为用户数据选择最优网络传输路径，以优化网络资源利用率和用户体验。

　　（6）多路径支持和接入链路容量聚合

　　MAMS 需要在 IP 层支持用户数据在多个网络路径上的分配和聚合。通过使能用户数据在多个网络路径上同时进行传输，客户端可以充分利用多链路的总容量。如果有需要，在接收端应能够进行数据分组重排序。MAMS 需要能够基于客户端和网络用户面实体能力支持数据路疏导和聚合协议的灵活选择。多连接聚合解决方案必须支持已有的传输层和网络层协议，例如 TCP、UDP、GRE 等。MAMS 必须允许使用和配置已有的聚合协议，例如 MPTCP[16-17]和 SCTP。

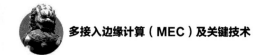

（7）基于用户面交互的可扩展机制

MAMS 必须利用常见的路由和隧道能力来提供用户面互操作功能。在客户端和网络之间的用户面路径上增加功能元素必须不能对接入技术相关的流程产生影响，这使得当不同的网络加入或者移除时 MAMS 易于部署和扩展。

（8）控制平面和数据平面分离

客户端必须使用控制面协议与网络进行协商，包括上行和下行的接入网路径和核心网的选择以及用户面协议的选择。一个通用的控制协议应允许创建多个使用不同类型用户面协议的用户面功能实体。通过维护控制平面和数据平面功能之间清晰的分离，MAMS 实现了可扩展性，可以使用基于 SDN 的架构来实现。

（9）无损路径切换

当数据流量从一个路径切换到另一个路径时，数据分组可能会丢失或者乱序，这将会对高层协议的性能产生影响。MAMS 应提供必要的机制来保证接收端的按序接收，且必须避免数据分组的丢失。

（10）适配 MTU 差异的拼接与分段

不同的网络路径可能使用了不同的安全和中间设备配置，这将会导致使用不同的隧道协议来传输用户数据。因此，每个网络路径上的有效载荷可能是不同的。当从不同路径聚合数据分组时，MAMS 框架应支持将 IP 分组载荷的分段为多个 MTU 大小的 IP 分组，以避免 IP 分组分段。进一步地，MAMS 也应支持将多个 IP 分组拼接为一个 IP 数据分组，以改善网络传输效率。

（11）基于协商协议配置网络中间设备

MAMS 应能够基于客户端和网络协商的参数来确定用于配置中间设备的最优参数值，例如无线链路休眠计时器、绑定过期时间以及支持的 MTU 值等，从而能够保证用户面协议的效率。例如，当传输层协议使用 UDP 时，可以将 NAT 的绑定过期时间配置得更久一些。

（12）基于策略的最优路径选择

在选择最优路径时，除了网络的指导，MAMS 必须要考虑客户端的策略。

（13）控制信令与接入技术无关

控制面信令必须与底层的接入技术无关，即控制面信令由用户面透明传输。MAMS 应支持使用已有的协议，如 TCP 或 UDP，传输控制面信令。

（14）服务发现和可达

可能存在多个控制面和用户面功能元素的实例，这些实例可以部署在同一个网元上，也可部署在不同的网元上，并且这些实例对于不同的用户面路径都是可达的。客户端必须能够灵活地选择合适的控制面功能元素实例，并使用控制面信令来选择期望的用户面功能元素实例。选择的依据包括但不限于链路质量、客户端偏好、预配置信息等。

### 8.3.2.3　MAMS 参考架构和协议栈

图 8-23 给出了 MAMS 的参考架构，控制面功能元素有网络连接管理（Network Connection Manager，NCM）和用户连接管理（Client Connection Manager，CCM），用户面功能元素有网络多接入数据代理（Network Multiple Access Data Proxy，N-MADP）和客户端多接入数据代理（Client Multiple Access Data Proxy，C-MADP）。

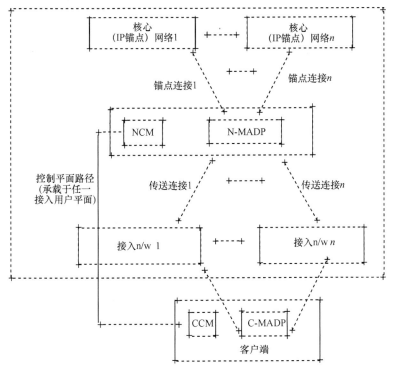

图 8-23　MAMS 参考架构

NCM 是网络侧负责 MAMS 控制流程的功能元素。它能够配置 N-MADP 和 C-MADP 用户面功能，包括网络路径、用户面协议以及用户面流量的处理规则以及链路监控流程。NCM 和 CCM 之间的控制面消息不影响底层的接入网络。

CCM 是客户端侧负责 MAMS 控制流程的功能元素。具体地，它负责管理客户端的多个网络连接，通过与 NCM 交互 MAMS 信令消息来支持 UL 和 DL 网络路径配置、链路探测和报告等。对于客户端接收到的用户数据，CCM 配置 C-MADP 来保证从不同接入网络收到的数据分组传递给正确的上层应用。对于客户端发送的用户数据，CCM 基于本地策略以及 NCM 发送的网络策略为 C-MADP 确定最优的接入链路和用户面协议。

N-MADP 负责处理用户数据流量在多个网络路径上的传输以及其他的用户面功能，包括封装、分段、拼接、重排序、重传等。N-MADP 作为分配节点，分别将上行数据流量和下行数据流量路由至合适的核心网和接入网。对于下行数据流量，N-MADP 应支持 ECMP，或者连接到一个具备 ECMP 功能的路由器。N-MADP 上的负载均衡算法由 NCM 基于静态或动态的网络策略进行配置，网络策略包括为特定用户数据流量类型选择特定的网络路径、数据流量分布、链路可用性以及与 CCM 交互得到的反馈信息等。N-MADP 可使用合适的协议来支持基于流的和基于数据分组的流量分配。

C-MADP 负责处理客户端的 MAMS 用户面数据流程，由 CCM 基于与 NCM 的信令交互和本地策略进行配置。C-MADP 处理用户面数据在多个接入链路上的传输以及相关的用户面功能，包括封装、分段、拼接、重排序、重传等。

NCM 和 N-MADP 可在同位置部署也可部署在不同的网络节点上。NCM 可以在网络中建立多个 N-MADP 实体，并可以根据数据流量在多个 N-MADP 上的分配规则选择 N-MADP。这在多 N-MADP 场景中是有益的，举例如下。

- 负载均衡：不同 N-MADP 实例负责处理不同的用户集，实现负载均衡。
- 分层流量路径选择：核心网 N-MADP 负责核心网的路径选择（如 IPRAN 或固网），接入网 N-MADP 负责接入网的路径选择（如 LTE 或 Wi-Fi）。
- 基于应用需求的路径选择：一个客户能够使用多个 N-MADP 实例，例如 TCP 应用流量和 UDP 应用流量使用不同的 N-MADP。

因此，MAMS 架构能够实现灵活的部署。

图 8-24 给出了基于 TCP 的 MAMS 控制面协议栈。WebSocket 用于在 NCM 和 CCM 之间传输管理和控制消息。

图 8-24　MAMS 控制面协议栈

TCP/TLS 上承载的控制面消息与底层的传输网络无关。多接入控制消息根据应用需求、用户和网络的能力配置用户面协议，并支持根据网络条件动态自适应最优网络路径和用户面协议。

MAMS 控制面协议的细节见参考文献[19]。

图 8-25 给出了 MAMS 用户面协议栈。由图 8-25 可见，MAMS 用户面协议栈包括两个子层：多接入汇聚子层（Multi-Access Convergence Sublayer）和多接入适配子层（Multi-Access Adaptation Sublayer）。

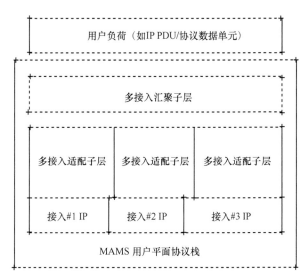

图 8-25　MAMS 用户面协议栈

多接入汇聚子层用于处理用户面多连接相关的任务，包括接入路径选择、多路径聚合/分裂、无损切换、重排序、分段、拼接等。该子层可以使用已有的协议（如

MPTCP），也可以使用调整封装头部的机制。

多接入适配子层用于解决传输网络相关的问题，例如用户面的可达性和安全性。该子层的功能包括处理隧道、网络层安全和 NAT。多接入适配可以使用 IPSec、DTLS 或客户端 NAT 来实现。该子层是可选的，且对于不同接入网络可进行独立的配置。例如，对于 LTE 和 WLAN 多接入的场景，LTE 不需要使用多接入适配子层，而 WLAN 需要该子层配置为 IPSec 来保证 WLAN 链路的安全性。

MAMS 用户面协议的细节见参考文献[20]。

### 8.3.2.4　MAMS 与 MEC

MEC 在接入网边缘提供了计算平台，MAMS 在 MEC 平台上的适用性已经在不同的网络配置条件下进行了评估测试[15]。

NCM 部署在多接入网络边缘的 MEC 服务器上。NCM 和 CCM 基于应用需求来协商网络路径以及需要在多个路径上使用的用户面协议。CCM 向 NCM 报告的网络状态信息由 MEC 平台的无线分析服务 RNIS[21]进行补充完善，用于 NCM 进行上行/下行用户数据传输路径的选择。

N-MADP 可以作为 MEC 应用与 NCM 一起部署在 MEC 服务器上，也可以部署在别的网元上，例如多个接入网共用的网关或路由器上。

综上，MEC 平台提供了一种可能的 MAMS 部署方案，并且能够通过减少业务时延、开放实时无线网络信息来进一步优化终端用户的业务体验。

## 8.3.3　基于 MEC 的多网协同管理

### 8.3.3.1　背景与动机

MAMS 显然是一种可能的实现多网协同管理的通用框架，但是它还存在一些技术问题，例如接入网和核心网解耦后如何进行网络内部端到端的 QoS 保证，毕竟不同网络的 QoS 框架和机制是不同的。

此外，MAMS 与 MEC 在功能设计上有矛盾之处。例如，对于 MAMS，接入网与核心网传输路径解耦的一个重要应用场景是用户可以通过 LTE 访问与 WLAN 核心网相连接的企业网。而事实上，这本身就是 MEC 的一个重要应用场景，MEC 通过提供本地分流的能力使得用户不需要经过 WLAN 核心网就可以直接访问企业网。

本节将聚焦 MEC，讨论基于 MEC 的多网协同管理的框架。

## 8.3.3.2　应用需求与技术需求

MEC 平台包括网络功能、平台服务和业务应用，其系统架构示意图如图 8-26 所示。MEC 的网络功能负责实现边缘业务应用的数据分组解析与网关出口。具体地，5G 网络中负责 MEC 网络功能的实体是 UPF，WLAN 中负责 MEC 网络功能的实体是 BRAS。平台服务是 MEC 平台实现网络能力开放的具体形式，常见的平台服务包括位置服务、无线网络信息服务、带宽管理服务等。

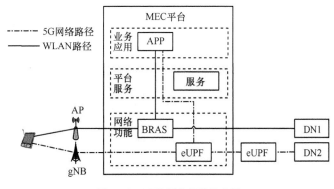

图 8-26　MEC 平台架构示意图

多网协同管理的应用需求主要包括以下几种。

- 流量分流：5G 网络的流量分流至城域网，分流策略包括为了减轻移动回传压力的全业务分流、特定业务分流等。
- 流量疏导：根据网络状态、网络策略或本地策略，为业务选择合适的网络；需要说明的是，网络状态指的是从用户终端到网络网关之间的端到端的链路状态，并不只是无线链路的状态。
- 流量切换：将业务流量从一个网络切换到另一个网络进行传输，通常是由于第一个网络变得不可用而导致的；流量切换可以实现网络间的移动性管理。
- 链路聚合：业务可以同时使用多个接入链路进行数据传输，充分利用多接入网络的带宽资源，提升业务体验。

对于流量分流，5G 系统通过 UPF 下沉已经能够满足该应用需求。而对于流量疏导、流量切换以及链路聚合，则需要专门的多网协同管理功能来实现。

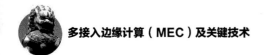
基于 MEC 的多网协同管理功能的技术需求与 MAMS 的技术需求总体上是一致的。唯一的不同是，前者不要求接入网和核心网解耦，这是因为前者部署的位置并不在网络内部，而是在 MEC 平台上。

### 8.3.3.3　参考架构和协议栈

图 8-27 给出了基于 MEC 的多网协同管理服务（Multi-Network Management Service，MNMS）的参考架构。

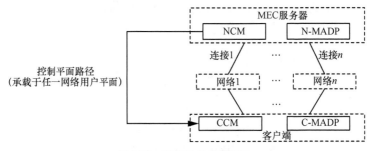

**图 8-27　MNMS 的参考架构**

由于 MNMS 的技术需求是 MAMS 的子集，因此 MAMS 的协议栈完全能够实现 MNMS 所需要的功能。

## 8.3.4　MEC 的 TCP 切换

MEC 通过在运营商网络边缘提供计算环境，使得业务应用能够灵活地部署到网络边缘，为用户提供低时延、高带宽的业务体验，并通过网络能力开放进一步提升业务服务质量。MEC 能够同时支持多种不同的接入技术，例如 5G 网络、无线局域网（WLAN）以及固定接入网，从而使得不同网络能够通过共享边缘计算平台来为这些网络中的所有用户提供边缘计算服务，保证了用户在多个网络中的一致性业务体验。

MEC 平台包括网络功能、平台服务和业务应用，其系统架构示意图如图 8-28 所示。针对多接入场景，MEC 平台需要提供用户识别服务，该服务存储了接入 MEC 平台的用户在不同接入网络中的网络配置信息。例如，当用户可通过蜂窝网络和 WLAN 接入 MEC 平台时，用户识别服务将会存储用户的蜂窝网络 IP 地址、WLAN MAC 地址和 WLAN IP 地址。MEC 平台业务应用可通过调用用户识别服务，查询两个不同网络的 IP 地址是否为同一个用户。

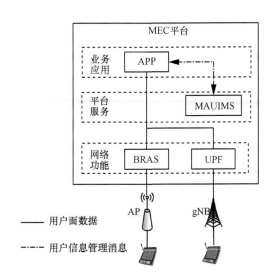

**图 8-28　MEC 平台架构示意图（带有 MAUIMS 服务）**

实际网络中，当用户从一个网络移动到另一个网络中时，用户会先中断与第一个网络的数据连接，然后再接入第二个网络，建立新的数据连接。用户切换网络时，IP 地址也会发生改变，用户正在使用的 TCP 连接将会发生中断，需要重新与业务服务器建立连接。因此，用户切换网络将会导致用户体验变差，特别是对时延敏感的业务。

为了解决 MEC 场景中，用户由于网络切换导致的 TCP 重连时延，本节给出一种 MEC 的 TCP 切换（MEC-TCPS）机制。MEC-TCPS 借鉴了 TCP 快速打开的设计思路，接下来简单介绍一下 TCP 快速打开（TCP Fast Open，TFO）。

TCP 快速打开[22]是一种能够在 TCP 连接建立阶段传输数据的机制，是对 TCP 的实验性更新。使用这种机制可以将数据交互提前，降低应用层通信时延。

TFO 的核心组件是快速打开信息记录程序（Fast Open Cookie，FOC），FOC 是由服务器产生的消息认证码。客户端在一个常规 TCP 连接中请求得到 FOC 后，可在未来 TCP 连接的 3 次握手过程中使用该 FOC 传输数据。

TFO 过程包括两个部分：获取 FCO 以及使用 FCO 进行 TFO。

获取 FCO 的步骤如下。

**步骤 1**　客户端发送一个 SYN 分组到服务器，这个分组中携带了请求 Fast Open Cookie 的 TCP 选项。

**步骤 2**　服务器生成一个 Cookie，然后给客户端发送 SYN-ACK 分组，分组中的 TCP 选项包含了该 Cookie。

**步骤 3**　客户端存储 Cookie 以便将来再次与这个服务器建立 TFO 连接时使用。

可以看出，TCP 快速打开机制中，第一次 TCP 连接只是交换 Cookie 信息，无法在 SYN 分组中携带数据。在完成上述步骤后，后续的 TCP 连接就可以在 SYN 中携带数据了。

使用 FOC 进行 TFO 流程如下。

**步骤 1**　客户端发送一个携带应用数据和以 TCP 选项方式存储的 FOC 的 SYN 分组。

**步骤 2**　服务器验证这个 Cookie，如果合法，服务器发送一个 SYN-ACK 分组确认 SYN 和数据，并将数据传递到应用；如果不合法，服务器丢弃数据，发送一个 SYN-ACK 分组只确认 SYN，接下来走 TCP 建立连接 3 次握手的普通流程。

**步骤 3**　如果接收了 SYN 分组中的数据，服务器可在 3 次握手结束前发送其他响应数据。

**步骤 4**　客户端发送 ACK 确认了服务器的 SYN 和数据；如果客户端的数据没有被确认，数据会在 ACK 分组中重传。

**步骤 5**　后续流程与普通的 TCP 交互流程无异，客户端一旦获取到 FOC，可以重复 TFO 直到 Cookie 过期。

对于有时间局部性（Temporal Locality）的应用来说，TFO 显然是有用的。

通过观察其完整过程，可以发现 TFO 的核心是一个安全 Cookie 即 FOC，服务器使用 FOC 来给客户端鉴权。参考文献[22]中要求 FOC 具备如下性质。

- FOC 鉴定 SYN 分组源 IP 地址，IP 地址可以是 IPv4 或 IPv6。
- FOC 只能由服务器生成，且不能由包括客户端在内的他方伪造。
- FOC 的生成和认证相对于 SYN 和 SYN-ACK 分组的处理要更快。
- 服务器可在 FOC 中加入其他信息，且每一个客户端在任何时间都可接受多个可用的 FOC。
- FOC 在一段时间后会过期。

FOC 本质上是对客户端源 IP 地址进行鉴定，当客户端 IP 地址发生改变，例如移动终端从蜂窝网络切换到无线局域网时，如果移动终端使用 TFO 连接服务器，服务器在鉴定 FOC 时会判定 FOC 非法，从而导致 TFO 失败。因此，TCP 快速打开只适用于用户 IP 地址未发生变化的场景。

对于 TFO，由于客户端 IP 地址发生了改变，服务器在认证 FOC 时会判定 FOC 非法。而对于 MEC-TCPS，若服务器发现数据分组源 IP 地址没有通过认证 时，服务器会向 MEC 平台的用户认证服务查询客户端的其他 IP 地址，并使用查 询得到的 IP 地址重新进行认证，从而保证客户端即使 IP 地址发生了改变，依然 能够通过 MEC-TCPS 机制实现 TCP 连接的快速切换，降低网络切换对业务体验 的影响。

MEC-TCPS 使用的安全 Cookie 为 TCP 切换 Cookie（TSC），其生成方法与 FOC 的生成方法相同。MEC-TCPS 获取 TSC 与 TFO 获取 FOC 的流程是一致的。

获取到 FOC 后，对于同时驻留在多个网络的客户端，TFO 会将 FOC 与源 IP 地址、目标 IP 地址对进行绑定，而在 MEC-TPCS 中 TSC 仅与目标 IP 地址进行绑定。 也就是说，对于 MEC-TCPS，如果客户端有多个 IP 地址或者由于网络切换客户端 IP 地址发生了改变，那么客户端都可以基于新的 IP 地址使用已有的 TSC 发起 MEC-TCPS 过程。

客户端使用 TSC 进行 MEC-TCPS 的流程如图 8-29 所示。

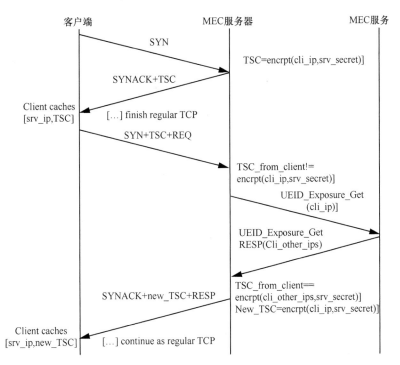

图 8-29　MEC-TCPS 流程

**步骤 1** 客户端发送一个携带应用数据和以 TCP 选项方式存储的 TSC 的 SYN 分组。

**步骤 2** 服务器基于 SYN 分组源 IP 地址验证 TSC：

- 如果合法，服务器发送一个 SYN-ACK 分组确认 SYN 和数据，并将数据传递到应用；

- 如果不合法，服务器向 MEC 平台用户识别服务发起用户信息查询，根据 SYN 分组源 IP 地址查询客户端的其他 IP 地址，服务器基于返回的 IP 地址再次验证 TSC。如果合法，服务器生成新的 TSC，然后给客户端发送 SYN-ACK 分组确认 SYN 和数据，分组中的 TCP 选项分组包含了更新后的 TSC；如果不合法，服务器丢弃数据，发送一个 SYN-ACK 分组只确认 SYN，接下来走 TCP 建立连接 3 次握手的普通流程。

**步骤 3** 如果接收了 SYN 分组中的数据，服务器可在 3 次握手结束前发送其他响应数据。

**步骤 4** 客户端发送 ACK 确认了服务器的 SYN 分组和数据，并存储新的 TSC 以便将来再次与这个服务器建立连接时使用；如果客户端的数据没有被确认，数据会在 ACK 分组中重传。

**步骤 5** 后续流程与普通的 TCP 交互流程无异。

# | 8.4　内容智能分发 |

## 8.4.1　CDN 与边缘计算结合的必然性

内容智能分布要解决的是固移网络的业务资源一致性问题。事实上，固定网络和移动网络在可用的业务资源上一直是不一致的。

实际网络中，在经过多年的发展和建设后，固网网关 BRAS 已经下沉至城域网，部分发达的省市甚至下沉到城域边缘（县市）。伴随着固网网关的分布式部署和持续下沉，为固网服务的 CDN 也在不断下沉，CDN 边缘节点也已下沉至城域核心。固网用户可以快速访问近距离部署的 CDN 资源，业务体验得到极大提升。

与固定网络 CDN 的日益成熟不同，移动 CDN 的发展非常缓慢，其原因主要是：

- 传统移动网络（2G/3G/4G）的核心网网关位置高，通常部署在省会城市的区域机房，导致 CDN 边缘节点无法靠近用户部署；
- 传统移动网络的空口时延大，CDN 带来的时延增益不明显；
- 业务驱动力不足，传统移动网络的业务主要是低速率数据业务，对时延不敏感。

正是由于移动网络和固网的 CDN 资源存在较大差距，导致移动网络的体验始终要差一些。特别是随着 LTE 网络的广泛部署，移动互联网得到了巨大的发展，视频业务逐渐成为了移动网络的核心业务，使得移动网络对于 CDN 资源的需求变得越来越迫切。

幸运的是，为了支持边缘计算，5G 核心网允许用户面网关 UPF 进行灵活部署（比如 UPF 下沉以靠近用户），这使得 5G 核心网呈现出与固网核心网相似的网络架构。同时，5G 网络的空口时延进一步缩小，eMBB 业务的单向时延仅为 4 ms。可以说，在 5G 时代，移动 CDN 的部署已具备了网络条件。进一步地，边缘计算平台具备的存储、分发和计算能力，使得 CDN 的部署具备了基础设施条件。

然而，需要说明的是，边缘计算使能 CDN 并不是无心插柳般的巧合。

事实上，CDN 可能是与边缘计算结合得最紧密的技术，这源于两种技术相同的技术理念，即"服务靠近用户"。CDN 是将内容从源端推送到靠近用户的 CDN 节点，而边缘计算将计算能力从云端拉近至网络边缘。这种一致的技术理念决定了两种技术在实现上存在着天然的强耦合，从两种技术的发展过程中也可以发现这一点。ETSI MEC 工作组在 2014 年 9 月刚开始研究 MEC 的时候，就将分布式缓存作为边缘计算的主要应用场景之一[23]；而 CDN 业界也已经明确将边缘计算作为 CDN 的演进方向，国内外 CDN 龙头企业都在积极布局[24]，他们认为下一代 CDN 不仅需要具备存储和分发能力，还需要具备计算能力，以应对 4K/8K 视频、VR/AR 等新兴业务的需求。

本节将讨论如何基于 MEC 实现统一的 CDN 架构来同时为移动网络和固定网络服务，确保两张网络具备一致的业务资源。具体地，基于 MEC 的内容智能分发包括两种技术方案：共享 CDN 和合作 CDN，接下来将分别进行介绍。

## 8.4.2　共享 CDN

共享 CDN 的基本思想是：基于 MEC 的灵活路由能力，使得移动网络的用户能够直接访问固网中已部署的 CDN 资源；同时，在 MEC 平台上部署缓存应用，对热点内容进行透明缓存和内容再生，提升移动网络和固网用户的体验。

共享 CDN 的目的是充分利用已有的 CDN 资源，将原本只为固网用户服务的 CDN 变成能为多个网络服务的 CDN，提高了资源利用率，节约了移动 CDN 的建设成本。

共享 CDN 的示意图如图 8-30 所示。

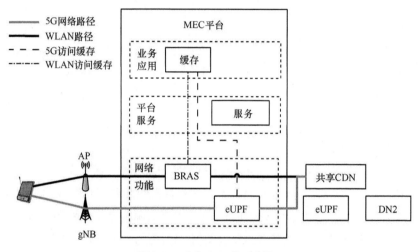

图 8-30　共享 CDN 的示意图

共享 CDN 的实现可以采用白名单的方式，即 5G 网络通过 PCF 网元为边缘 UPF（edge UPF，eUPF）配置白名单，白名单里包含了共享 CDN 支持的业务应用的域名和/或 IP 地址。eUPF 对 5G 用户的数据分组进行解析，当发现访问域名/IP 地址与白名单匹配时，就将数据分组从 eUPF 转发至共享 CDN。

## 8.4.3　合作 CDN

合作 CDN 的基本思想是：在边缘计算节点上部署 CDN 服务，将边缘计算节点直接作为 CDN 边缘节点加入已有 CDN 系统。合作 CDN 技术方案使得 CDN 厂商能够利用运营商的机房资源在更靠近用户的位置进行边缘节点部署，从而实现业务体验的进一步提升。

合作 CDN 的示意图如图 8-31 所示。

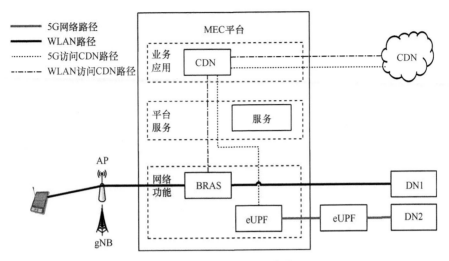

图 8-31　合作 CDN 的示意图

合作 CDN 技术方案中，运营商基于 MEC 平台以 PaaS 的方式为 CDN 厂商或内容提供商提供边缘云服务，从而能够为特定服务提供差异化服务。这种方案与运营商出租 IDC 机房资源一样，具有清晰的商业模式。

以 MEC 平台为某一个内容应用提供 CDN 服务为例，合作 CDN 的一种可能的实现方案为对 MEC 平台和 CDN 请求调度系统分别进行配置。

（1）配置 MEC 平台

对于 5G 用户，PCF/SMF 配置该内容应用的边缘 CDN 节点的 IP 地址，eUPF 负责监听；当 eUPF 监听到用户数据分组的目标 IP 地址匹配时，将数据分组通过 eUPF 转发给边缘 CDN 节点。

（2）配置 CDN 请求调度系统

- 配置 eUPF 的公网 IP 地址池信息，确保 5G 用户被 eUPF 进行 NAPT 处理后，CDN 请求调度系统将 5G 用户的请求优先调度至正确的边缘 CDN 节点。
- 配置 BRAS 的公网 IP 地址池信息，确保固网用户被 BRAS 进行 NAPT 处理后，CDN 请求调度系统将固网用户的优先请求调度至正确的边缘 CDN 节点。

在完成上述配置后，部署在 MEC 平台上的 CDN 边缘节点即可为该平台覆盖范围内所有的固网、移动用户提供 CDN 服务。

# | 8.5   小结 |

本章讨论了基于 MEC 的固移融合，主要聚焦于 3 个方向：融合核心网、多网协同管理和内容智能分发。

对于融合核心网，首先梳理了 5G 融合核心网的标准进展情况，给出了标准工作的框架，并详细讨论了 3GPP 和 BBF 所提出的融合核心网的网络架构。在此基础上，考虑到不同网络的实际部署架构不同，本章提出了基于 MEC 的 5G 融合核心网架构，该架构的核心思想是用户面的融合节点位于网络边缘，而控制面的融合节点位于网络中心。

对于基于 MEC 的多网协同管理，本章首先简要介绍了 MAMS 协议；然后给出了一种基于 MEC 的多网协同管理框架 MNMS，MNMS 的技术需求是 MAMS 的子集，因此可以复用 MAMS 的协议栈进行实现；然后针对多接入环境中的业务连续性问题，给出了一种 MEC 的 TCP 快速切换方法。

对于基于 MEC 的内容智能分发，本章给出了两个具体的技术方案：共享 CDN 和合作 CDN。共享 CDN 利用 MEC 的灵活路由能力，使移动用户能够访问固网 CDN；合作 CDN 在 MEC 平台上部署 CDN 服务，使得 MEC 能够作为 CDN 边缘节点整合进入 CDN 系统。这两种技术方案都能实现 CDN 的固移统一服务。

# | 参考文献 |

[1]  3GPP. Architecture enhancements for non-3GPP accesses (release 15). V15.3.0: TS23.402[S]. 2018.

[2]  ETSI. Analysis of key functions, equipment and infrastructures of FMC networks. V2.0: COMBO D3.1[S]. 2014.

[3]  3GPP. Study on architecture for next generation system. V1.2.1: TR23.799[S]. 2016.

[4]  3GPP. System architecture for the 5G system. V15.1.0: TS23.501[S]. 2018.

[5]  3GPP. New SID: study on the wireless and wireline convergence for the 5G system architecture: SP-170380[S]. 2017.

[6]  3GPP. Expectations & convergence items: 3BF-170016[S]. 2017.

[7]  BBF. 5G fixed mobile convergence study: SD-407[S]. 2018.

[8] 3GPP. Procedures for the 5G system. v15.1.0: TS23.502[S]. 2018.

[9] 3GPP. Policy and charging control framework for the 5G system. V15.1.0: TS23.503[S]. 2018.

[10] 3GPP. Study on access traffic steering, switching and splitting support in the 5G system architecture (release 15). V0.5.0: TS 23.793[S]. 2018.

[11] 3GPP. New SID: study on access traffic steering, switch and splitting support in the 5G system architecture: SP-170411[S]. 2017.

[12] BBF. Functional requirements for broadband residential gateway devices: TR-124 Issue 5[S]. 2017.

[13] BBF. Migration to ethernet-based broadband aggregation: TR-101 Issue 2[S]. 2011.

[14] BBF. Multi-service broadband network architecture and nodal requirements: TR-178 Issue 2[S]. 2017.

[15] KANUGOVI S. Multiple access management services[R]. 2017.

[16] FORD A, RAICIU C, HANDLEY M, et al. TCP extensions for multipath operation with multiple addresses: RFC 6824[S]. 2013.

[17] WEI X, XIONG C. MPTCP proxy mechanisms[R]. 2015.

[18] FARINACCI D. Generic routing encapsulation (GRE): RFC 2784[S]. 2000.

[19] KANUGOVI S, ZHU J, PENG S, et al. Control-plane protocols for multiple access management service[R]. 2017.

[20] ZHU J, SEO S, KANUGOVI S, et al. User-plane protocols for multiple access management service[R]. 2017.

[21] ETSI. Mobile edge computing (MEC) radio network information API. V1.1.1: GS MEC 012[S]. 2017.

[22] CHENG Y, CHU J, RADHAKRISHNAN S, et al. Datagram transport layer security version 1.2: RFC 6347[S]. 2012.

[23] PATEL M. Mobile-edge computing introductory technical white paper[R]. 2014.

[24] 舒文琼. 网宿科技孙靖泽: CDN 迈向边缘计算时代[J]. 通信世界, 2017(11): 36.

第 9 章

# 基于 MEC 的计算卸载

针对大规模 MTC 终端连接场景，可以通过将 MTC 的高能耗计算任务卸载至 MEC 平台，从而降低 MTC 终端的要求以及能耗，延长待机时间。其中针对整个计算任务的完成所需时间以及终端能耗这两个目标，需要进一步深入研究其计算任务分配方案。本章将针对计算任务卸载中的关键技术问题进行分析讨论，并给出后续可能的研究方向，供读者参考。

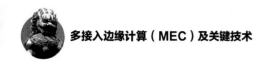
　　随着移动互联网的迅猛发展，智能手机已经成为人们日常生活中必不可少的工具，而且智能手机应用的功能正变得越来越强大，以满足人们在社交、购物、出行、娱乐等方方面面的需求。然而，由于移动终端的计算资源、存储资源和电池容量有限，可能无法满足某些应用对处理能力、续航能力等的需求。如何解决移动终端有限资源与应用进程需要消耗大量资源的矛盾成为移动通信网络所亟待解决的主要问题之一。

　　计算卸载技术被认为是有效解决上述问题的关键技术之一。在 MEC 的网络框架内，移动终端可以将任务卸载到近处的边缘计算服务器上来运行。移动终端只需要发送计算任务并接收计算结果，无需占用本地计算及存储资源，因此可以有效解决移动终端资源受限的问题。此外，计算卸载技术可以增强移动终端的续航能力，避免了终端在本地计算期间对电池电量的消耗。

　　本章将首先介绍移动边缘计算卸载；然后讨论移动边缘计算卸载的关键技术；最后将梳理移动边缘计算卸载未来的研究方向。

## | 9.1　基于 MEC 的计算卸载简介 |

### 9.1.1　计算卸载的概念和特征

　　计算卸载是指某个计算过程从移动设备迁移到有更多丰富资源的云服务器上，

通常是指将某个计算量大的任务根据一定的卸载策略合理分配给资源充足的远程设备处理的过程，一般也叫作计算迁移。譬如当终端处理诸如人脸识别、视频优化等需要复杂计算能力的任务时，终端的计算性能难以满足应用要求，于是借助无线网络和互联网技术，将计算任务卸载到远程服务器上，实现计算性能的扩展并降低终端的能耗。

计算卸载的主要特征包括以下几个。

（1）交互性

计算卸载过程将会带来移动终端和边缘计算服务器的数据交互过程，在这样一个过程中，移动通信网络是主要媒介并且会涉及不止一个网络节点，在这个过程中会占用传输资源并且产生传输开销，同时也会占用边缘计算服务器端计算与存储资源。

（2）置换型

计算卸载过程中，移动终端通过消耗一部分通信资源来置换云端强大的硬件资源。因此计算卸载就是移动通信资源和云端资源的置换过程。经由这个过程，移动终端扩展匮乏的物理资源，而云端借用对已有资源最大限度的支配和利用来获得双赢的结果。

计算卸载的目标服务器，可以是移动云计算服务器，也可以是 MEC 服务器。表 9-1 给出了移动云计算和 MEC 的对比。

**表 9-1　移动云计算和移动边缘计算的对比**

| | MEC | MCC |
|---|---|---|
| 服务器硬件 | 小型数据中心，中等计算资源 | 大型数据中心，有大量高性能的计算服务器 |
| 服务器位置 | 协作式部署在无线网关，Wi-Fi 路由器和 LTE 基站处 | 部署在特定的建筑物内，其规模有几个足球场大小 |
| 部署 | 由电信运营商、MEC 供应商、企业和家庭用户部署，需要轻量级的认证和规划 | 由 IT 公司部署，例如谷歌和亚马逊，需要复杂的认证和规划 |
| 与用户的距离 | 近 | 远 |
| 回程的使用率 | 不频繁，减少拥塞 | 频繁，造成拥塞 |
| 系统管理 | 分层控制（集中式/分布式） | 集中式控制 |
| 可以支持的时延 | <10 ms | >100 ms |
| 应用 | 对时延敏感的应用：AR、自动驾驶、交互式在线游戏 | 对时延要求一般但是计算量大的应用：在线社交网络、移动性在线商业/健康/学习业务 |

计算卸载方式的选择，主要取决于业务特点。一般情况下，当用户产生数据需要计算时，根据计算前后的数据量的大小，可以划分出 4 种不同的业务类型。

- 业务类型 1：小数据量输入和小数据量输出，比如移动终端临时处理一些消息性信息并做出迅速反馈。
- 业务类型 2：大数据量输入和大数据量输出，比如用户对一些数据量较大的文件或视频进行格式转换。
- 业务类型 3：小数据量输入和大数据量输出，比如移动用户请求音频和视频文件。
- 业务类型 4：大数据量输入和小数据量输出，比如对移动终端所在的场景内的多种信息进行综合处理而仅反馈一条指令信息。

对于业务类型 1，在移动终端计算速度满足时延要求且有足够功耗保证的情况下，可以在本地执行计算任务。对于业务类型 2~类型 4，当终端的处理能力不足以满足业务对时延的要求时，可以考虑卸载到云计算服务器和边缘计算服务器进行计算。

云计算的优势主要是集中式的云服务器提供超强的计算能力和计算资源，当业务对于时延要求不高且属于类型 2 时，可以考虑卸载到云服务器进行计算。而边缘计算相比于云计算采取分布式的部署更靠近用户，在减少时延和缓解拥塞上更有优势。如果业务对计算回传的时延要求较高且属于类型 3 或类型 4，则可以考虑卸载到边缘计算服务器进行计算。

简而言之，从终端角度考虑，由于移动终端的计算能力、存储能力和电池容量十分有限，而终端侧的应用越来越复杂，数据量和计算量越来越大，这使得移动终端无法承载计算密集型应用，需要进行计算卸载。而从服务器角度来看，由于 MEC 服务节点更接近于用户侧，能带来更低的时延响应。同时，重复的请求不会再通过核心网传递给目标服务器，而是直接在 MEC 服务器上获取，这有效减少了网络资源占用，降低了核心网的负担。因此，计算卸载是 MEC 的主要服务方式和重要应用之一，如何设计合适的计算卸载策略来满足用户对时延、能耗等多方面的需求是该领域重点关注的问题。

## 9.1.2 基于 MEC 的计算卸载步骤

在移动通信网络中，基于 MEC 的计算卸载的主要步骤包括代理（云/边缘计算服务器）发现、任务分割、卸载决策、任务提交、任务服务器端执行、计算结果反馈。

（1）代理发现

要把一个密集型的计算任务从移动终端卸载到云端服务器执行，就要在移动终端所在的网络中找到一批可用的代理资源。这些代理资源可以是位于远程云计算中心的高性能服务器，也可以是位于网络边缘侧的 MEC 服务器。

（2）任务划分

任务划分的功能主要是采用相应的算法把一个计算密集型的任务划分为本地执行部分和云端执行部分。其中，本地执行部分一般是一些必须在本地设备上执行的代码，比如用户接口、处理外围设备的程序代码等。

云端执行部分一般是一些与本地设备交互较少、计算量比较大的程序代码。云端执行部分有时候还可以再继续划分为一些更小的可执行单元，这些可执行单元又可以同时卸载到多个不同的代理服务器上执行。

（3）卸载决策

卸载决策是计算卸载中最为核心的一个环节。该环节主要解决两大问题：首先是要不要卸载？然后是卸载到哪里去？

要不要卸载主要是在卸载决策前对任务卸载的必要性进行判决。具体来讲就是要在卸载开销和本地开销之间做出权衡，当任务卸载开销大于执行开销时，就继续留在本地进行执行，否则把任务卸载到云端服务器执行。

卸载到哪里去主要是解决目标代理/服务器选择的问题。移动终端要根据自己和被选代理的性能、网络质量、能耗、计算时间、用户偏好等因素为计算任务选择一个最优的代理，并执行任务卸载。目标代理的选择问题其实就是计算卸载算法所需要解决的问题，计算卸载算法在整个计算卸载过程中起着至关重要的作用。目前主要的代理选择问题集中在云计算服务器和边缘计算服务器的选择上，两者在计算能力和回传时延上各有优势。

（4）任务提交

当移动终端做出卸载决策以后就可以把划分好的计算任务交到云端执行。任务提交有多种方式，可以通过 2G/3G/4G/5G 网络进行提交，也可以通过 Wi-Fi 进行提交。任务提交的目标代理可以是云计算中心的高性能计算机或者服务器，也可以是移动网络接入网侧的 MEC 服务器。

（5）云端执行

云端执行主要采取的是虚拟机方案。移动终端把计算任务卸载到云端后，云端就为

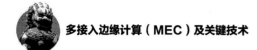

该任务启动一个虚拟机，至此，该任务将驻留在虚拟机中执行，而用户端感觉不到任何变化。在 MEC 环境中，由于移动终端的位置是动态变化的，其所处的网络环境也是动态变化的，移动终端与目标代理之间的网络连接断开就可能导致卸载失败。

（6）计算结果回传

计算结果的返回是计算卸载流程当中的最后一个环节。云端计算设备把计算结果通过网络回传给移动终端使用。至此，计算卸载过程彻底结束，移动终端与云端断开连接。

## 9.1.3 基于 MEC 的计算卸载系统分类

现有的计算卸载系统按照计算任务划分粒度的不同，可分为基于进程或功能函数的细粒度计算卸载和基于应用程序和虚拟机的粗粒度计算卸载，如图 9-1 所示。

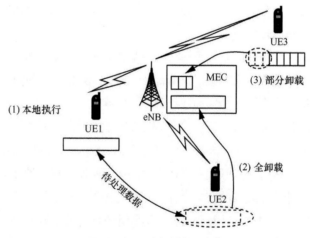

图 9-1 MEC 的两种卸载方式

（1）细颗粒度卸载

细颗粒度卸载也称为部分卸载，是指将应用程序中计算密集的代码或函数按照进程的方式卸载到边缘计算服务器执行，这类系统需要对应用程序进行预先的划分和标注，一般在卸载时只迁移计算密集型代码部分，从而尽可能减少数据传输。这类卸载一般分为静态、动态两种卸载方式。

- 静态方式：指开发过程中预先设置任务的卸载策略。

- 动态方式：指实时感知用户、通信信道、边缘计算服务器状态，动态调整卸载策略。

（2）粗颗粒度卸载

粗颗粒度卸载也称为全卸载，系统将应用程序甚至整个程序封装到虚拟机实例后迁移到云端执行，这类迁移系统无需事先对代码进行标注修改，减轻程序设计负担的同时也避免了细颗粒度划分决策额外增加能耗的缺点，但是需要与用户频繁交互的应用则难以适用。

## 9.2　基于 MEC 的计算卸载的关键技术

目前，在基于 MEC 的计算卸载的领域中，研究的关键问题主要有 3 个，分别是计算卸载决策、计算资源分配和移动性管理[1]。

（1）卸载决策

一般情况下，移动终端的计算卸载方式主要有本地执行、卸载到 MEC 服务器执行、卸载到云计算服务器执行 3 种形式。卸载方式主要基于可分配到的资源大小、计算和回传时间的长短以及完成计算的功耗大小来进行决策。

（2）计算资源分配

当接入同一个基站的多个用户同时发起卸载请求时，就涉及计算资源的分配。调度器将根据目前网络资源的状况以及不同用户的时延要求来安排相应的 MEC 服务器并分配计算资源。

（3）计算卸载的移动性管理

在用户进行计算卸载的过程中，由于用户的移动性，将会有一定概率出现用户与基站断开连接的情况。针对用户存在移动性而保证计算卸载过程的完整性是这一部分研究的主要内容。

### 9.2.1　卸载决策

#### 9.2.1.1　决策关键因素

卸载决策主要解决以下几个问题：

- 是否进行卸载，即计算是在本地执行还是卸载到云端执行；
- 确定目标代理，即如果决定卸载到云端执行，那么是卸载到云计算服务器还是 MEC 服务器；
- 卸载形式，即进行全卸载还是部分卸载。

影响卸载决策的因素有很多，大致需要考虑的因素如下。

- 网络连接：传输技术（3G/4G/5G、Wi-Fi）、带宽、回传延迟、信道状态。
- 移动设备：CPU 处理速度、内存存储、能量。
- 用户：网络数据传输开销、边缘计算服务开销、数据隐私、应用程序执行速度、能量节约。
- 应用程序：可卸载性、数据可用性、传输和待处理的数据量、划分粒度。
- 边缘计算服务器：计算处理能力、内存、存储、运行支撑环境、周转时间和资源使用情况。

而在所有的因素中，最主要的考虑因素是时延和功率，见表 9-2。

表 9-2　卸载决策中时延和能耗的计算指标

| 指标 | 描述 |
|---|---|
| 时延 $T$ | 设完成某个计算任务需要的计算资源为 $m$，本地执行速度为 $s_{local}$，则本地执行所需的时间为：$t_{local} = \dfrac{m}{s_{local}}$<br><br>设当前网络带宽为 $B$，当前计算任务大小是 $b_i$，MEC 端计算速度是 $s_{MEC}$，则卸载到 MEC 执行所需的时间为：$t_{MEC} = \dfrac{b_i}{B} + \dfrac{m}{s_{MEC}}$<br><br>若使得 $t_{local} > t_{MEC}$，则有 $m(\dfrac{1}{s_{local}} - \dfrac{1}{s_{MEC}}) < \dfrac{b_i}{B}$（带宽 $B$ 可以由香农公式求得） |
| 能耗 $E$ | 设移动设备运行的功率是 $P_{local}$，则本地运行的能耗为 $E_{local} = P_{local} \cdot \dfrac{m}{s_{local}}$<br><br>设上传时的发送功率是 $P_{transmit}$，移动设备与网络保持连接的功率是 $P_{connect}$，则计算任务上传时的能耗是：$E_{MEC} = P_{transmit} \cdot \dfrac{b_i}{B} + P_{connect} \cdot \dfrac{m}{s_{MEC}}$<br><br>若使得 $E_{local} > E_{MEC}$，则有 $m \times \left( \dfrac{P_{local}}{s_{local}} - \dfrac{P_{keep}}{s_{MEC}} \right) > P_{transmit} \times \dfrac{b_i}{B}$ |

### 9.2.1.2　最小化执行时延的卸载决策

基于最小化执行时延的卸载决策如图 9-2 所示。

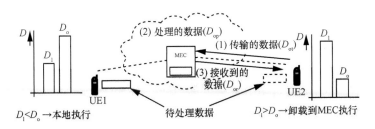

**图 9-2　基于最小化执行时延的卸载决策**

设本地执行时延为 $D_l$，卸载执行时延为 $D_o$，而 $D_o$ 包括数据卸载时间、计算处理时间和数据返回时间，通过比较二者的大小来选择卸载方式。若本身执行时延小于卸载执行时延，那么移动终端将选择在本地执行计算任务；若卸载执行时延小于本地执行时延，那么移动终端将选择将计算任务卸载到 MEC 服务器上执行。

目前较为被广泛接受的计算卸载架构是基于用户侧和边缘计算服务器侧缓存的队列状态、可提供的处理功率以及用户和边缘计算服务器间的信道特性来进行卸载决策，如图 9-3 所示。

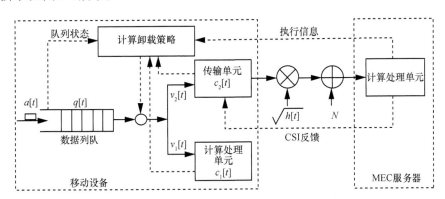

**图 9-3　最小化执行时延的卸载决策流程图**

具体地，待计算的数据模块在移动终端本地进行排队，本地负责计算卸载策略的模块将综合队列状态、本地计算处理模块反馈的信息、MEC 服务器端的模块反馈的信息以及传输信道信息，对缓存队列中的下一时刻待决策的数据块进行卸载策略的确定，决定将数据分组发送给传输单元还是计算处理单元。发送给计算处理单元的数据分组将在本地执行计算，发送给传输单元的数据分组将上传给 MEC 服务器进行计算。

然而，由于移动终端的能量资源有限，如果只是单一地考虑时延的最小化，而

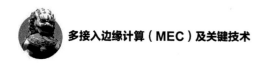

不考虑移动终端的能量损耗，则可能会以较大的功耗代价去满足过剩的时延要求，这显然不利于移动终端的可用性。

### 9.2.1.3　最小化能量损耗的卸载决策

对移动终端来说，不同计算卸载方式对应的能耗消耗是不同的。在本地计算场景下，能量消耗主要是移动终端在执行本地计算时的能量消耗；而在计算卸载的场景下，能量消耗主要是计算任务上传的能量消耗和计算结果下载的能量消耗之和。如图 9-4 所示的例子中，用户 1 决定将计算任务在本地执行是因为本地执行的能量消耗要小于其卸载到 MEC 服务器时上传和下载所消耗的能量之和，而用户 2 将计算任务卸载给了 MEC 服务器，是因为卸载过程整体所消耗的能量小于本地执行的能量消耗。尽管功耗小的方式对应的时延较大，但是均满足了业务对时延的基本要求，故优先选择了能耗较少的方案。

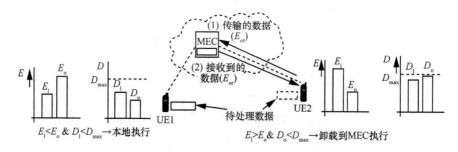

图9-4　基于满足时延要求下，最小化能耗的卸载决策

### 9.2.1.4　基于时延和能耗权衡的卸载策略

在不同的场景中，时延和能耗的要求是不一样的。比如一些实时的在线游戏和视频服务，对时延的要求相对较高。而当用户的电量处在较低的状态时，对能耗的要求较高。因此，可以通过综合考虑时延和能耗来决定卸载策略。例如，设传输代价 $C=\alpha T+\beta E$，其中 $\alpha+\beta=1$，$\alpha$ 和 $\beta$ 分别表示的是时延和能耗的权重系数。用户通过计算传输代价来选择最优的卸载策略，即卸载决策是基于通信和计算资源分配的联合优化。

### 9.2.1.5　卸载策略的研究成果汇总

表 9-3 中梳理汇总了基于 MEC 的计算卸载领域研究卸载策略的文献。

### 表 9-3　卸载决策的研究成果汇总

| 参考文献 | 卸载方式 | 优化目标 | 用户数量 | 方案 | 相比于本地计算时延的增益 |
|---|---|---|---|---|---|
| [2] | 全卸载 | 最小化时延 | 单用户 | 一维搜索算法发现最优卸载策略 | 最大可减少 80% 的时延 |
| [3] | 全卸载 | 最小化时延，最小化应用失败率 | 单用户 | 基于动态资源卸载的李雅普诺夫优化 | 最大可减少 64% 的时延 |
| [4] | 全卸载 | 满足时延要求的情况下最小化能耗 | 单用户 | 在线学习的分配策略和离线下提前计算策略 | 最大可减少 78% 的能耗 |
| [5] | 全卸载 | 满足时延要求的情况下最小化能耗 | 单用户 | 确定或随机的离线策略 | 最大可减少 78% 的能耗 |
| [6] | 全卸载 | 满足时延要求的情况下最小化能耗 | 多用户 | 决策后的学习框架下的确定性离线策略和在线策略 | |
| [7] | 全卸载 | 满足时延要求的情况下最小化能耗 | 多用户 | 资源通信和计算的联合分配 | |
| [8] | 全卸载 | 满足时延要求的情况下最小化能耗 | 多用户 | 搜寻连续凸近似值的分布式迭代算法 | |
| [9] | 全卸载 | 满足时延要求的情况下最小化能耗 | 多用户 | 搜寻连续凸近似值的分布式迭代算法 | |
| [10] | 全卸载 | 满足时延要求的情况下最小化能耗 | 多用户 | 基于能源有效性的卸载算法 | 最大可减少 15% 的能耗 |
| [11] | 全卸载 | 能耗和时延之间的权衡 | 多用户 | 计算卸载博弈 | 最大可减少 40% 的能耗 |
| [12] | 全卸载 | 能耗和时延之间的权衡 | 单用户 | 基于半定松弛和随机映射方法的探索算法 | 最大可减少 70% 的总开销 |
| [13] | 全卸载 | 能耗和时延之间的权衡 | 多用户 | 基于半定松弛和随机映射方法的探索算法 | 最大可减少 45% 的总开销 |
| [14] | 部分卸载 | 满足时延要求的情况下最小化能耗 | 单用户 | 基于组合优化方法的自适应算法 | 最大可减少 47% 的能耗 |
| [15] | 部分卸载 | 满足时延要求的情况下最小化能耗 | 单用户 | 二进制变量下群优化算法 | 最大可减少 25% 的能耗 |
| [16] | 部分卸载 | 满足时延要求的情况下最小化能耗 | 多用户 | 基于资源分配方案的应用和时延 | 最大可减少 40% 的能耗 |
| [17] | 部分卸载 | 满足时延要求的情况下最小化能耗 | 多用户 | 基于 TDMA 系统的优化资源分配策略 | |
| [18] | 部分卸载 | 满足时延要求的情况下最小化能耗 | 多用户 | 基于 TDMA 和 OFDMA 的优化资源分配策略 | |
| [19] | 部分卸载 | 满足时延要求的情况下最小化能耗 | 单用户 | 借助 DVS 去实现用户自适应的计算功率并实现允许的最大时延 | |
| [20] | 部分卸载 | 能耗和时延之间的权衡 | 单用户 | 通信资源和计算资源的联合分配 | 最大可减少 97% 的能耗 |
| [21] | 部分卸载 | 能耗和时延之间的权衡 | 单用户 | 上行链路下迭代算法的最优化值 | 最大可减少 90% 的能耗 |
| [22] | 部分卸载 | 能耗和时延之间的权衡 | 多用户 | 通信资源和计算资源的联合分配 | 最大可减少 90% 的能耗 |
| [23] | 部分卸载 | 能耗和时延之间的权衡 | 多用户 | 动态计算卸载下的李雅普诺夫优化 | 最大可减少 90% 的能耗和 80% 的时延 |

## 9.2.2  计算资源分配

5G 网络下的计算资源分配以提高系统的整体性能、减少总体执行时间和资源消耗为目标，按照制定的资源分配策略，将任务发送到对应资源节点上有序地执行。在 MEC 场景下，资源分配的实质就是将 $n$ 个相互独立的任务分配到 $m$（$m<n$）个异构、有效的可用资源上，最终的目标是实现最小的任务处理成本，从而让资源得到充分合理的利用。值得说明的是，具体的计算资源分配实际包括两个过程：任务分配和资源分配。任务分配是指将可并行执行的任务分配到具体资源上；资源分配是指按照预先既定的资源分配策略确定任务的执行顺序。

MEC 的一个关键技术是虚拟化技术，它实现了边缘计算的服务层和物理资源层的分离，可以将工作量灵活地分派给不同的物理资源，从而达到资源的高效利用。服务器虚拟化可以让多个虚拟机在同一个物理机上运行，且相互之间互不干扰。

一旦一个全卸载或部分卸载的决策开始执行，那么下一步就是进行合理的计算资源分配。与计算决策相似，服务器端计算执行地点的选择将受到应用程序是否可以分割进行并行计算的影响。如果应用程序不满足分割性和并行计算性，那么，只能给本次计算分配一个物理节点。相反，如果应用程序具有可分割性并支持并行计算，那么卸载程序将可以分布式地在多个虚拟机节点进行计算。如图 9-5 所示，由于应用的不可分割性的特点，用户 1 将应用整体卸载到基站 1，而与此相对应的是，用户 2 的应用程序由于具备可分割性，因此可将不同部分同时卸载到基站 1~基站 3 上进行。

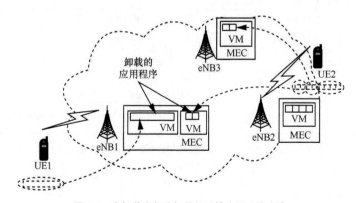

**图 9-5  全卸载和部分卸载的计算资源分配方案**

### 9.2.2.1　单节点的计算资源分配

单节点是指一个基站（MEC 服务器与基站绑定）在一个时隙内只能服务于一个计算任务。单节点的计算资源分配方案主要有两种。

第一种方案是借助于云计算进行资源分配，如图 9-6 所示，用户将计算任务通过基站卸载给 MEC 服务器后，MEC 处的调度器先检查是否有足够的计算资源，如果有则将计算任务分配到 MEC 服务器；否则将计算任务上传给远处的云服务器。

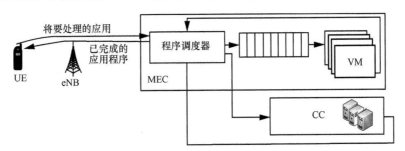

**图 9-6　基于云计算辅助的单节点计算资源分配**

第二种方案是借助于基站间的迁移进行资源分配，如图 9-7 所示。用户 1 的计算任务已经分配到基站 1，同样距离基站 1 较近的用户 2 只能将计算任务卸载到附近的基站 2 或基站 3，由于用户 2 卸载给基站 3 时传输时延较小，故其选择基站 3 进行计算卸载。

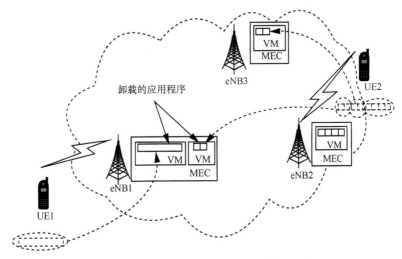

**图 9-7　基于基站间迁移的单节点计算资源分配**

### 9.2.2.2　多节点的计算资源分配

多节点是指一个基站（MEC 服务器与基站绑定）在一个时隙内可以服务于多个计算任务，如图 9-8 所示，用户 1 和用户 2 将计算任务卸载给基站 1 处的 MEC 服务器进行执行，而此时基站 1 处 MEC 的计算资源已经占满，附近的用户 3 将计算任务划分为两部分卸载给了附近的基站 2 和基站 3 处的 MEC 服务器，在基站 2 处的MEC 服务器与用户 4 和用户 5 共享计算资源，在基站 3 处的 MEC 服务器与用户 6共享计算资源。

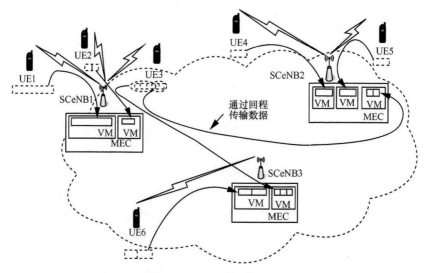

图 9-8　基于簇内基站间迁移的多节点计算资源分配

基站间会因计费刺激而执行在别的基站服务下的用户的计算任务，这会造成不必要的资源损失和冲突。基于博弈理论的多节点计算资源分配将基站群划定为多个簇。基站优先服务自己的用户，以确保最小的时延损耗。当基站没有能力处理它的应用时，将会把应用转发给簇内其他基站。目前，基站间簇的划分方法有 3 种思路。

- 思路 1：选择保证时延最小的基站划分成簇，其中时延以传输的跳数计。
- 思路 2：保证一个簇内基站整体的能耗最小。
- 思路 3：保证簇内每一个基站的能耗尽可能小，因为思路 2 中基站的能耗分配往往是很不均衡的。

### 9.2.2.3　计算资源分配的研究成果汇总

表 9-4 梳理汇总了基于 MEC 的计算卸载领域研究计算资源分配的文献。

**表 9-4　计算资源分配的研究成果汇总**

| 参考文献 | 计算节点数 | 目标 | 提出的方案 | 计算节点 | 结论 |
|---|---|---|---|---|---|
| [24] | 单节点 | 最大化服务应用的数量;满足时延的要求 | 基于优先级的协作策略 | MEC 服务器、云服务器 | 比卸载给 MEC 服务器降低了 25% 的时延 |
| [25] | | 最小化时延;最小化能耗 | 利用离散马尔可夫的框架,优化现实应用的部署 | MEC 服务器、云服务器 | N/A |
| [26] | | 最小化时延;最小化通信和计算资源负载;最小化虚拟机迁移开销 | 通过重塑线性规划来解决马尔可夫链的问题,进而获得优化的分配策略 | MEC 服务器 | N/A |
| [27] | 多节点 | 最小化时延;避免使用云服务器(高时延) | 通过给予基站经济刺激来形成合作机制 | MEC 服务器 | 相比于单计算节点降低了 50% 的时延 |
| [28] | | 最小化时延;最小化能耗 | 提出 3 种基站成簇的方案达到最小化时延、功耗的目的 | MEC 服务器 | 降低了 22% 的时延和 61% 的功耗 |
| [29] | | 最小化时延;最小化能耗 | 对所有活跃用户实时请求的联合成簇设计 | MEC 服务器 | 95% 的用户的性能要求得到了满足 |
| [30] | | 最小化时延;最小化能耗 | 考虑所有活跃用户的实时请求以及用户任务安排进行联合的成簇设计 | MEC 服务器 | 95% 的用户的性能要求得到了满足 |
| [31] | | 平衡了计算节点间的通信和计算负载;满足了执行时延的要求 | 基于设定计算节点的通信和计算负载提出了 ACA | MEC 服务器 | 6 次/s 的卸载速率下的性能要求均满足 |
| [32] | | 平衡计算节点间的通信和计算负载;最小化资源的占用率 | 针对应用的树形图结构,基于对数多项式提出一种在线拟合算法 | 用户端、MEC 服务器、云服务器 | 资源的占用率减少了 10% |

## 9.2.3　移动性管理

针对用户的移动性,移动蜂窝网络通过基站间的切换来保证服务的连续性和质量。类似地,如果用户将计算任务卸载给 MEC 服务器,如何保证计算卸载服务的连续性同样是一个关键的问题。事实上,有很多方法可以应对由用户移动性所带来的问题。首先,针对用户移动性较低的场景,在应用卸载给 MEC 处理的过程中,自适应地动态调整基站的功率来保证服务的连续性和不中断。其次,如果用户切换到了一个新的服务基站,那么服务的连续性将通过计算节点间的虚拟机迁移得到保障,并将在用户和计算节点之间选择一条新的合适的路径。

### 9.2.3.1　基于功率控制的移动性管理

在基于功率控制的移动性管理方案中，功率的调整模式大致可分为两种：粗调整模式下，基站直接将功率调整到一个提前设定好的门限值；细调整模式下，基站根据实时的情况逐步地将功率调整到一个合适的水平。

具体地，如图 9-9 所示，当用户由于移动性与基站断开连接时，基站将启用一个更高的功率值 $P_{\text{def}}$。在粗调整模式下，直接将基站功率 $P$ 提升到 $P_{\text{def}}$；在细调整模式下，功率 $P$ 根据实时的情况逐步提升到 $P_{\text{def}}$。无论是粗调整模式还是细调整模式，都需要考虑以下因素：提高功率所带来的功耗；提高功率后对周围小区用户的干扰。要尽可能地在保证服务连续性的同时，节省网络功耗并有效控制对周围用户的干扰。

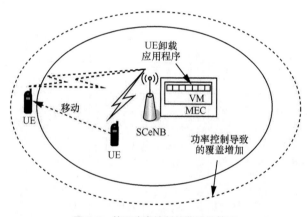

图 9-9　基于功率控制的移动性管理

### 9.2.3.2　基于虚拟机迁移的移动性管理

系统级虚拟化为用户运行环境提供完整的计算机系统抽象，即虚拟机（Virtual Machine，VM），并且支持多个虚拟机共享底层的物理机资源，同时又保证各个虚拟机之间的隔离性。它通过封装用户应用的运行环境，提供高效资源利用率、安全和节能等益处。另外，虚拟机可以在不同物理机之间平滑自由迁移，从而提供系统维护、负载均衡、容错、电源管理和绿色计算等功能。虚拟机迁移已经成为虚拟化环境下不可或缺的重要资源管理工具。

系统级虚拟化提供指令集体系结构的抽象，支持多个虚拟机多路复用底层物理机资源，每一个虚拟机运行自己的操作系统和应用软件。虚拟机中运行的操作系统被称为客户操作系统。

虚拟化技术主要有 CPU 虚拟化和内存虚拟化两种。CPU 虚拟化主要指多个虚拟 CPU 复用物理 CPU，而任意时刻一个物理 CPU 只能被一个虚拟 CPU 使用，虚拟机监视器（Virtual Machine Monitor，VMM）为虚拟机 CPU 合理分配时间片以维护 CPU 的状态。内存虚拟化是虚拟机监视器的又一个重要功能。虚拟机监视器对内存进行页式管理，以页面为基本单位建立不同地址之间的映射关系，并利用内存页面的保护机制实现不同虚拟机间内存的隔离和保护。

虚拟机迁移是指一个虚拟机从一台主机移动到另一台主机，它是虚拟机的重要特征之一。现有虚拟机迁移技术包括两种模式：虚拟机在线迁移（动态迁移）和非在线迁移（静态迁移）。

非在线迁移是指先将虚拟机挂起后再进行迁移，即虚拟机在迁移过程中任务被暂停。在虚拟机关机的情况下，只需要简单地迁移虚拟机镜像和相应的配置文件到另外一台物理主机上；如果需要保存虚拟机迁移之前的状态，在迁移之前将虚拟机暂停，然后复制状态至目的主机，最后在目的主机重建虚拟机状态，恢复执行。

在线迁移是快速透明地将一个运行着的虚拟机从一台主机迁移到另一台主机，并保证虚拟机服务的连续性和不间断性。该过程不会对最终用户造成明显的影响，从而使得管理员能够在不影响用户正常使用的情况下，对物理服务器进行离线维修或者升级。与静态迁移不同的是，为了保证迁移过程中虚拟机服务的可用性，动态迁移过程仅有非常短暂的停机时间。动态迁移的开始阶段，服务在源主机的虚拟机上运行，当迁移进行到一定阶段时，目的主机已经具备了运行虚拟机系统的必须资源，经过一个非常短暂的切换，源主机将控制权转移到目的主机，虚拟机系统在目的主机上继续运行。对于虚拟机服务本身而言，由于切换的时间非常短暂，用户感觉不到服务的中断，因而迁移过程对用户是透明的。动态迁移适用于对虚拟机服务可用性要求很高的场合。

在虚拟机迁移过程中，主要考虑两个指标。一个是迁移开销 $Cost_M$，代表着虚拟机迁移所带来的骨干网的资源损耗和时延损耗；另一个是迁移增益 $Gain_M$，代表着虚拟机迁移给用户端带来的时延降低和用户计算结果回传资源的节约。如果迁移开销 $Cost_M$ 大于迁移增益 $Gain_M$，则不执行本次虚拟机迁移；如果迁移开销 $Cost_M$

小于迁移增益 $Gain_M$，则执行本次虚拟机迁移。

如图 9-10 所示，基站 1 处的计算进程需要进行虚拟机迁移，如果卸载到基站 2 或基站 3 的迁移开销 $Cost_M$ 大于迁移增益 $Gain_M$，故不选择。待搜索到基站 $n$ 时，得到迁移开销 $Cost_M$ 小于迁移增益 $Gain_M$，于是选择基站 $n$ 进行卸载。

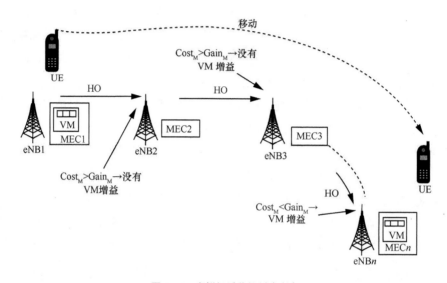

图 9-10　虚拟机迁移的判决方案

### 9.2.3.3　目前关于移动性管理一些研究成果汇总

根据移动性管理方案、移动模型、优化目标的不同，表 9-5 梳理汇总了移动边缘计算卸载领域研究移动性管理的文献。

表 9-5　移动性管理的研究成果汇总

| | 方案 | 目标 | 提出的方法 | 移动模型 | 结果 |
|---|---|---|---|---|---|
| [33] | 功率控制 | 保证时延的前提下，最大化 MEC 的结果回传量 | 基站自适应的功率调整方案 | 受限的二维移动模型 | 最高有 95％的卸载应用成果传递 |
| [34] | | 保证时延的前提下，最大化 MEC 的结果回传量 | 基站自适应的功率调整方案以及功率控制触发时间的优化 | 受限的二维移动模型 | 最高有 98％的卸载应用成果传递 |
| [35] | 虚拟机迁移 | 定义虚拟机迁移理论分析模型 | | 二维随机运动模型 | |
| [36] | | 最大化执行反馈 | 基于马尔可夫决策的门限优化的卸载决策 | 一维随机运动模型 | 最大化整体的期望收益 |

（续表）

| | 方案 | 目标 | 提出的方法 | 移动模型 | 结果 |
|---|---|---|---|---|---|
| [37] | | 在迁移增益和迁移损耗之间获得权衡 | 基于收益最大化的虚拟机迁移判决方案 | 随机点过程 | 减少了 90% 的执行时延，减少了 40% 的迁移损耗 |
| [38] | | 在给定时间下最小化系统损耗 | 基于马尔可夫决策的优化决策门限方案 | 一维非对称随机移动模型 | 最小化迁移损耗 |
| [39] | | 在给定时间下最小化系统损耗 | 基于马尔可夫决策的连续决策门限方案 | 实际的二维移动模型 | 减少 30% 的迁移损耗 |
| [40] | 虚拟机迁移 | 最小化执行时延 | 基于移动性预测对 MEC 吞吐量进行评估 | 基于路径划分的车辆移动模型 | 减少了 35% 的时延 |
| [41] | | 在给定时间下最小化系统损耗 | 寻找最优位置序列的预测窗口大小的离线算法 | 基于现实世界的用户移动轨迹模型 | 减少了 25% 的迁移损耗 |
| [42] | | 在给定时间下最小化系统损耗 | 寻找最优位置序列的预测窗口大小的离线算法 | 基于现实世界的用户移动轨迹模型 | 减少了 32% 的迁移损耗 |
| [43] | | 最小化传输和认证损耗 | 针对应用是否执行迁移的现在算法 | 基于随机路线和现实世界的用户移动轨迹模型 | 减少了 7% 的迁移损耗 |

## |9.3　未来研究的方向 |

（1）卸载决策由基于用户转为基于业务

卸载决策以及计算资源分配可以考虑从面向用户转变为面向业务。在用户密集的区域，大量用户需要进行计算卸载时，服务器很可能产生拥塞，而局部区域内用户的业务往往是重复的或者具有相关性的，因此基于业务的处理和反馈会大大地节省资源和提升效率。例如，当一个用户发起计算卸载的请求时，基站可以根据其业务类型，向 MEC 服务器发起检索请求，是否有正在处理或近期处理的同样或有相关性的业务，如果有，则通过一定的算法对本次业务的处理进行相应的简化，这样可以显著地减少卸载过程的开销。同时，如果根据业务类型对用户进行分类处理也将大大提升处理的效率。

（2）数据上传和回传阶段基于减少时延的通信资源分配

MEC 系统中产生的时延主要包括数据上传、数据计算和数据下载。目前的资源分配策略的研究主要集中在 MEC 数据计算的阶段，实现该阶段时延减小的目的。事实上，当用户需要进行卸载计算的数据量比较大时，在数据上传阶段产生的时延也将占有很大的权重，而在多个用户同时进行数据上传时，基站可以考虑在用户上传时进行通信资源的合理分配，结合用户的业务类型与移动性等因素，将数据上传的时延优化到最小。例如，对即将离开此基站用户分配更多的传输带宽，使其尽快完成上传工作，否则传输的中断将会导致整个业务处理的中断从而引入更大的时延。此外，对于业务类型较为紧急和优先的客户，比如一些涉及应急处置和公共服务的用户，应保证优先的传输。而在数据的回传阶段，通常计算结果的数据量比较小，需要准确定位用户的位置并第一时间进行回传，而当回传的数据量比较大时，需要保证回传的连续性和时效性，此时需要考虑下行的通信资源分配。

（3）基于用户移动性预测的计算迁移和结果回传

由于用户的移动性，往往在 MEC 计算完成之前，用户就已经驶离原基站的覆盖范围。传统方法是通过功率控制和虚拟机迁移来保证服务连续性，但是如果用户移动速度过快导致基站间的切换次数较多，那么虚拟机迁移将会产生大量的传输开销。一种新的思路是基于用户移动性的预测，直接将计算任务的执行节点选在用户最后可能进行结果下载的基站处的 MEC 服务器进行计算，待用户进入后将计算结果进行回传，这种思路特别适用于 MEC 在车联网中应用的场景。

（4）基于 SDN 架构的边缘计算和云计算资源的统一协调

随着移动设备使用量的增加，大量的计算过程需要在终端设备之外进行，而如何统一协调云计算和边缘计算的资源实现云边协同，是应对超负荷计算资源和极端延迟挑战的有效方式。云边协同需要一个本地的协调器，以在动态和不可预测的网络环境中为任务实时分配资源。同时，系统需要实现实时的更新，用来提供可用资源的最佳信息。一种可能的解决思路是创建一个支持软件定义网络（SDN）的架构，通过 SDN 提供的灵活的、可靠的可用资源的实时信息，集中式控制器使得系统内的每个单元都做出最佳决策，然后通过专用控制通道使得高级策略转换为低级配置指令，从而支持系统内的细颗粒度的调整控制。通过 SDN 在单个网络内整合云计算和边缘计算，为用户提供最佳的服务。

未来 5G 网络中，数据流量高速增长，这对移动通信网的承载能力提出了很高的要求，对时延的要求也更为严格。而核心网采用了这种用户面控制面分离的技术后，可以降低移动应用服务的时延，比如可以选择靠近 4G/5G 基站的用户平面节点来向移动终端传输数据。相比于原来将用户面和控制面合设的结构，这种分离的结构更为灵活，也更能够降低时延。

（5）边缘计算过程中用户隐私性和安全性的问题

与传统的本地计算不同，在 MEC 场景下，用户将数据从本地设备中输出，由此带来了隐私性与安全性的问题。保证用户数据在上传、计算和下载的过程中应对外界的干扰和攻击，从而保证用户的隐私不被泄露是一个很关键的问题。同时，边缘计算的分布式架构增加了攻击维度的数量，边缘客户端越智能，越容易受到恶意软件或安全漏洞的攻击。未来在边缘计算平台系统安全、用户数据安全数据存储与隔离、用户接入认证、信息传输安全、网络攻击防护、合规审计等方向需要做进一步的研究。

（6）标准化方面存在的不足

ESTI MEC ISG 所制定的标准更多地着眼 IT 领域，缺乏对网络架构的深入认识，导致边缘计算如何同现有 LTE 和未来 5G 网络架构相结合的问题一直没有得到完美解决。MEC 作为运营商转型的关键技术，如果不和网络架构相联系，不把运营商的组网架构考虑进来，那么其影响力必然大打折扣。另一方面，由于 3GPP 是一个针对网络架构标准化的组织，因此在 3GPP 的标准中并没有对边缘计算单独立项，其对边缘计算功能的支持也主要体现在用户面重选、灵活业务疏导、计费、能力开放等方面，而这些内容也散落在 SA2、SA5、SA6 等标准化工作组中，较为分散，整合度较差。因此，如何进一步推动 MEC 标准的统一和成熟也是亟需产业界共同努力的一个重要方向。

# 9.4　小结

MEC 概念的提出使得在网络边缘能够给移动用户提供更多的计算资源，计算卸载天然地成为了 MEC 的重要环节，进而成为了研究的热点。本章首先介绍了基于 MEC 的计算卸载的概念、特征以及步骤和分类；其次梳理了基于 MEC 的计算卸载的 3 个关键技术，即卸载决策、计算资源分配和移动性管理。其中，计算卸载决策主要关注在执行时延和功耗要求下，计算卸载对用户的有益性和可行性的问题。计算资源分配主要是在计算任务已经卸载给 MEC 服务器的前提下，为了最小化执行时延和平衡通信链路和计算资源的负载而进行合理的计算资源分配。移动性管理是针对用户移动性，MEC 服务器将会采取一定措施保证服务的持续性和与用户的连接性。最后，基于目前的研究现状，给出了基于 MEC 的计算卸载未来的研究方向，

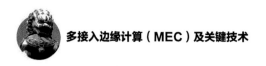

包括在卸载数据上传阶段的通信资源分配、边缘计算与云计算资源的协同统一、用户数据隐私性和安全性的保护等。

# ▎参考文献▎

[1] MACH P, BECBAR Z. Mobile edge computing: a survey on architecture and computation offloading[J]. IEEE Communications Surveys & Tutorials, 2017, 3(19).

[2] LIU J, MAO Y, ZHANG J, et al. Delay-optimal computation task scheduling for mobile-edge computing systems[C]//2016 IEEE International Symposium on Information Theory (ISIT), July 10-15, 2016, Barcelona, Spain. Piscataway: IEEE Press, 2016: 1451-1455.

[3] MAO Y, ZHANG J, LETAIEF K B. Dynamic computation offloading for mobile-edge computing with energy harvesting devices[J]. IEEE Journal on Selected Areas in Communications, 2016, 34(12): 3590-3605.

[4] KAMOUN M, LABIDI W, SARKISS M. Joint resource allocation and offloading strategies in cloud enabled cellular networks[C]//2015 IEEE International Conference on Communications (ICC), June 8-12, 2015, London, UK. Piscataway: IEEE Press, 2015: 5529-5534.

[5] LABIDI W, SARKISS M, KAMOUN M. Energy-optimal resource scheduling and computation offloading in small cell networks[C]//2015 22nd International Conference on Telecommunications (ICT), April 27-29, 2015, Sydney, NSW, Australia. Piscataway: IEEE Press, 2015: 313-318.

[6] LABIDI W, SARKISS M, KAMOUN M. Joint multi-user resource scheduling and computation offloading in small cell networks[C]//2015 IEEE 11th International Conference on Wireless and Mobile Computing, Networking and Communications (WiMob), Oct 19-21, 2015, Abu Dhabi, UAE. Piscataway: IEEE Press, 2015: 794-801.

[7] BARBAROSSA S, SARDELLITTI S, LORENZO P D. Joint allocation of computation and communication resources in multiuser mobile cloud computing[C]//2013 IEEE 14th Workshop on Signal Processing Advances in Wireless Communications (SPAWC), June 16-19, 2013, Darmstadt, Germany. Piscataway: IEEE Press, 2013: 26-30.

[8] SARDELLITTI S, SCUTARI G, BARBAROSSA S. Joint optimization of radio and computational resources for multicell mobile cloud computing[J]. IEEE Transactions on Signal and Information Processing over Networks, 2015, 1(2): 89-103.

[9] SARDELLITTI S, BARBAROSSA S, SCUTARI G. Distributed mobile cloud computing: Joint optimization of radio and computational resources[C]//IEEE Globecom Workshops (GC Workshops), Dec 8-12, 2014, Austin, TX, USA. Piscataway: IEEE Press, 2014: 1505-1510.

[10] ZHANG K, MAO Y, LENG S, et al. Energy-efficient offloading for mobile edge computing in 5G heterogeneous networks[J]. IEEE Access, 2016(4): 5896-5907.

[11] CHEN X, JIAO L, LI W, et al. Efficient multi-user computation offloading for mobile-edge cloud computing[J]. IEEE/ACM Transactions on Networking, 2016, 24(5): 2795-2808.

[12] CHEN M H, LIANG B, DONG M. A semidefinite relaxation approach to mobile cloud offloading with computing access point[C]//2015 IEEE 16th International Workshop on Signal Processing Advances in Wireless Communications (SPAWC), June 28-July 1, 2015, Stockholm, Sweden. Piscataway: IEEE Press, 2015: 186-190.

[13] CHEN M H, DONG M, LIANG B. Joint offloading decision and resource allocation for mobile cloud with computing access point[C]//2016 IEEE International Conference on Acoustics, Speech and Signal Processing (ICASSP), March 20-25, 2016, Shanghai, China. Piscataway: IEEE Press, 2016: 3516-3520.

[14] CAO S, TAO X, HOU Y, et al. An energy-optimal offloading algorithm of mobile computing based on HetNets[C]//2015 International Conference on Connected Vehicles and Expo (ICCVE), Oct 19-23, 2015, Shenzhen, China. Piscataway: IEEE Press, 2015: 254-258.

[15] DENG M, TIAN H, FAN B. Fine-granularity based application offloading policy in cloud-enhanced small cell networks[C]//2016 IEEE International Conference on Communications Workshops (ICC), May 23-27, 2016, Kuala Lumpur, Malaysia. Piscataway: IEEE Press, 2016: 638-643.

[16] ZHAO Y, ZHOU S, ZHAO T, et al. Energy-efficient task offloading for multiuser mobile cloud computing[C]//2015 IEEE/CIC International Conference on Communications in China (ICCC), Nov 2-4, 2015, Shenzhen, China. Piscataway: IEEE Press, 2015: 1-5.

[17] YOU C, HUANG K. Multiuser resource allocation for mobile-edge computation offloading[C]//2016 IEEE Global Communications Conference (GLOBECOM), Dec 4-8, 2016, Washington, DC, USA. Piscataway: IEEE Press, 2016: 1-6.

[18] YOU C, HUANG K, CHAE H, et al. Energy-efficient resource allocation for mobile-edge computation offloading[J]. IEEE Transactions on Wireless Communications, 2017, 16(3): 1397-1411.

[19] WANG Y, SHENGM, WANG X, et al. Mobile-edge computing: Partial computation offloading using dynamic voltage scaling[J]. IEEE Transactions on Communications, 2016, 64(10): 4268-4282.

[20] MUÑOZ O, PASCUAL-ISERTE A, VIDAL J. Joint allocation of radio and computational resources in wireless application offloading[C]//Future Network & Mobile Summit, November 27, 2013, Lisbon, Portugal. [S.l.:s.n.], 2013: 1-10.

[21] MUÑOZ O, PASCUAL-ISERTE A, VIDAL J. Optimization of radio and computational resources for energy efficiency in latency-constrained application offloading[J]. IEEE Transactions on Vehicular Technology, 2015, 64(10): 4738-4755.

[22] MUÑOZ O, PASCUAL-ISERTE A, VIDAL J, et al. Energy-latency trade-off for multiuser wireless computation offloading[C]//2014 IEEE Wireless Communications and Networking Conference Workshops (WCNCW), April 6-9, 2014, Istanbul, Turkey. Piscataway: IEEE Press,

2014: 29-33.

[23] MAO Y, ZHANG J, SONG S H, et al. Power-delay tradeoff in multi-user mobile-edge computing systems[C]//IEEE GLOBECOM, December 4-8, 2016, Washington, DC, USA. Piscataway: IEEE Press, 2016: 1-6.

[24] ZHAO T, ZHOU S, GUO X, et al. A cooperative scheduling scheme of local cloud and Internet cloud for delay-aware mobile cloud computing[C]//IEEE Globecom Workshops (GC Wkshps), Dec 6-10, 2015, San Diego, CA, USA. Piscataway: IEEE Press, 2015: 1-6.

[25] GUO X, SINGH R, ZHAO T, et al. An index based task assignment policy for achieving optimal power-delay tradeoff in edge cloud systems[C]//2016 IEEE International Conference on Communications (ICC), May 22-27, 2016, Kuala Lumpur, Malaysia. Piscataway: IEEE Press, 2016: 1-7.

[26] VALERIO V D, PRESTI F L. Optimal virtual machines allocation in mobile femto-cloud computing: An MDP approach[C]//2014 IEEE Wireless Communications and Networking Conference Workshops (WCNCW), April 6-9, 2014, Istanbul, Turkey. Piscataway: IEEE Press, 2014: 7-11.

[27] TANZIL S M S, GHAREHSHIRAN O N, KRISHNAMURTHY V. Femtocloud formation: a coalitional game-theoretic approach[C]//2015 IEEE Global Communications Conference (GLOBECOM), Dec 6-10, 2015, San Diego, CA, USA. Piscataway: IEEE Press, 2015: 1-6.

[28] OUEIS J, CALVANESE-STRINATI E, DOMENICO A D, et al. On the impact of backhaul network on distributed cloud computing[C]//2014 IEEE Wireless Communications and Networking Conference Workshops (WCNCW), April 6-9, 2014, Istanbul, Turkey. Piscataway: IEEE Press, 2014: 12-17.

[29] OUEIS J, STRINATI E C, BARBAROSSA S. Small cell clustering for efficient distributed cloud computing[C]//2014 IEEE 25th Annual International Symposium on Personal, Indoor, and Mobile Radio Communication (PIMRC), Sept 2-5, 2014, Washington, DC, USA. Piscataway: IEEE Press, 2014: 1474-1479.

[30] OUEIS J, STRINATI E C, SARDELLITTI S, et al. Small cell clustering for efficient distributed fog computing: a multi-user case[C]//IEEE Veh. Technol. Conf. (VTC Fall),  Sept 6-9, 2015, Boston, MA, USA. Piscataway: IEEE Press, 2015: 1-5.

[31] OUEIS J, STRINATI E C, BARBAROSSA S. The fog balancing: Load distribution for small cell cloud computing[C]//2015 IEEE 81st Vehicular Technology Conference (VTC Spring), May 11-14, 2015, Glasgow, UK. Piscataway: IEEE Press, 2015: 1-6.

[32] VONDRA M, BECVAR Z. QoS-ensuring distribution of computation load among cloud-enabled small cells[C]//2014 IEEE 3rd International Conference on Cloud Networking (CloudNet), Oct 8-10, 2014, Luxembourg. Piscataway: IEEE Press, 2014: 197-203.

[33] WANG S, ZAFER M, LEUNG K K. Online placement of multi-component applications in edge computing environments[J]. IEEE Access, 2017(5): 2514-2533.

[34] MACH P, BECVAR Z. Cloud-aware power control for cloud-enabled small cells[C]//IEEE

Globecom Workshops (GC Wkshps), Dec 8-12, 2014, Austin, TX, USA. Piscataway: IEEE Press, 2014: 1038-1043.

[35] MACH P, BECVAR Z. Cloud-aware power control for real-time application offloading in mobile edge computing[J]. Transactions on Emerging Telecommunications, 2016, 27(5): 648-661.

[36] TALEB T, KSENTINI A. An analytical model for follow me cloud[C]//IEEE Conference on Industrial Automation and Control Emerging Technology Applications, May 22-27, 1995, Atlanta, GA, USA. Piscataway: IEEE Press, 2013: 1291-1296.

[37] KSENTINI A, TALEB T, CHEN M. A Markov decision process-based service migration procedure for follow me cloud[C]//2014 IEEE International Conference on Communications (ICC), June 10-14, 2014, Sydney, NSW, Australia. Piscataway: IEEE Press, 2014: 1350-1354.

[38] SUN X, ANSARI N. PRIMAL: PRofIt maximization avatar placement for Mobile edge computing[C]//IEEE International Conference on Communications(ICC), May 22-27, 2016, Kuala Lumpur, Malaysia. Piscataway: IEEE Press, 2016: 1-6.

[39] WANG S. Mobility-induced service migration in mobile microclouds[C]//2014 IEEE Military Communications Conference, Oct 6-8, 2014, Baltimore, MD, USA. Piscataway: IEEE Press, 2014: 835-840.

[40] WANG S. Dynamic service migration in mobile edge-clouds[C]//2015 IFIP Networking Conference (IFIP Networking), May 20-22, 2015, Toulouse, France. Piscataway: IEEE Press, 2015: 1-9.

[41] NADEMBEGA A, HAFID A S, BRISEBOIS R. Mobility prediction model-based service migration procedure for follow me cloud to support QoS and QoE[C]//IEEE International Conference on Communications (ICC), May 22-27, 2016, Kuala Lumpur, Malaysia. Piscataway: IEEE Press, 2016: 1-6.

[42] WANG S. Dynamic service placement for mobile micro-clouds with predicted future costs[C]//2015 IEEE International Conference on Communications (ICC), June 8-12, 2015, London, UK. Piscataway: IEEE Press, 2015: 5504-5510.

[43] WANG S. Dynamic service placement for mobile micro-clouds with predicted future costs[C]//2015 IEEE International Conference on Communications (ICC), June 8-12, 2015, London, UK. Piscataway: IEEE Press, 2015.